Richard Hamblyn
Die Erfindung der Wolken

Wie ein
unbekannter Meteorologe
die Sprache des Himmels
erforschte

Aus dem Englischen
von Ilse Strasmann

Insel Verlag

Originaltitel: *The Invention of Clouds*, London 2001
Published by arrangement with Macmillan
Publishers Ltd./Gen. Books
Copyright © Richard Hamblyn 2000

Die Erfindung der Wolken

Inhalt

Prolog
Die unnütze Jagd auf Gespenster

»Was liebst du denn, seltsamer
Fremdling?«
»Ich liebe die Wolken ... die Wolken,
die vorüberziehen dort ... dort ...
die wunderbaren Wolken.«
Charles Baudelaire, 1862[1]

Um sechs Uhr an einem Dezemberabend im Jahr 1802
packte ein unbekannter junger Hobbymeteorologe in einem feuchten und höhlenartigen Londoner Laboratorium
ein Bündel handgeschriebener Seiten aus, stellte vorsichtig eine Rolle mit Aquarellskizzen neben seinem Stuhl ab
und machte sich bereit, über ein Thema zu sprechen, das
mit dieser unterirdischen Umgebung in seltsamem Widerspruch zu stehen schien. Es war ein kalter Abend, kälter
noch in diesem Keller des alten Gebäudes, und als sich der
junge Mann erhob, um zu seinen Hörern zu sprechen –
wobei er das ermunternde Lächeln einiger seiner Freunde
erwiderte –, dürfte sein leichtes Schaudern ebenso auf
die Kälte wie auf Lampenfieber zurückzuführen gewesen
sein.

Er war einfach gekleidet, mit einem schmucklosen
schwarzen Rock und einem weißen Stehkragen – Merkmal der Schlichtheit junger Dissenters, »Andersgläubi-
ger« –, und sein zurückhaltendes Auftreten verriet sowohl
Bescheidenheit als auch Befangenheit. Er konnte sich natürlich gar nicht vorstellen, daß ihn dieser Abend berühmt
machen würde, und als er sich räusperte und auf das Manuskript seines Vortrags starrte, »Über die Modifikationen
der Wolken«, lag nichts in der Luft, was ihn hätte vermu-
ten lassen können, daß sein Leben im Begriff war, sich
grundlegend zu ändern.

Wahrscheinlich empfand ein Quäker noch größeres Unbehagen, in der Öffentlichkeit zu sprechen, als jeder andere; und das galt besonders für einen von Selbstzweifeln geplagten Quäker wie den dreißigjährigen Chemiker Luke Howard. Howard wußte, daß es nicht seine Stärke war, andere zu begeistern. Sein Auftreten war nicht zu vergleichen mit dem des glänzenden jungen Humphry Davy aus Cornwall, den er kürzlich kennengelernt hatte und dem seine Statur und ein wachsender Ruhm als wissenschaftlicher Vortragsredner zu selbstsicherem Auftreten verholfen hatten. Aber Howard, mit einem schmalen, ernsten Gesicht und sanften braunen Augen, wußte immerhin, daß er sich großenteils unter Freunden befand. Erst später würde ihm klar werden, wie unwahrscheinlich es war, daß er in dieser Situation den Grundstein dafür gelegt hatte, eine Legende zu werden: ein unbekannter Redner in einem tristen, uninspirierenden Raum, dazu mit einem neuen und völlig unbekannten Thema.

Tatsächlich war das Thema so neu, daß es gar keinen Fachterminus dafür gab. Wenn Howards Gedanken gut aufgenommen wurden, was noch zweifelhaft war, konnte die Erforschung der Wolken von den Zuhörern vielleicht als neuer und notwendiger Zweig der Naturforschung begrüßt werden: als »Nephologie« etwa (ein Terminus für die Wissenschaft von den Wolken, der jedoch erst gegen Ende des 19. Jahrhunderts in Gebrauch kam). Wenn es aber an dem Abend nicht gut liefe, was er durchaus für möglich hielt, würde das Unternehmen vielleicht ganz und gar als unnütze Jagd auf Gespenster abgetan werden. Die meisten Pioniere sind anfangs Zweifeln ausgesetzt, Zweifeln an sich selbst, an ihren Theorien oder an dem ganzen rätselhaften Gebiet, auf dem sie arbeiten. Luke Howard war keine Ausnahme.

Sein Zögern begann jetzt Aufmerksamkeit im Raum zu erregen. Er bemerkte gespannte Stille im Publikum, und jemand aus dem Meer von verschwimmenden weißen Gesichtern nickte ihm zu, er solle anfangen. Einige der älteren Zuhörer mußten schließlich am gleichen Abend um acht Uhr im Somerset House sein, zu einer renommierteren Veranstaltung der Royal Society (natürlich mit anschließendem Dinner). Sie würden kein Verständnis dafür haben, wenn sie durch die Unschlüssigkeit dieses unbekannten dilettierenden Wolkenguckers aufgehalten würden.

Auch sie konnten nicht ahnen, was geschehen sollte; daß sie noch Jahre später von dem jetzt vor ihnen liegenden Abend sprechen würden und daß ihnen die nächste Stunde lange Zeit lebhaft im Gedächtnis bleiben würde. Weil sie dabei gewesen waren, als Luke Howard sprach; sie waren dabei gewesen, als eine neue Epoche angebrochen war.

Luke Howard, der sich ebensowenig wie das Publikum vorstellen konnte, was die Zukunft ihm bringen würde, atmete tief durch, um ruhig zu werden, und als lauschte er selbst seinem Vortrag, hörte er wie von fern die eigene Stimme leise die ersten Sätze sprechen: »Mein Bericht heute beschäftigt sich mit etwas, das vielen von Ihnen als ungewöhnlich unpraktisches Thema vorkommen wird: er befaßt sich mit den Modificationen der Wolken. Seitdem man sich mit der Meteorologie ernstlicher beschäftigt, ist das in Wolkengestalt in der Atmosphäre schwebende Wasser ein interessanter und wichtiger Gegenstand für die Untersuchungen des Naturforschers. Wären die Wolken nichts anderes als eine Verdichtung des Wasserdampfes in den Gegenden der Atmosphäre, wo sie sich befinden, und würden ihre Veränderungen bloß durch Bewegungen der Luft bewirkt, so könnte man die Beobachtung der Wolken und ihre Modificationen mit Recht für undankbar und eitel halten, weil ihre Gestalten unaufhörlich mit den Winden, welche die Dünste umhertreiben, wechseln würden, und nicht durch bestimmte Merkmahle zu definieren wären. Aber es ist Zeit, diese falsche Vorstellung ... zu berichtigen.«[2]

Und so begann eine einzigartige Reise; eine Reise, die einen unbekannten Redner in einer chemischen Fabrik in einem Hof hinter der Lombard Street im Londoner Stadtteil WC1 zu einer märchenhaften wissenschaftlichen Berühmtheit machen sollte. Es war eine Stunde, an die sich die Kenner und die Laien unter den Zuhörern gleichermaßen erinnern sollten, denn am Ende seines Vortrags war Luke Howard, als er die unnennbarsten und verschwenderischsten Formen der Natur in Sprache gefaßt hatte, die Quadratur des Kreises gelungen.

Am Ende seiner Vorlesung hatte Luke Howard den Wolken Namen gegeben.

Kapitel 1
Die Bühne der Wissenschaft

> Science, illuminating ray!
> Fair mental beam, extend thy sway,
>   And shine from pole to pole!
> From thy accumulated store,
> O'er every mind thy riches pour,
> Excite from low desires to soar,
>   And dignify the soul.
>
> *Sarah Hoare, 1831*[1]

Es fällt schwer, sich das heute, in einer Zeit nüchterner Objektivität, vorzustellen, aber in den frühen Jahren des 19. Jahrhunderts beteiligten sich die Leute lautstark an Vorträgen. Schon wenn die Menschen durch die Türen in den von trüben Lampen erleuchteten Saal strömten, dann, wenn der Redner mit seinen Requisiten erschien, oder in entscheidenden Augenblicken der Enthüllung und Darstellung wußte sich das Publikum Gehör zu verschaffen. Dabei kam es kaum darauf an, ob der Sprecher ein Handwerker war, der eine neue Erfindung vorstellte, ein Wissenschaftler, der sich mit Meteoren beschäftigte, oder einfach ein Amateur, der etwas erklären wollte. Jeder Mann mit Selbstvertrauen und einer tragenden Stimme konnte bei einer der unendlich vielen Zusammenkünfte zahlender Besucher auftreten, wie sie neuerdings überall in den aufblühenden Städten Europas oder Nordamerikas anzutreffen waren.

Die naturwissenschaftlichen Darbietungen und Zerstreuungen, die an der Wende zum 19. Jahrhundert geboten wurden, waren vielfältig und eindrucksvoll, vor allem in englischen Städten und ganz besonders in London, wo es nicht weiter sonderbar oder ungewöhnlich war, daß man eine Vorlesung wie die von Howard über Wolken hörte. Mit dem hereinbrechenden Abend versammelten sich die Menschen, und Entdeckungen wurden präsentiert. Und was waren das für Offenbarungen: Jedes Tier, jede Pflanze, jedes bekannte Mineral wurde beschrieben, gar nicht zu reden von Maschinen, Erfindungen und Neuheiten aller Art, die regelmäßig vor den Augen einer staunenden und unersättlichen Öffentlichkeit zur Schau gestellt wurden. Es gab Vorführungen von Feuerwerk, hydraulischer Kraft, Magnetismus und Mathematik; es wurden Apparate aufgebaut, die den Umlauf der Planeten zeigten, den Ausbruch von Vulkanen oder das verborgene Wirken des menschlichen Herzens. Es gab sogar ein Gerät (von seinem Erfinder »Eureka« genannt), das lateinische Hexameter produzierte.[2] So konnte eine tote Sprache durch das großartige Funktionieren einer Maschine ins Leben gerufen werden.

Am Ende des 18. Jahrhunderts hatten solche Veranstaltungen einen festen Platz im öffentlichen Leben, und zwar, weil sie zu gleichen Teilen dem Wunsch nach Vergnügen und nach Belehrung und der Anregung der Vorstellungskraft dienten. Die Naturwissenschaften waren seit hundert und mehr Jahren im Aufstieg begriffen und hatten nun einen Punkt erreicht, an dem sie die kulturelle Atmosphäre des Zeitalters prägten. London war bereits mit den besten Instrumentenbauern für Wissenschaft und Medizin gesegnet; jetzt aber blieb es nicht allein Mittelpunkt des technischen Fortschritts, sondern wurde auch zu einem europäischen Vergnügungszentrum.

Dem Vergnügen jagte man unentwegt nach. Einem Artikel zufolge, der am 27. Juli 1806 im *Observer* erschien, hatte das außergewöhnliche Gewitter vom Donnerstag zuvor »Mr. Hardies Talent im Theatre of Science, Pall Mall 97, umfassend Gelegenheit zur Verteidigung seiner neuen Theorie der Blitze geboten«. In der Tat. Die Vorstellung hatte an jenem Abend mit den inzwischen bekannten galvanischen Experimenten begonnen (»darunter die Herstellung mehrerer fester Stoffe aus einer Mischung verschiedener transparenter Gase«) und dann in einer spektakulären Schau von »Meteoren, Polarlicht, echten Blitzen und anderen Phänomenen« gegipfelt. Sie alle wurden zur Unterstützung der eigenartigen Theorien von Mr. Hardie angeführt – die er hartnäckig gegen die zunehmenden Beweise des Gegenteils verteidigte –, daß nämlich das meteorologische Geschehen nichts mit der Kraft der Elektrizität zu tun habe.

Bemerkenswerter als Mr. Hardies Hypothese selbst ist wohl die Tatsache, daß weit über hundert Menschen dafür bezahlt hatten, sie zu hören. Sie hatten sich in alle Ecken des Raums gequetscht, und die letzten mußten hinten stehen. Es war eine vollendete und profitable Unterhaltung, die dem hauptstädtischen Publikum des spätgeorgianischen England das bot, was es vor allem sehen und hören wollte: die Offenbarungen einer verschwenderischen Natur.

Dabei war Hardies Theatre of Science nur eine von Dutzenden solcher beliebten und lukrativen Unternehmungen. Westend-Theater wie das Haymarket, das Lyceum und das Duke of York sowie Kaffeehäuser, Tavernen und Vergnügungsparks am Flußufer wurden ständig von Schaustellern mit ihren Versuchsanordnungen für wissenschaftliche (und pseudowissenschaftliche) Darbietungen aufgesucht. Bekannte Vortragsreisende wie James Ferguson aus Banffshire (1710-1776) oder Adam Walker aus Westmorland (1731-1821) bestimmten das allgemeine naturwissenschaftliche Interesse: Es war unkritisch und nicht spezialisiert, es erstreckte sich auf alle Wissensgebiete. Lange Schlangen bildeten sich vor dem Haymarket Theatre, wenn Walker Vorlesungen zur Astronomie hielt und sein über sechs Meter hohes beleuchtetes Modell der schwindelerregend kreisenden Planeten vorführte. Seine Vorträge waren genauso lebendig wie seine Requisiten, außerdem enorm erfolgreich, und aus den Einkünften konnte er bald ein Haus am Hanover Square kaufen. Walker war der erste einer ganzen Reihe von naturwissenschaftlichen Selfmademen, die sich ihren Lebensunterhalt verdienten, indem sie neue Entdeckungen in der Chemie, Physik und Astronomie auf eine prächtig-populäre Weise zur Schau stellten: In schneller Folge schoben sie ihre hydraulischen oder hydrostatischen Maschinen, ihre kopernikanischen Modelle des kreisenden Sonnensystems, ihre Schachautomaten und andere mechanische Wunder auf die Bühnen oder führten barock anmutende optische Spektakel vor, wie die gruselige Rauchwolke, die langsam abziehend den Blick auf das schaurige, von der Guillotine abgeschlagene Haupt des Antoine Lavoisier freigab, des berühmten, aber gescheiterten französischen Chemikers aus dem 18. Jahrhundert. Lavoisier war 1794 von einem Revolutionstribunal hingerichtet worden, dessen Urteil der Richter am Ende des Prozesses in dem Satz zusammengefaßt haben soll: »Die Republik braucht keine Wissenschaftler.« Die Franzosen haben zwei Jahrhunderte gebraucht, bis sie sich mit diesem Akt eindeutiger Barbarei arrangiert hatten (»Frankreich hat nur einen Augenblick gebraucht, um diesen Kopf abzuschlagen, aber einen zweiten solchen Kopf wird es vielleicht in hundert Jahren nicht hervorbringen«, hatte Joseph Louis Lagrange unter Tränen erklärt). In England wurde die Episode gleich zur Warnung gegen die Exzesse der Französischen Revolution genutzt.[3] Das Modell dieses blutigen Kopfes des enthaupteten Chemikers war Teil der »Phantasmagoria«, einer Show im Lyceum Theatre in London in den Sommermonaten des Jahres 1802. Sie diente nicht nur der Unterhaltung, sondern auch dem Lob der Freiheit britischer Forschung. Luke Howard und sein Zirkel naturwissenschaftlicher Freunde – junge Männer und Frauen der Londoner Dissenter – waren nicht die einzigen, die Lavoisier als tragischen intellektuellen Helden betrauerten, der auf dem Höhepunkt seiner brillanten Karriere gestürzt war.

Dieses Szenario aus öffentlichen Vorträgen und Experimenten in kleinen und großen Sälen, in Laboratorien und »Theatern des Wissens« war ein Ausdruck der Spätaufklärung, der Verbreitung und Popularisierung zahlreicher Wissensgebiete, und dies lieferte den Hintergrund für Luke Howards Vortrag. Die Hauptakteure, zu denen er bald gezählt wurde, waren immer die wissenschaftlichen Darsteller, und wie bei jeder dramatischen Aufführung geboten die Stars mit großen Namen über große Zuhörerschaften und erhielten dementsprechend großzügige Vergütungen. Der größte dieser Darsteller, von Fachleuten wie Laien gleichermaßen bewundert, war der schon erwähnte junge Humphry Davy aus Cornwall (1778-1829), der in den ersten Jahren des 19. Jahrhunderts in London reich und prominent wurde. Er war berühmt wegen seiner extravaganten und aufregenden Demonstrationen, wegen seiner energischen Sprechweise und wegen seines hypnotisierenden Blickkontakts zum Publikum, das, während die chemischen Reaktionen erfolgten, wie gebannt verharrte. Davy war der Sohn eines Zimmermanns aus Penzance, mit dem Aussehen und der Sprache eines romantischen Poeten, getrieben freilich von einem unerhörten weltlichen Ehrgeiz. Samuel Taylor Coleridge und Robert Southey behaupteten, Davy hätte ein bedeutender Dichter werden können, wenn er eben nicht ein großer Chemiker geworden wäre.[4]

Er war ein Mann mit mächtigem Charisma und mit den Allüren eines Stars. Doch seine wissenschaftlichen Forschungen waren seriös. Wäre er lediglich ein begabter Redner gewesen, gehörte er heute zu den vielen mehr oder weniger vergessenen Darstellern auf der Bühne des gelehrten London jener Zeit. Zu Beginn seiner Karriere in London (die in seinem Vorsitz der Royal Society gipfeln sollte) aber galt sein Ruf in der Tat mehr dem Schausteller als dem Wissenschaftler. Dazu hatte vor allem seine Arbeit im Pneumatic Institute in Bristol in den neunziger Jahren des 18. Jahrhunderts beigetragen. Es war unvermeidlich, daß ihn seine Karriere nach London brachte, und als er am 21. Januar 1802 seinen Eröffnungsvortrag in der neueröffneten Royal Institution of Great Britain hielt, waren Pförtner nötig, um die ungeduldige Menge unter

Kontrolle zu halten. Eine Stunde lang war die Albemarle Street von Kutschen blockiert, wie die Presse berichtete. Der neue Vortragssaal selbst, mit Galerie, Parkett und abgeschrägter Bühne wirkte ausgesprochen theatralisch. Verschiedene Eingänge verhinderten, daß die sozialen Schichten sich mischten, denn ähnlich den anderen neuen Sensationen wie Ballonaufstiegen und Fallschirmabsprüngen, wo »Straßenkehrer, Herren und Damen durcheinanderhasteten«, waren auch die Vorträge in der Royal Institution beliebte volkstümliche Attraktionen.[5] Von hier stieg Humphry Davy unaufhaltsam auf und wurde zum führenden Vertreter einer populären Wissenschaft.

Die Handzettel für seine Vorträge versprachen Vorführrungen von Elektrizität, galvanische Versuche und kontrollierte Gasexplosionen, die sämtlich große und aufgeregte Menschenmengen anlockten, die lärmten und gern bezahlten, um Davy zu hören und zu »kommen und staunen«, wie es in der Sprache der Jahrmärkte hieß. Mit aufrichtiger Bewunderung erinnerte sich Coleridge, nachdem er eine von Davys Vorführungen besucht hatte, eine Probe Äther brenne »wirklich hell in der Luft, aber oh! wie strahlend hell, kräftig, schön brennt er in Sauerstoffgas«, und der Vortragende selbst muß genauso blendend gewesen sein: »Jedes Thema in Davys Denken ist dem Prinzip Vitalität verpflichtet. Lebendige Gedanken sprießen wie Gras unter seinen Füßen.«[6]

Bald waren ganze Säle voller Zuhörer so gefesselt wie Coleridge. Einem von Davys Biographen zufolge war »der Eindruck, den seine erste Vortragsreihe in der Institution hinterließ, und die enthusiastische Bewunderung, die sie erntete, ganz außergewöhnlich. Männer höchsten Ranges, Kapazitäten aus Literatur und Wissenschaft, aus Praxis und Theorie, Blaustrümpfe, Damen der Gesellschaft, Alt und Jung, alle drängten, drängten eifrig in den Vortragssaal. Davys Jugend, seine Einfachheit, seine natürliche Beredsamkeit, sein chemisches Wissen, seine trefflichen Demonstrationen und wohldurchgeführten Versuche riefen allgemeine Aufmerksamkeit und grenzenlosen Beifall hervor. Es regnete Komplimente, Einladungen und Geschenke in Mengen von überall her auf ihn herab; seine Gesellschaft wurde von allen gesucht, und jedermann war stolz auf seine Bekanntschaft.«[7] Humphry Davy war der Mann des Augenblicks, der Horatio Nelson des festen Bodens, und auch Luke Howard war bei einer Reihe von Vorführungen unter seinen Zuhörern. Wie alle anderen staunte er über die unbegrenzte Energie dieses Mannes. Es war, als habe der Geist der Wissenschaft selbst in der Person dieses Genies aus Penzance Ausdruck gefunden.

Davy blieb noch zwei Jahrzehnte lang der gefeiertste Wissenschaftler Englands, bis sein Tod in Genf im Alter von 50 Jahren die Welt seiner Talente beraubte. Sein Ende, in den gelehrten Kreisen Europas tief betrauert, war mit großer Wahrscheinlichkeit durch Kohlenmonoxidvergiftung beschleunigt worden – eine Folge seiner gewagten Experimente, mit denen die Eigenschaften von Gasen erforscht werden sollten. Er atmete sie ein, oft so lange, bis er bewußtlos wurde. Wenn er aufwachte, fand er sich mit brennender Lunge und Kopfschmerzen über seinem Arbeitstisch zusammengesunken. Humphry Davys Leben als Wissenschaftler wurde von einem beklagenswert passenden Tod beschlossen.

Wieso haben naturwissenschaftliche Vorführungen an der Wende zum 19. Jahrhundert so großen Anklang gefunden? Warum standen die Menschen in Schlangen an und verlangten so lautstark nach mehr, wie sie es in der Royal Institution taten? Grund dafür mag sowohl die Neuartigkeit der Themen als auch der Stand der naturwissenschaftlichen Bildung im allgemeinen gewesen sein. Die große Mehrheit der Bevölkerung, gebildet oder nicht, hatte Veranstaltungen und Vorführungen dieser Art nie zuvor erlebt: etwa blendend loderndes Magnesium, das mit einer Art Sternenlicht brannte, von dem die wenigsten gedacht hatten, daß es das auf der Erde gab. Oder Natrium (von

Davy selbst als erstem im Jahr 1807 isoliert), das in einem Wasserglas mit einer diabolisch anmutenden mineralischen Energie sprühte. Metalle, die beim Kontakt mit Luft verbrannten, oder langweilig aussehende Pülverchen, einzeln harmlos, die plötzlich und heftig explodierten, wenn man sie in einem Gefäß mischte, und Schwaden von ungesundem Gas hervorbrachten. Phospor, das »Teufelselement« (nicht nur, weil es als 13. isoliert worden war), mit weißer Flamme und sengender Hitze, wurde keineswegs nur als Spektakel vorgestellt, sondern auch als Wundermittel zur Behandlung von Tuberkulose und Gicht.[8]

Die Entdeckung und Anwendung solcher Substanzen befriedigte die wachsenden Bedürfnisse von Industrie und Technik, und ihre öffentliche Zurschaustellung wurde zunehmend beliebter. Neue Wissensgebiete aus Naturkunde und Physik nahmen immer größeren Raum ein. Die Heimlichtuerei der Alchimisten machte der öffentlichen Profilierung der Chemiker und Physiker Platz – der Naturphilosophen, wie sie sich nannten –, die die verborgenen Eigenschaften der natürlichen Welt zu enthüllen versprachen. Und im Gegensatz zu den Alchimisten erfüllten sie ihre Versprechungen voller Selbstsicherheit.

Ihr Selbstvertrauen wurde gestützt durch neu entstehende Systeme wissenschaftlichen Denkens, das sich auf die langsamen und ständigen Veränderungen der Natur konzentrierte. Die Alchimisten hatten nach den Geheimnissen plötzlicher Umwandlungen in verschiedenen Stoffen gesucht, aber die neueren Forschungen etwa in der Geologie mit ihren Nebengebieten Vulkanologie, Seismologie, Stratigraphie und Mineralogie, begannen deutlich zu machen, daß die allmählichen, unsichtbaren Prozesse, die die Welt im ganzen und im einzelnen gestaltet hatten, auch in der Gegenwart weiter abliefen. Ferne Katastrophen waren nicht mehr das einzige Modell geophysikalischer Vorgänge. Die Erde änderte sich weiter, wie sie es immer getan hatte, in kaum bemerkbaren Bewegungen. Es entstand eine erschreckende neue Vorstellung – daß ganze ausgedehnte Landschaften weiterhin ständig aufstiegen und versanken unter den unsichtbaren Drücken und Spannungen in der Erde; und auch das Wasser, das mächtigste, weil geduldigste der Elemente, änderte seine Erscheinungsformen unablässig. Alles, was in der Gegenwart fest zu sein schien, wird irgendwann in der Zukunft gewaltsam beseitigt werden. Das Universum wird den Tanz seiner Veränderungen nie beenden, und die Abläufe dieser Veränderungen wurden jetzt zu den eigentlichen Themen naturwissenschaftlicher Forschung.

Es ist heute nicht schwer zu erkennen, daß gerade die Einsicht in die Veränderlichkeit der Natur einen wesentlichen Hintergrund für die Entwicklung der wissenschaftlichen Meteorologie lieferte. Wolken und Wetter zeigen vielleicht mehr als alle anderen Phänomene deutlich, daß es keinen Moment gibt, von dem man sagen könnte, in der Natur geschieht nichts. Wolken lösen sich auf und bilden sich neu, sie steigen auf und senken sich wie phantastische Welten herab. Die darin verborgene Dynamik zu verstehen war eine Herausforderung für die frühe Meteorologie.

Dabei ist die Meteorologie keine exakte Wissenschaft. Sie sucht vielmehr nach einer ordnenden Sprache für Ereignisse, die von einer Fülle schwer durchschaubarer und erklärbarer Gesetzmäßigkeiten bestimmt werden, dazu von stochastischen und chaotischen Prozessen in der Atmosphäre. Das Wetter schreibt sich selbst an den Himmel, löscht sich aus und schreibt sich neu in einer Vielzahl von Formationen, die schon immer in besonderer Weise auch metaphorisch beschrieben wurden. Es hat sich nichts geändert, seit Samuel Johnson Mitte des 18. Jahrhunderts geklagt hatte: »Wenn sich zwei Engländer treffen, reden sie als erstes vom Wetter; eifrig teilen sie einander mit, was sie bereits wissen müßten, daß es heiß ist oder kalt, sonnig oder bewölkt, windig oder windstill.«[9] Das Wetter trägt nach Johnson viel zur Entwicklung der Sprache bei, denn es fordert immer zum »Besprechen« heraus.[10] Und in Vorträgen wie denen des unvergleichlichen Davy auf seinem Podium im Vortragssaal in der Albemarle Street oder denen des jungen Luke Howard, der weiter östlich davon im Chemiekeller abseits der Lombard Street seinem Publikum gegenübertrat, geschah genau das: Die Welt wurde besprochen, und eine neue Art natürlicher Ordnung wurde benannt.

Es war das Zeitalter der Reden, ein Zeitalter, in dem die Kunst des Gesprächs eine besondere Bedeutung hatte. Es war eine neue Sprache, die in den Londoner Vortragssälen und an einem Dutzend anderer Schauplätze überall im Land eine nachhaltige kulturelle wie wissenschaftliche Wirkung hatte: »Galvanismus«, »Umwandlungswärme«, »Wahlverwandtschaften«, »stabiler Zustand«; neue Wörter und neue Gedanken waren schnell im Umlauf unter den aufnahmebereiten Zuhörern.

Bilder aus dem wissenschaftlichen Diskurs begannen die Alltagssprache auf beispiellose Weise zu durchdringen. Wer konnte der Versuchung widerstehen, seine Rede mit Mesmerismus, Magnetismus, Magnetsteinen und Längengraden zu würzen? 1761 schrieb Elizabeth Montagu im Brief an eine Freundin, sie möge »den gleichen Unterschied machen zwischen meinem Herzen und denen, die von Natur aus hart sind, so wie unsere Wissenschaftler den zwischen versteinerten Muscheln und jenen machen, die *Lapides sui generis* sind«.[11] Jane Austens allzu vernünftiger Sir Edward Denham klagte in dem unvollendeten *Sanditon* von 1817 in einer typischen Tirade gegen die modischen Romane der Zeit (»jene kindischen Machwerke«): »Vergebens werden wir sie in einen literarischen Destillierkolben schütten – wir werden nichts destillieren, was die Wissenschaft bereichern kann.«[12]

Sarah Hoares Hymne an eine Seemuschel ist einfühlsamer:

> Gracefully striate is thy shell,
> Transverse and longitudinal,
> And delicately fair ...[13]

Goethe gründete die Struktur eines ganzen Romans auf dem Bild der chemischen Anziehung. Eduard und Ottilie, die romantischen Protagonisten seiner *Wahlverwandtschaften* (1809), ebenso wie Charlotte und der Hauptmann, treiben hilflos aufeinander zu wie sich anziehende Moleküle. Sie sind nicht so sehr sie selbst als vielmehr die Exponenten einer unwiderstehlichen Naturkraft. Austens Sir Edward Denham hätte ihre Eskapaden zweifellos unaussprechlich töricht gefunden.

Die Welt der Naturwissenschaften bot einen unerschöpflichen Vorrat an sprachlichen Bildern und Vergleichen. Kein Wunder, daß Coleridge die Vorträge in der Royal Institution hörte, um, wie er sagte, »meinen Vorrat an Metaphern zu ergänzen«.[14] Coleridge seinerseits lieferte der Sprache neue Wörter, als er etwa den Ausdruck »psychosomatisch« prägte, nachdem er seinen Helden Humphry Davy einen Fall vermuteter Paralyse mit Hilfe von Placebos hatte heilen sehen.[15]

Und so dürften es manche derer empfunden haben, die in die Hörsäle der aufblühenden Wissenschaft drängten: Es war nicht einfach nur eine zunehmende Vertrautheit des Menschen mit bislang unbekannten Gebieten der Natur, sondern es war die neue Freude an ihrer Entdeckung und Benennung. Hier war eine Gemeinschaft entstanden, die sich sowohl an der Enträtselung der Abläufe in der Natur ergötzte, als auch an der bei diesen Versuchen gefundenen Sprache, an neuen Wörtern und Formulierungen. Während sich neue Formen des Verstehens herausbildeten, entwickelten sich zugleich neue Formen des literarischen und metaphorischen Ausdrucks, und Verstehen und Ausdrücken traten in eine Wechselwirkung.

Dies war das kulturelle Klima mit seinem noch unangefochtenen Glauben an die uneingeschränkt positiven Eigenschaften der Wissenschaft und des wissenschaftlichen Denkens, in das Luke Howard seine Namen für die Wolken entlassen sollte. Seine Sprache verlieh den gewichtslosen Formen der Luft Gewicht, führte eine Veränderung von

Anschauung und Ausdruck herbei und veränderte die Beziehung zwischen der Welt und dem ruhelosen, alles überwölbenden Himmel für immer.

Kapitel 2
Eine kurze Geschichte der Wolken

> Bewahre, die himmlischen Wolken
>   sind's,
> der Müßigen göttliche Mächte.
> Die Gedanken, Ideen, Begriffe, die uns
>   Dialektik verleihen und Logik …
>   *Aristophanes, etwa 420 v. Chr.*[1]

Seit den frühesten Zeiten des Altertums hat man versucht, sich das Wetter und die Stimmungen, die es hervorruft, zu erklären. Es ist immer ein entscheidender Aspekt der Umwelterfahrung des Menschen gewesen und hat mit seiner Vieldeutigkeit immer neue Interpretationen herausgefordert. Die menschliche Phantasie hat den Himmel lebendig gemacht, hat ihn mit Gestalten und Figuren bevölkert, mit Göttern und Prophezeiungen und der Bewegung der Tierkreiszeichen. Aber auch die ersten Regungen wissenschaftlichen Denkens beziehen sich auf das Wetter.

Einige der frühesten schriftlichen Dokumente verzeichnen Versuche, sich mit den endlosen Veränderlichkeiten des Wetters auseinanderzusetzen. Altägyptische, chaldäische und babylonische Texte, auf Blättern aus Papyrus oder Tontäfelchen erhalten, sprechen von den Geheimnissen der Wolken, des Donners und des Regenmachens und schließen Versuche der Vorhersage und Warnung ein. »Wenn ein dunkler Hof den Mond umgibt, wird der Monat Regen bringen oder Wolken sammeln«, heißt es in einer 4000 Jahre alten chaldäischen Vorhersage. »Wenn sich eine Wolke am Himmel verdunkelt, wird Wind aufkommen«, warnt eine andere.[2] Diese und weitere erhaltene früheste Wetterregeln könnten sehr gut Teil einer bereits damals bestehenden meteorologischen Tradition sein. Wir wissen nicht, ob sie auch auf bevorstehende Veränderungen im allgemeinen gesellschaftlichen Klima der Zeit verweisen. Wir können nur eine Atmosphäre spürbar böser Ahnungen daraus entnehmen.

Im Fernen Osten führten (in der zweiten Hälfte des zweiten vorchristlichen Jahrtausends) chinesische Gelehrte in der Schang-Dynastie deskriptive Wetter-Journale und versuchten Partien von jeweils zehn Tagen zu analysieren; von ihnen sind einige Bruchstücke erhalten. Darin wurden gesichtete Regenbogen, Halos und Nebensonnen registriert, und es wurde die vorherrschende Windrichtung notiert. Regen- und Schneemengen wurden ebenfalls gemessen, letztere in Meßgeräten aus Bambus, die hoch in den Bergen der nördlichen Provinzen aufgestellt waren, »an den frostigen Gipfeln des lahmen Drachens«, wie es in einem zeitgenössischen Gedicht hieß.

Wo Bäume und Gräser nicht zu wachsen wagen,
Wo der Fluß zu breit ist, ihn zu überqueren,
Und zu tief, ihn auszuloten,
Und wo der Himmel schwer ist von Schnee.[3]

Auch Luftfeuchtigkeitsmesser wurden bereits im Alten China entwickelt; sie nutzten die Absorptionsfähigkeit von Kohle: Ihr Trockengewicht wurde registriert und dann mit dem Gewicht der Kohle verglichen, nachdem sie eine bestimmte Zeit lang der feuchten Luft ausgesetzt gewesen war. Der Feuchtigkeitsgehalt wurde aus der Differenz errechnet.[4]

Wissenschaftlicher Fortschritt ist immer Teil allgemeinerer gesellschaftlicher Entwicklungen und bestimmter Weltanschauungen, und so stand hinter der Genialität der frühen chinesischen Meteorologie das besondere chinesische Weltbild. Die Lehre der zwei *T'ai-ki* des Yin und Yang, der beiden fundamentalen kosmologischen Prinzipien, die alles in der Schöpfung im Gleichgewicht halten, wurde ein bedeutender Bestandteil der chinesischen Natur- und Moralphilosophie. Gegen Ende des 4. Jahrhunderts vor Christus wurde Yin im übertragenen Sinn mit Wolken und Regen (als den erdverbundenen Elementen des weiblichen Prinzips) gleichgesetzt, und Yang wurde mit dem

Feuer und der Hitze der Sonne (als den himmlischen Elementen des ausgleichenden männlichen Prinzips) verbunden. Nach dieser Lehre fänden sich diese gegensätzlichen Eigenschaften niemals einzeln in der Natur, wenngleich immer eine die andere dominierte.

Alle Veränderungen auf der Erde, alle naturbedingten irdischen Umwandlungen und Strukturen, einschließlich des Wetters, wurden auf der Folie dieses Weltbildes verstehbar, und die chinesische Meteorologie (zusammen mit den benachbarten Disziplinen Astronomie und Mathematik) brachte auf ihre Weise die chinesische Philosophie und Kosmologie zum Ausdruck.

Der Wasserkreislauf und seine Gleichmäßigkeit zum Beispiel bot die vollkommene, funktionierende Analogie zur Lehre von elementarem Wandel und elementarer Harmonie: Die Wärme der Sonne (Yang) nährt die Wolken (Yin) durch das halb verborgene Wirken der Verdunstung. Das unendliche Aufsteigen und Herabfallen von Wasser durch Verdunstung, Kondensation und Niederschlag spiegelt die Balance von Harmonie und Austausch, die der Struktur des gesamten chinesischen Universums zugrunde liegt. Selbst die Heftigkeit von Gewitterstürmen illustrierte diesen Ausgleich aller Formen der natürlichen Energie: Ein Übermaß an Regen (Yin) erfordert den ausgleichenden Blitz aus Feuer (Yang), um die Dinge in der übervollen Atmosphäre ins Gleichgewicht zu bringen. Darum wurden Donner, Blitze und die Schwefelspuren des Gewitters als eine Art Gegengabe verstanden. Sie dienen der Begleichung einer Energieschuld, die sich im Laufe der Zeit in den fernsten Weiten der Luft aufgebaut hat.

Ein paar Jahrhunderte später entwickelte der Taoismus ein ganzes Ministerium des Donners für sein Pantheon. Dieser himmlischen Behörde gehörten die Götter für Donner und Blitz an, der Fürst des Windes, der Herr des Regens und sein Lehrling, der Wolkenjunge, dessen Aufgabe es war, die schwebenden Wasserspeicher aufgetürmt, gefüllt und gesättigt zu halten. Die neuzeitlichen Wohnideen des *Feng schui* (»Wind und Wasser«) sind aus diesen Gedanken entstanden.

Im Gegensatz zu solcher harmonischen Konzeption sind im Alten Testament die extremen und quälenden Wettervorkommnisse immer Zeichen der Macht. Von der Sintflut der Genesis und dem Hagel und anderen Plagen des Exodus bis zu den Propheten hallen die Texte wider von schrecklichen Unwettern der Vergeltung. Das Klima, so scheinen die traumatischsten dieser Ereignisse zu sagen, ist die eine große Bedingung auf der Erde, das dauerhafte, beständig-unbeständige Charakteristikum, das nicht kontrolliert werden kann, sich nicht kontrollieren läßt. Pestilenz und Leben gleichermaßen kamen aus dem dunklen, von Vorzeichen heimgesuchten Himmel.

Die Wanderungen der Kinder Israels wurden durch die Erscheinungen Gottes in Wolken gelenkt: über dem Roten Meer, in einer Wolkensäule und – eine dramatische Offenbarung der Macht Gottes – im Zusammenhang mit der Verkündung der Zehn Gebote am Sinai. Für die verwirrten Israeliten symbolisierten die großen, vom Zorn Gottes vollen Gewitterwolken, die jede ihrer Bewegungen zu überwachen schienen, nicht nur die Bedingungen, an die die Erneuerung ihres Bundes mit Gott geknüpft war, sondern auch die Schrecken ihrer Erhebung gegen Ägypten. Nur Wochen nach ihrem Aufbruch hatten sie geophysikalische Extreme kennengelernt: Dürre und Hungersnot sowie Regen und schwere Wolkenbrüche.

Sie kamen aus einer Tieflandkultur, die von der Bewässerung aus Flüssen abhängig war, deshalb waren die meteorologischen Gegebenheiten, denen sie nun ausgesetzt waren, besonders erschreckend. Bei durchschnittlichen Niederschlägen von nur 25 bis 40 mm waren Wolkenbrüche in Ägypten ziemlich unbekannt, und die Israeliten hatten 400 Jahre dort gelebt. Das im tiefliegenden Schwemmland aufgenommene Wasser reichte nicht aus, und die Luft darüber war zu heiß und zu sauber, als daß sich der dort entstehende Dunst zu Wolken hätte kondensieren können. Regenführende Systeme, die mit den Passatwinden zogen, hatten sich aber längst erschöpft, wenn diese das Land der Pharaonen erreichten.

Der Exodus in die mitteltrockenen Regionen auf dem Sinai und in Kanaan machte die Israeliten jedoch nicht nur mit den periodischen, ungleichmäßigen Regenfällen bekannt (mit einem Jahresmittel von rund 400 mm), sondern auch mit dem befremdlichen Anblick aufgetürmter konvektiver Cumulonimbusstrukturen, den göttlichen »Wolkensäulen«, die ihnen erschienen, sobald sie das Land Gosen im Tiefland des Nildeltas verlassen hatten. Dieser Eindruck muß überwältigend gewesen sein.[5]

Das Schauspiel der Wolken in all ihrer schrecklichen Unberechenbarkeit wurde zum Symbol der Verunsicherung, der Fremdheit und der Verheißung zugleich. Um in die Geheimnisse der Wasserversorgung durch Regen einzudringen, mußten diese Tieflandbauern, das wurde ihnen bald klar, die umfassenderen Geheimnisse des Himmels studieren. Wir hören ihre immer eindringlicher gestellten Fragen, etwa bei Hiob: »Wer ist des Regens Vater?«; »Wer ist so weise, daß er die Wolken zählen könnte?«; »Weißt du, wie sich die Wolken ausstreuen?« Sie klingen durch die Jahrhunderte; alle sind ihnen ausgewichen, haben sie nicht beantwortet oder sie zu einer Kosmologie verarbeitet, die schließlich doch unausweichlich zur Meteorologie führen sollte. Einer der bedeutendsten, dramatischsten Augenblicke in der Geschichte der Wolkenbeobachtung war schließlich jener Tag im Dezember 1802, als ein dreißigjähriger Chemiker in einem Londoner Kellerlabor den Wolken erstmals richtige Namen gab.

Es gab auch frühe rationaler anmutende Versuche, die Geheimnisse dessen, was über der Erde ist, zu lüften in der Hoffnung, die uralte, atavistische Furcht vor Wolken und

Wetter zu vermindern. Denn nicht immer wirkte es beruhigend, wenn man den Himmel als den Aufenthaltsort zorniger, rachsüchtiger Götter betrachtete, obwohl in den meisten Kulturen irgendwann einmal die aufgetürmten Wolken als Wohnort der Götter gedacht wurden. Weil aber Wolken die Welt darunter von der Welt darüber scheiden, waren sie den Mythenerfindern auch bei der Markierung der Grenzen zwischen der Alltagsrealität und einer anderen Wirklichkeit willkommen.

In der altnordischen Mythologie wurde zum Beispiel die Gattin Odins, Frigg oder Frija (deren Name »Geliebte«, »Gattin« bedeutet), als die Göttin vorgestellt, die oberhalb der Wolken regierte. Hoch oben in Fensalir, ihrer Nebelhalle, spann sie mit Rocken und Spindel in unendlicher Geduld die goldenen Fäden, die von den Winden zu den rosa- und orangefarbenen Bändern des Cirrostratus gewoben wurden, welche überall auf der Welt bei Sonnenaufgang und bei Sonnenuntergang zu sehen sind. Diese hohen Wolken waren ihr eigenes Reich, das von anderen Göttern nicht angerührt wurde. Allerdings war bei der Schöpfung das Gehirn des frostigen Urriesen Ymir in die Sommerluft geschleudert worden und hatte da die bekannten tiefhängenden Cumuluswolken gebildet. All das laut Alwis, dem klugen Zwerg, der auf Odins Frage, »Wie man die Wolken heißt, die Wetterschauer bringen, bei den Bewohnern jener Welt«, antwortet:

»Wolke bei den Menschen, bei den Waltern Böe-Bringer, bei den Riesen Regenspender, Windfloß bei den Wanen, Wetterkraft bei Alben, doch Hehlehelm bei Hel.«[6]

Die Wolkentypen werden hier nach ihren Beobachtern benannt (und ebenso die Wind-, Sonne-, Mond- und Himmelstypen). So wie die Schönwetter-Cumuluswolken zu den sonnigen Ansichten der Wanen paßten (der Fruchtbarkeitsgötter, die die Magie erfunden haben sollen), so überzogen drückende Schichten von Stratocumulus die grausige Totenwohnstätte Hel. Wolken geben, wie die Mythenerfinder aller Kulturen entdeckt haben, den perfekten Hintergrund für die sinnbildlichen Darstellungen der Weltentstehung ab.

Die Philosophen des Alten Griechenland, die auf der Suche nach Antworten gern zum Himmel aufschauten, waren daran interessiert, die Vielfalt seiner Stimmungen und Erscheinungen zu erklären, ohne eine Gottheit anrufen zu müssen. Ihre Philosophie betrachtete das Universum als eine Verkettung von physikalischen Rätseln. Zu den diversen Forschungsgebieten im vorsokratischen 7. und 6. Jahrhundert v. Chr. gehörten Astronomie (Beobachtung der Himmelskörper), Brontologie (Donnerkunde), Keraunik (Blitzkunde) und Nephologie (Wolkenkunde). Es waren alles Aspekte eines zusammenhängenden Forschungsprogramms, das mit seinen vielen Anfängen und vielen Enden und mit den benachbarten Nebenwegen Astrologie und Weissagungen sich als eines der langlebigsten und vielfältigsten Forschungsprojekte in der Geschichte der Naturwissenschaften erwiesen hat. Aber genau wie Howard selbst werden wir uns nur einem einzelnen, bestimmten Aspekt der Geschichte der Meteorologie zuwenden: der Nephologie, der Wissenschaft von den Wolken.

Der erste große Abschnitt der abendländischen Nephologie (zumindest in ihrer schriftlichen Form) begann mit Thales von Milet, einem der Sieben Weisen des präsokratischen Denkens, und endete in der Mitte des 17. Jahrhunderts, nachdem René Descartes die Physik vom aristotelischen Einfluß befreit hatte. Seit dem 17. Jahrhundert entwickelte sich die Wolkenlehre in mehreren Phasen, jeweils im Gefolge der Entdeckung der wichtigsten physikalischen Gesetze. Howard begann selbst die Geschichte der Nephologie zu erforschen, und was hier im folgenden geschildert wird, dürfte ihm zum großen Teil bekannt gewesen sein, wenn auch erst später in seinem Leben, als er, nach den ersten eigenen meteorologischen Forschungen, sich mehr der Lektüre und Korrespondenz widmete. Howard fand das historische Thema faszinierend und verbrachte im Alter viel Zeit damit, in einem Arbeitszimmer, dessen Wände voll waren von alten Büchern über das Wetter.

Hier las er über Thales von Milet (ca. 625-545 v. Chr.), den Mann, der weithin als der erste echte »Wissenschaftler« des Abendlands angesehen wird. Thales beschäftigte sich vor allem mit Mathematik und Astronomie, und er war berühmt wegen seiner Vorhersage einer Sonnenfinsternis im Jahr 585 v. Chr. Er war aber auch ein eindrucksvoller Theoretiker der Meteorologie. Wie die Chinesen vor ihm (deren Gedanken durchaus auf den Handelswegen nach Westen in die griechisch-ionische Welt gelangt sein können) betrachtete er mit einer halb mystischen Ehrfurcht Wasser als Spender und Erhalter des Lebens auf Erden. Diese Ehrfurcht, zusammen mit der homerischen Annahme, daß die Erde im Wasser schwimme, brachte ihn zu der Vorstellung von einer Welt, die nur auf Wasser beruhte und von seinen lebenspendenden Eigenschaften genährt und begrenzt wurde. Seine Überlegungen zur Veränderlichkeit des »stofflichen Prinzips«, das zwischen Himmel und Erde auf- und abstieg, enthielten eine frühe und präzise Beschreibung des Wasserkreislaufs, obwohl es kaum wahrscheinlich ist, daß Thales etwas über die Gesetze von Abkühlung, Kondensation und Wolkenbildung gewußt hat.

Aber Thales hatte, als er erklärte, alles in der Natur sei mehr oder weniger eine Form von Wasser, eine grundlegende Wahrheit über das menschliche Leben in Worte gefaßt: Daß wir uns in Wirklichkeit nicht oben auf fester Erde befinden, sondern am Grunde eines Ozeans aus Luft. Obwohl er behauptete, daß all diese Luft nur die Erscheinungsform eines anderen Elements, des Wassers sei (Wasserdampf macht weniger als zwei Prozent unserer Atmosphäre aus), war der Gedanke, die die Erde umgebende Schicht von Gasen zu untersuchen, der erste Schritt zur Bildung der meteorologischen (als von der astrographischen zu unterscheidenden) »Wissenschaft«. Meteorolo-

gie als eindeutig umrissenes und erkennbares Wissensge-
biet, das sich mit der Atmosphäre und allem, was sie
enthält, befaßt, war formell ins abendländische Denken
eingeführt.

Thales' Ruf und wissenschaftlicher Einfluß gewannen
ihm bald Anhänger; einer der prominentesten unter ihnen war sein Mileter Mitbürger Anaximander (ca. 610-
546 v. Chr.). Anaximander ist der Autor einer der frühesten wissenschaftlichen Abhandlungen der Geschichte, in
der er als erster die Vermutung äußerte, daß Blitze durch
die Reibung von Wolkenmassen hervorgerufen würden.
Er beschrieb auch als erster Wind als »ein Strömen von
Luft«.[7] Obwohl seine Beschreibungen des Wetters den
philosophischen Vorstellungen vom unendlichen und unbegrenzten Ursprung der Materie untergeordnet waren,
waren sie in sich scharfsichtige Erklärungen bestimmter
Ereignisse in der Natur. Sein Gedanke, daß »Luftmassen«
von namenlosen Kräften auseinandergerückt, zusammen-
gezogen oder heftig herumgeschoben werden können, beschrieb klar die Bedingungen, unter denen Wind entsteht:
von den örtlichen, aufwärts und abwärts gerichteten Kon-
vektionen von Luft über Land (im Anschluß an das Steigen
und Sinken der Temperatur über Land) bis zu den gewal-
tigen Stürmen, die entstehen, wenn Luft aus Regionen
mit hohem Luftdruck in Regionen mit niedrigem Druck
strömt, ähnlich wie Luft aus einem Reifen entweicht.
Francis Beaufort ließ sich später sowohl durch Anaximander als auch durch Luke Howard inspirieren, als er eine
Gradeinteilung der Windstärken schuf – eine erfolgreiche
Verbindung miteinander verwandter Gedanken, die durch
2000 Jahre voneinander getrennt waren. Durch eine Laune
des Schicksals mußten Anaximanders scharfsinnige Beschreibungen zwei Jahrtausende warten, ehe sie akzeptiert waren.

Die Alten Griechen hatten keine meteorologischen Instrumente, mit denen sie ihre Beobachtungen der Natur
beweisen oder widerlegen konnten, aber in gewissem Sin-

ne spielte das keine Rolle, denn die Genialität lag mehr in den Fragen, die sie stellten, als in den Antworten, die sie dann riskierten. Dennoch erkannten sie eine praktische neben der theoretischen Dimension meteorologischer Erkenntnisse, und ab dem 5. Jahrhundert v. Chr. wurden in vielen Mittelmeerstädten an Säulen auf öffentlichen Plätzen Wetterinformationen ausgegeben. Diese Steckkalender (griechisch *Parapegmata*) stellten Augenzeugenberichte der örtlichen Wetterbedingungen dar, mit gelegentlichen Versuchen zur Vorhersage. Typische Beispiele wie »Die Schultern der Jungfrau sind im Aufstieg«, oder »Arkturus geht auf: Südwind, Regen und Gewitter«, oder »Das Wetter ändert sich möglicherweise« bestätigen den astrologischen Kontext bei der Mehrzahl der antiken Vorhersagen. Sie zeigen außerdem bereits die teilweise enervierende Behutsamkeit der Wetterberichterstatter, die uns bis heute zunehmend munterer und allen Ernstes ein 24-Stunden-Bild aus dem gesamten Spektrum möglichen Wetters anbieten, von Hitzewellen bis zu Hagelstürmen.[8]

Informationen wie die aus den Steckkalendern förderten die Entwicklung einer vergleichenden Wissenschaft, die entstand, als Reisende von ihren Wanderungen neue Beobachtungen mitbrachten. Demokrit (ca. 460-370 v. Chr.), einer der ersten großen Reisenden und Naturbeobachter des Abendlands, entwickelte in Verbindung mit seinem atomistischen Weltbild eine Theorie der Wolkenbildung. Er beschrieb eine Welt, die aus einer unendlichen Zahl von winzigen, trägen Partikeln bestand, die sich nach zufälligen, mechanischen Mustern bewegten; seine Theorie der Wolken ersann er, als er bei einer Reise nach Norden das Schmelzen des Schnees im Frühjahr beobachtet hatte. Die Dämpfe des Schmelzwassers, meinte er, nachdem er die Sache eine Weile überdacht hatte, würden von den Etesien, den »Jahreszeitenwinden«, in die Höhe und nach Süden getragen, wo sie dann zur Erde zurückkehrten als Regen, der jene Seen mit Wasser versorgte (und regelmäßig überflutete), die den Nil speisten. Das war nicht einfach eine elegante Wiederaufnahme der Vorstellung vom endlosen Wasserkreislauf, es war auch eine frühe und weitsichtige Beschreibung der Bewegung von Wettersystemen um die Welt. Es war jedoch auch ein Gedanke, der (wie Anaximanders Überlegungen zum Wind) erst nach zwei Jahrtausenden ernsthaft wieder in Erwägung gezogen wurde.

Es ist schwer zu sagen, inwieweit das Vergessen, dem die Vorsokratiker anheimfielen, darin begründet ist, daß sie mit ihren Ideen ihrer Zeit voraus waren, oder ob es dem überwältigenden Einfluß eines neuen Denkens zuzuschreiben ist, das sich Mitte des 4. Jahrhunderts v. Chr. im Werk des berühmtesten und produktivsten der Schüler Platons zeigte, im Werk des Aristoteles.

Mit seiner Vielseitigkeit und Vollkommenheit ist das aristotelische eines der größten Denkgebäude, die die Welt je gesehen hat; es wirkt noch heute nach, und wenn nur als etwas, das man ablehnt oder widerlegt. Vom Leben des Aristoteles ist wenig bekannt; er wurde 384 v. Chr. in Mazedonien geboren (und starb 322). 367 v. Chr. zog er nach Athen, wo er 20 Jahre blieb und ein Schüler Platons wurde. Später reiste und lehrte er. Rund 150 Abhandlungen soll er geschrieben und damit zu einer Vielzahl von politisch-philosophischen, ethischen und naturwissenschaftlichen Themen beigetragen haben oder sie überhaupt erst eingeführt haben. Auch wenn nur rund 30 dieser Abhandlungen erhalten sind, bringen sie zusammen eine einzigartige Überzeugung zum Ausdruck, die vermutlich auch die anderen, nicht erhaltenen Werke wie ein roter Faden durchzogen hat: die Überzeugung, daß alles in der Natur seine grundsätzliche Ordnung hat und verstehbar ist und daß alles zu seinem ihm natürlichen Zustand zurückstrebt. Das gilt selbst für die Dinge auf der Welt, die sich in ständiger Veränderung befinden. Und in der *Meteorologika*, einer Abhandlung, die er um 340 v. Chr. verfaßte, widmete sich Aristoteles speziell dem allerveränderlichsten und damit anspruchsvollsten aller Aspekte der Natur.

Anders als im frühen chinesischen Denken, das die natürlichen Abläufe in Kategorien des umgestaltenden Austausches faßte, sah die platonische Philosophie in der Veränderung eine Verletzung der harmonischen Ordnung des Universums. Platon vertrat die Ansicht, daß die Veränderlichkeit der Materie nur ein Symptom ihrer stofflichen Unvollkommenheit sei. »Form« (nicht individuelle Objekte, sondern die unkörperliche kosmische Idee) war vollkommen und blieb deshalb prinzipiell unveränderlich. Wirkliches Erkennen, wirkliche Wissenschaft hatte die Aufgabe, dieses autonome Reich der »Form« zu erfassen. Nach Platon beschäftigte sich das Erkennen nicht mit Einzelheiten; und wenn jemand niedere, ungeistige Dinge zu verstehen versuchte, wie den Wind oder den Regen oder die Bewegung der Wolken, galt das als philosophisch unbedeutend. Auch Platon sah im Reden über das Wetter, wie zwei Jahrtausende später Samuel Johnson, nur Unterhaltung. Und solches Reden trug wenig dazu bei, die Idee von der eigentlich statischen Ordnung des Kosmos zu stützen.

Aristoteles wandte sich radikal von diesen Auffassungen Platons ab (ebenso wie von dem früheren Atomismus Demokrits) und behauptete statt dessen: Alles auf der Welt war, ist und wird immer sein in ständigem Fluß.[9] Und die sich drängenden Wolken sollten sich als Aristoteles' wichtigste Beispiele erweisen, angeführt, um die Richtigkeit seiner Lehre zu stützen.

Um die Überzeugung zu verteidigen, daß die Natur wesentlich in Verwandlung begriffen ist, stellte er die grundlegenden Fragen neu; Biologie, Physik und Meteorologie wurden neu geordnet und systematisiert. In der Meteorologie wie in den anderen Wissenschaften betonte Aristoteles die Rolle der vier Elemente Erde, Luft, Feuer und Wasser und der ihnen paarweise zugeordneten Eigenschaften »warm« und »kalt«, »trocken« und »feucht«, die von den natürlichen Substanzen der Erde ausgeatmet, »exhaliert« wurden, wie er meinte. Die warmen und feuchten

»Exhalationen« oder Ausdünstungen erzeugten zum Beispiel Wolken und Regen, die trockenen Exhalationen trie-
ben Gewitter und Winde um die Erde. Jedes Auftreten
natürlicher Veränderungen findet zwischen diesen Paaren
von elementaren Gegensätzen statt, als Grundbedingun-
gen für das Wettergeschehen. Jedes Element – mit der
Erde im Zentrum der sphärischen Anordnung – hat seinen
ihm gebührenden Platz in der Welt oder strebt ihm aktiv
zu. Aufsteigende Luft zum Beispiel sucht zur Ruhe zu
kommen in der Sphäre über dem Wasser, aber unter der
Sphäre des Feuers; Wasser dagegen bewegt sich und stru-
delt, wenn es nach seinem Platz auf der Erde sucht.

Um die Bedeutung dieses Systems zu zeigen, fragte Aristoteles in seiner Abhandlung über die Meteorologie zunächst: »... Aus welchem Grunde entstehen dann nie
Wolken im äußeren Bereich? Dies wäre doch eher zu erwarten ...«[10]

Die Antwort hing, Aristoteles zufolge, von der Mischung der geschichteten Elemente ab: Die Wärme der
Sonne verlagert das kalte Wasser auf der Oberfläche der
Erde so, daß es eine neue, warme Substanz bildet, ähnlich
der Luft, durch die hindurch sie dann aufsteigt. Das ist
der Stoff, aus dem Wolken entstehen. Aber die Schichten
von Luft oberhalb der höchsten Berge, so die Theorie,
enthalten zuviel Feuer, als daß sich dort Wolken bilden
könnten; ebenso enthalten die Luftschichten in Bodennähe zuviel reflektiertes Sonnenlicht, als daß Wolken
entstehen könnten. »Die Wolken bilden sich nämlich dort,
wo die Kraft der Strahlen aufhört, weil sie sich ins Wesen-
lose zerspalten.«[11] Mit anderen Worten, es gibt eine deutliche wolkenbildende Schicht auf halbem Weg zwischen
der Erdoberfläche und der höheren Atmosphäre, in der
das Gleichgewicht der Elemente Luft und Wasser und ihrer Eigenschaften von Feuchtigkeit und Wärme die ideale
Bedingung für die Hervorbringung von Wolken bildet.[12]

Als mechanische Erklärung, die ausschließlich auf physikalische Annahmen gegründet war, war sie kaum ver-

besserungsfähig. Das galt auch für die anderen Erklärungen der *Meteorologica*. Dies und die ungeheure Autorität, die sich Aristoteles auf anderen Gebieten der Philosophie erworben hatte, sorgten für den anhaltenden Erfolg seiner Abhandlung. Sie beherrschte die abendländischen Vorstellungen von Meteorologie noch 2000 Jahre lang, obwohl ihr Einfluß im Frühmittelalter zu schwinden begann, als die Menschen die klassischen griechischen Vorstellungen aus den Augen verloren.

Lange vorher schon hatten römische Autoren wie Seneca, Plinius und Lukrez versucht, den wissenschaftlichen Geist der Griechen zu bewahren, indem sie Anthologien mit naturwissenschaftlichen Aufzeichnungen aus neuen und alten Quellen zusammenstellten. Seneca hatte um das Jahr 62 einen zehnbändigen Überblick begonnen, seine *Naturales Quaestiones*; er war beeindruckt von der dynamischen Energie des Wetters und betrachtete Wolken als integralen Bestandteil der atmosphärischen Veränderlichkeit.

»Zuerst nämlich ist alles, was Luft erzeugt, von kurzer Dauer, entsteht es doch in einem flüchtigen und veränderlichen Stoff. Wie kann denn etwas in der Luft lange unverändert bleiben, wo diese selbst nie lange dieselbe bleibt? Immer fließt sie, und nur kurz sind ihre Ruhepausen; in einem Augenblick nimmt sie eine andere Beschaffenheit als bisher an, ist bald regnerisch, bald heiter, bald wechselhaft. Die Wolken, mit denen sie am engsten verwandt ist, in die sie sich verdichtet und aus denen sie sich wieder löst, sammeln sich bald, zerstreuen sich wieder und liegen nie unbeweglich da.«[13]

Für Seneca waren die Wolken die Wettermaschinen, zuständig für Donner, Blitz und das Phänomen des Regenbogens. Die Atmosphäre selbst wurde von den durchscheinenden Wolken gebildet. Aber noch immer stand für ihre Entstehung keine andere Erklärung als Aristoteles' Exhalationen zur Verfügung.

Auch Plinius betrachtete Wolken als eine Mischung von Stoffen, die sowohl aus dem oberen Element Luft bestanden als auch aus der »unbegrenzten Menge von irdischem Dunst«, der die Erde umgab, bevor er in die Atmosphäre aufstieg. Er faßte den ganzen meteorologischen Lebenszyklus als ein großes Steigen und Fallen auf, das eine Reaktion auf die anziehenden und abstoßenden Kräfte der Sterne war: »Regen fällt herab, Nebel steigen auf, Flüsse trocknen aus, Hagel stürzt nieder, die Sonnenstrahlen dörren die Erde aus; drängen sie von allen Seiten nach der Mitte hin, prallen ungeschwächt zurück und nehmen mit sich, was sie können. Die Hitze kommt von oben und steigt wieder dahin zurück.«[14] Die Natur schwingt hin und her wie ein riesiges Pendel, auf einer Bahn, die von der schnellen Bewegung der Sterne und Planeten beeinflußt wird. Wolken steigen und sinken infolge ihres unberechenbaren Laufs. Und abermals waren all diese Turbulenzen des Plinius wenig mehr als eine elegante Neufassung der aristotelischen Veränderungen.

Lukrez dagegen unternahm einen direkteren Versuch, die Entstehung von Wolken in Sprache zu fassen.

Wolken bilden sich dann, wenn viele der rauheren
                                                Stoffe,
Schweifend umher in der oberen Luft, schnell treten
                                                zusammen
Und ineinander verhängt, obwohl nur in loser
                                                Verbindung,
Dennoch zusammengedrückt sich erhalten. Kleinere
                                                Wolken
Bilden sie erst und fassen sich dann und häufen sich
                                                dichter,
Wachsen durch ihren Verein und werden so lange von
                                                Winden
Umgetrieben, bis jetzt das grause Gewitter erregt
                                                ist.[15]

Das war das atomistische Modell der Wolkenbildung, eine Mischung der Vorstellungen von Demokrit und Aristoteles, das im 18. Jahrhundert wiederbelebt wurde.

Mit der Ausbreitung des Christentums nahm der wissenschaftliche Einfluß der antiken Autoritäten wie Aristoteles, Plinius und Lukrez ab. Die Aktivitäten in der Atmosphäre wurden – wie bereits im Alten Testament – zurückgeführt auf göttliche Intervention. »Er ist der Herr, des Weg in Wetter und Sturm ist, und Gewölke der Staub unter seinen Füßen«, heißt es im ersten Kapitel des Buches Nahum. Über mehrere Jahrhunderte wurde antikes Gedankengut unterdrückt. Erst als das mittelalterliche Denken die christliche Theologie mit dem Aristotelismus zu versöhnen begann, waren Gelehrte wie Adelard von Bath oder Beda Venerabilis in der Lage, Traktate zu den Abläufen in der Natur zu verfassen. Bedas *De Natura Rerum*, geschrieben in Northumbria zwischen 690 und 730, war großenteils eine Neufassung von Plinius' Aristoteles-Adaption, gefiltert durch die Naturtheologie des Isidor von Sevilla.

So also sah es mit der Meteorologie in den langen Jahrhunderten nach dem Niedergang Griechenlands und Roms aus: kein neuer Gedanke, nur achtungsvolles Sammeln antiker Quellen. Dies galt, trotz des späteren arabischen Einflusses, unter anderem durch Avicenna (um 980-1037) und Averroës (1126-1198), im Prinzip für das gesamte Mittelalter. Abgesehen von gelegentlichen meteorologischen Versuchen im 16. Jahrhundert findet ein Neuansatz erst Mitte des 17. Jahrhunderts statt.

Diese Epoche brachte eine wissenschaftliche Revolution in Europa bevor, die aristotelische Sicht der Welt war nun durch neue Vorstellungen vom Kosmos und dem Wirken der Elemente ernsthaft bedroht. Das betraf auch die bis dahin mehr oder weniger ungebrochene Geltung von Aristoteles' Meteorologie. Hier ist vor allem einer zu nennen: René Descartes (1596-1650).

Descartes war zeit seines Lebens an Meteorologie interessiert; sie sollte Beispiele zur Untermauerung der neuen Naturbetrachtung liefern, die er in seinem *Discours de la Méthode* entworfen und umrissen hat. Dieser *Discours* erhob den Anspruch, den Weg zu gesichertem Wissen zu zeigen.

Sichere, klare und deutliche Erkenntnisse würden sich zu einem umfassenden Verständnis der Naturphänomene erweitern. Um diesen Anspruch zu stützen, wurde in der ersten Ausgabe eine naturwissenschaftliche Abhandlung über »Météores« angefügt, die zeigen sollte, mit welcher Methode man die Beobachtung von Naturerscheinungen vornehmen sollte, auch so unsteter wie der Wolken.

Wie Aristoteles in seiner *Meteorologica* hielt Descartes Wolken für ein grundlegendes Beispiel von Naturerkenntnis; er betrachtete sie als Versuchsobjekte für neue Überlegungen zur Naturwissenschaft. Wenn man über Wolken philosophieren kann, meinte er, dann kann man das auch über jedes andere Thema. Descartes fand Wolken besonders interessant nicht so sehr wegen ihrer physikalischen Eigenschaften, die er wie alles andere rationalistisch-mechanistisch betrachtete, sondern wegen der Herausforderung, die sie an die Sinne stellten. Das schloß zwar die Fähigkeit zum Staunen ein, doch gerade die bisher oft vorgenommene Mystifizierung der Wolken versuchte er zu vermindern:

Wir hegen natürlich mehr Bewunderung für die Dinge, die über uns liegen, als für die, welche auf gleicher Höhe oder tiefer liegen. Und auch wenn die Wolken nicht über die Gipfel einiger Berge hinausreichen und man sogar oft welche sieht, die tiefer hängen als die Spitzen unserer Kirchtürme, so denken wir sie uns gleichwohl, weil man die Blicke zum Himmel wenden muß, um sie zu betrachten, als so gehoben, daß selbst die Dichter und die Maler aus ihnen den Thron Gottes bilden und ihn mit eigenen Händen die Türen der Winde öffnen und schließen, Tau auf die Blumen träufen und Blitze auf die Felsen schleudern lassen. Das läßt mich hoffen, daß, wenn ich ihre Natur hier auf eine Weise erkläre, daß man nicht mehr Gelegenheit habe, etwas von dem zu bewundern, was man in ihnen sieht oder was daraus herabkommt, daß man es dann leicht für möglich hält, ebenso Gründe für alles Wunderbare auf der Erde zu finden.[16]

Wenn man die Wolken vernünftig und überzeugend erklären konnte, ohne Aberglauben oder Voreingenommenheit, dann traf das auch auf alles andere in der Natur zu, denn Wolken verkörperten die extremste Erscheinungsform des Nichtfaßbaren. Tatsächlich waren sie so schwer zu dechiffrieren, daß sie den Menschen veranlassen konnten, dem Urteil seiner Sinne zu mißtrauen, weil diese sich leicht von den veränderlichen Objekten in der Atmosphäre irreführen ließen.

Descartes stellte Betrachtungen über die physikalische Beschaffenheit der Wolken an. Sie bestünden, meinte er, nicht aus Aristoteles' vermischten »Exhalationen«, sondern wahrscheinlich aus Wassertröpfchen oder kleinen Teilchen von Eis, gebildet aus komprimiertem Dampf, den die Dinge auf dem Boden abgäben. Diese Tröpfchen oder Teilchen wachsen durch Verschmelzen, und »sobald sie sich vereinigt haben, steigen sie in kleinen Zusammenballungen auf, und diese miteinander bilden große Haufen ... so locker und schwammig, daß sie mit ihrem Gewicht den Luftwiderstand nicht überwinden können«.[17] Wenn die Tropfen zu groß geworden sind, um sich oben zu halten, fallen sie als Regen (sofern die Luft warm genug ist) oder als Schnee oder Hagel (bei niedrigen Temperaturen) herab. Descartes hatte geschlossen, daß Wolken beinahe immer kalt genug seien für Schnee (»die höchsten dieser Wolken können fast nie aus Wassertröpfchen gebildet werden, sondern nur aus Eispartikeln«), und nahm an, daß Hagel aus Eispartikeln gebildet sei, die geschmolzen und dann in der kalten Luft auf dem Weg nach unten abermals gefroren seien.[18]

Aristoteles' Exhalationen hatten unter dem Gewicht der Descartesschen Schlußfolgerungen endlich ausgedient, und neue technische Entwicklungen hatten ihr Ende beschleunigt. In der ersten Hälfte des 17. Jahrhunderts waren die sechs Instrumente entwickelt worden, die die Zukunft aller naturwissenschaftlichen Forschung bestimmen würden: Teleskop, Mikroskop, Luftpumpe, Pendeluhr, Thermometer und Barometer veränderten die Wissenschaft nachhaltig. Gemeinsame Methoden, ob bei der Feldforschung, im Labor oder für die private Sammlung, bildeten sich als Hilfsmittel zum Erfassen der übervollen Welt der Dinge heraus. Die Meteorologie war ein Teil des Fortschrittsdenkens, und mit dem Messen und Sammeln von Daten hatte die Ära der Wetterbeobachtung begonnen.

Dennoch wuchs die Verwirrung über Wolken und Wolkenformationen in der nachkartesianischen Zeit genauso wie zur Zeit der Vorsokratiker. Alle wissenschaftlichen Theorien, vom Aristotelismus über die Alchemie bis zu Newtons Physik, befaßten sich mit der Aufstellung nephologischer Hypothesen, von denen viele nur wegen ihrer inneren logischen Systematik bemerkenswert waren. Die »Menstruum-Theorie« zum Beispiel, benannt nach der alchimistischen Bezeichnung für Lösemittel, vertrat die Ansicht, daß Säuren das in der Luft schwebende Wasser zu Wolkenformen ätzten, so wie Säuren auch die Oberflächen von Metallen ätzten und wolkig trübten und stumpf machten. Eine andere Theorie behauptete, Feuerpartikel lösten sich von Sonnenstrahlen und blieben an Wasserpartikeln haften, wo sie dann Moleküle schüfen, die leichter als Luft wären und aufstiegen und sich zu Wolken zusammenschlössen. Regen entstünde dann bei der Abtrennung der Feuerpartikel; mit ihr werde das Wasser aus der Wolke entlassen, so daß es unter dem Einfluß der Schwerkraft hinunterfiele.

Oliver Goldsmith sollte dagegen in den späten sechziger Jahren des 18. Jahrhunderts in seiner *History of the Earth and Animated Nature* behaupten, daß Wolken das Produkt abweisender Kräfte in der Natur seien; durch die brennenden Sonnenstrahlen werde Dampf in die Atmosphäre geschleudert, so wie Dampf aufsteigt, wenn man heißes Eisen ins Wasser wirft. Die Wolken wüchsen dann wie rollende Kugeln aus Dampf, bis sie durch den Widerstand des Windes zu Regen zerbrochen würden. Er schien aber wenig Zutrauen zu seiner eigenen Erklärung zu haben, denn er räumte später ein, daß es »wenig Zweck habe zu versuchen, diese Wunder zu erklären«.[19]

Wieder eine andere Hypothese verglich den Dampf in der Luft mit »einem Stück Zucker, das sich in einer Tasse Tee auflöst«, wobei der Wind die Kraft sein sollte, die den Zucker zur Lösung rührt.[20]

Goethe glaubte, die Anziehungskraft der Erde und die Elastizität der Luft bewirke die Formung des atmosphärischen Wasserdampfes zu den verschiedenen Erscheinungen, und er gab diese Ansicht erst auf, als er 1815 eine Übersetzung von Luke Howards Abhandlung gelesen hatte.

Die am weitesten verbreitete Theorie jedoch, gegen die Howard einen Dauerkampf führen mußte, war die Bläschentheorie der Wolken. Diese Theorie nahm an, daß sich Wasserteilchen durch die Einwirkung der Sonne in hohle Kügelchen verwandelten, die mit einer »Aura« oder einer stark verdünnten Art von Luft gefüllt seien, die, wenn sie leichter als normale atmosphärische Luft geworden waren, wie Luftballons aufstiegen und sich zu Wolken formten. Regen fällt, wenn diese Blasen bersten. Das war vermutlich die Ansicht, der die meisten der Zuhörer bei dem Vortrag im Plough Court anhingen, und es war die Ansicht, die Howard zu widerlegen entschlossen war.

All diese konkurrierenden Erklärungen hatten ihre Probleme, das wußten auch ihre jeweiligen Vertreter. So gab Oliver Goldsmith ironisch zu: »Jede ziehende Wolke, und jeder fallende Regenschauer verletzt den Stolz des Naturforschers und zeigt ihm verborgene Eigenschaften in Luft und Wasser, die zu erklären ihm schwer fällt.«[21] Das stimmte, aber genau so eine Erklärung war es, die Luke Howard an jenem erregenden Abend in dem Londoner Laboratorium anbot, als die Geschichte der Nephologie, die Geschichte der Wolken, neu geschrieben wurde.

Kapitel 3
Der Wolkenbote

> The fairest things are those which live,
> And vanish ere their name wie give;
> The rosiest clouds in evening's sky,
> Are those which soonest fade and fly.
> *Mary Russell Mitford, 1810*[1]

»Als ich die verschiedenen Erscheinungen der Wolken nachzeichnete, habe ich auf ihre Verbindung mit den diversen Zuständen der Atmosphäre hingewiesen, von denen in der Tat ihre Unterschiedlichkeit in großem Maße abhängt. Ich habe es absichtlich vermieden, schwierige und zweifelhafte Erklärungen hineinzubringen in das, was schließlich nur eine schlicht beschreibende Anordnung ist. Es gibt noch sehr viel mehr Feldforschung zu leisten, wie ich bereits anzudeuten versucht habe, aber dies sind die Wolken, wie ich sie kenne. Oder vielleicht sollte ich sagen, dies sind die Wolken, wie ich sie bisher verstanden habe. Ich danke Ihnen für Ihre Aufmerksamkeit und ich hoffe, daß wir wie gewöhnlich viel Zeit für eine Diskussion haben werden.«

Luke Howard hatte fast eine Stunde lang gesprochen; während dieser Zeit war die Erregung im Publikum ständig gewachsen. Als er die abschließenden Worte seines Vortrags sprach, brach im Plough-Court-Laboratorium fast ein Tumult aus. Jeder der Zuhörer hatte die Bedeutung dessen, was er soeben gehört hatte, begriffen, und alle wollten sich das von ihren Freunden und Sitznachbarn bestätigen lassen. Im Lauf der letzten Stunde waren sie nicht nur mit neuen Erklärungen zur Entstehung und Lebensdauer von Wolken bekannt gemacht worden, sondern auch mit einer neuen, poetischen Terminologie: »Cirrus«, »Stratus«, »Cumulus«, »Nimbus« sowie den Namen der Mischformen und modifizierten Formen. Die Unterschiede hingen von der Höhe, der Lufttemperatur und den gestaltenden Kräften der aufwärts gerichteten Wärmestrahlung ab. Da gab es vieles zu berücksichtigen.

Jeder im Raum dürfte bereits gewußt haben, daß Wolken Übergangsstadien für das aufsteigende und fallende Wasser in seinen endlos ausgleichenden Wanderungen zwischen Erde und Himmel waren. Aber wie sie genau gebildet wurden, war den meisten Beobachtern verborgen; sie hingen überwiegend noch der »Bläschentheorie« an, welche das meteorologische Denken seit fast einem Jahrhundert beherrscht hatte. Frühere Spekulationen mit all ihrer Befremdlichkeit waren meist vergessen oder wurden als historische Kuriositäten angesehen, über die man sich lustig machen und die man abtun konnte. Howard jedoch schloß sich der Ansicht Descartes' an und behauptete steif und fest, Wolken setzten sich aus richtigen Tropfen von Wasser und Eis zusammen; die würden aus Dampf kondensiert durch sinkende Temperaturen, auf die der beim Aufsteigen durch die unteren Luftschichten stieß. Die Ballonpioniere der achtziger Jahre des 18. Jahrhunderts hatten bestätigt, daß es oben im Reich der Wolken eisig werden konnte: die Temperatur sinkt um rund 6,5°C pro tausend Meter Höhenzuwachs. Bis das Zentrum einer größeren Cumuluswolke erreicht ist, liegt die Temperatur unter dem Gefrierpunkt, und der Sauerstoffgehalt der Luft wird gefährlich gering. Das meinten die Ballonfahrer mit »schwindelnden« Höhen.

Howard war natürlich nicht der erste, der behauptete, Wolken seien Gebilde mit eigenen physikalischen Eigenschaften, die im Prinzip denselben Naturgesetzen gehorchten, die auch die übrige Welt beherrschten. Viele wissenschaftlich denkende Menschen hatten längst akzeptiert, daß Wolken trotz ihrer Ferne und ihrer scheinbaren Nichtgreifbarkeit genauso erforscht und verstanden werden sollten, wie jedes andere Objekt der Schöpfung. Damit schien Howards Theorie oberflächlich betrachtet im weitesten Sinne kartesianisch in ihrer Begründung und Reichweite.

Aber es war mehr daran. Luke Howard behauptete auch, es gebe eine feste und gleichbleibende Anzahl von Grundtypen für Wolken, und diese Zahl ginge nicht (wie das Publikum vielleicht geglaubt haben könnte) in die Hunderte oder Tausende, wie die sich drängenden Wolken selbst, jede so unverwechselbar wie ein Fingerabdruck. Wäre das der Fall, dann wären sie nicht klassifizierbar und nicht erklärbar, sondern einfach eine Menge Flecken am Himmel. Howard dagegen behauptete, es gebe im Grunde nur drei Familien von Wolken, und diesen könne jede einzelne von all den Tausenden von vieldeutigen Formen eindeutig zugeordnet werden. Die Wolken gehorchten einem System, und wenn man das in den Grundzügen kenne, dann seien ihre Grundformen »eben so leicht voneinander zu unterscheiden wie ein Baum von einem Hügel oder See«, denn jede zeige ihre eigenen Merkmale.[2]

Die Namen, die Howard erdacht hatte, sollten eine sinnvolle Beschreibung für die äußeren Kennzeichen jeden Wolkentyps, für den Phänotyp, bieten (eine Praxis, die von dem gewöhnlichen Verfahren bei naturgeschichtlichen Klassifizierungen übernommen war). Und sie kamen aus dem Lateinischen, damit »die Gebildeten der verschiedenen Nationen« sie leicht übernehmen konnten: *Cirrus* (lateinisch Haarlocke, Franse, Faser), *Cumulus* (lateinisch Haufen, aufgetürmte Masse) und *Stratus* (lateinisch *Stratum*, das Hingebreitete, eine Decke oder Schicht). So wurden die Wolken in Ranken, Haufen und Schichten unterteilt: die drei Formationen im Kern ihres Aufbaus.

Dies war der Augenblick, in dem sich die Zuhörer in ihren Stühlen aufrichteten und ein Raunen durch den Raum lief. Es war klar, daß sich hier eine brillante Vorlesung entfaltete, von der sich niemand ein Wort entgehen lassen wollte.

Howard fuhr dann fort und nannte vier weitere Wolkentypen, die alle entweder Modifikationen waren oder eine Häufung der Hauptformationen. Wolken sind ständig dabei, sich zusammenzuschließen, ineinander überzugehen und sich aufzulösen, aber immer in erkennbaren Entwicklungsstadien. Die Regenwolke *Nimbus* zum Beispiel (lateinisch Wolke) war Howard zufolge eine regenbringende Kombination von allen drei Typen.

Die Modifikation der Wolken war ein bedeutender neuer Gedanke, der die Zuhörer regelrecht überwältigte. Was sie gerade gehört hatten, wirkte so klar und selbstverständlich. Manche mögen sich gefragt haben, wieso noch niemand – nicht einmal in der Antike – die Wolken je benannt und klassifiziert hatte, oder wenn doch, weshalb diese Bemühungen keine Spuren in der Sprache hinterlassen hatten. Wie konnte es sein, daß es erst Howard gelungen war, den dunstigen Gebilden eine Art Exaktheit abzuringen? Ihre Gestalt, obwohl formlos und unentschieden, war endlich, so schien es, erfaßt worden. Howard hatte Namen gefunden, die diesen ersten Zuhörern ganz genauso magisch vorkamen, wie die sagenhafte Menge von Wörtern für Schnee bei den Eskimos.

Jeder in dem Raum begriff, daß die Beobachtung der Welt plötzlich schärfer und glänzender geworden war. Es war ein Augenblick unvergleichlicher Einsicht: Durch die Benennung der Wolken hatte Luke Howard einen entscheidenden Augenblick in der Geschichte der Naturbeobachtung definiert. Die neuzeitliche Meteorologie, die sich bis dahin langsamer entwickelt hatte als benachbarte Disziplinen, hatte endlich ein Instrumentarium und damit die Möglichkeit bekommen, zur Wissenschaft aufzusteigen. Die Meteorologie im 19. Jahrhundert startete mit einem öffentlichen Vortrag, der hoch oben in der Region der Wolken etabliert war. Es war ein kühner Beginn für das neue Jahrhundert und für eine neue Wissenschaft.

Luke Howard fand sich umringt von Freunden und einem herandrängenden Haufen von Fremden. Mehr als 50 Menschen waren in dem Raum, Stühle wurden geschoben, Stimmen wurden lauter, die Menschen sprachen mit Freunden und Bekannten oder riefen dem verwirrten jungen Redner Fragen zu, diesem, wie hieß das noch, diesem *Nephologen*, dem sie mit wachsender Bewunderung gelauscht hatten.

Nicht nur seine Worte, auch seine Zeichnungen waren gut aufgenommen worden; er hatte sie immer dann gezeigt, wenn er ein neues Phänomen erklärte. Es waren sieben große Skizzen, mit Bleistift vorgezeichnet und mit Wasserfarben koloriert, eine immer eindrucksvoller als die andere. Jede illustrierte einen einzelnen Wolkentyp über unterschiedlichen Landschaften oder von einem weiten Himmel überwölbt.

Diese Bilder, mit denen er sich viel Mühe gegeben hatte, waren die visuellen Stichwörter zu jeder Beschreibung; sie fixierten den neuen Wortschatz im Denken seiner Zuhörer. Zum Beispiel Cirrus, hoch schwebend, in gelassener Heiterkeit, genau wie Howard sie beschrieben hatte, »wie auf den Himmel gemalt«.

Das Publikum war empfänglich für diese doppelte Anregung von Hören und Sehen, und der Abend hatten ihnen beides in Hülle und Fülle geboten. Ein Mann war ganz besonders beeindruckt.

Alexander Tilloch, in Schottland geborener Verleger und Besitzer einer Zeitschrift, war ein Mann, den Howard bei früheren Begegnungen einschüchternd gefunden hatte. Er war eine weltgewandte Persönlichkeit und nutzte seine Verbindungen unbefangen. Jetzt setzte er seine Körpergröße ein, um sich zu dem zögernden neuen Star vorzudrängen, der, wie er annahm, sicher an dem interessiert sein würde, was er zu sagen hatte. Tilloch packte die Hand des jungen Redners und äußerte mit dröhnender Stimme und unverkennbarer, wenn auch einschüchternder Anerkennung: »Das hat mir gefallen, mein Junge, gut gemacht! Haben Sie Lust, mich morgen aufzusuchen? Ich denke, in meiner Zeitschrift ist in einer der nächsten Nummern Platz für Ihre Wolken. Also dann, bis morgen.« Und zufrieden lächelnd wandte sich Tilloch zur Tür, ohne eine Antwort abzuwarten. Howard hätte auch keine geben können. Die warme Anerkennung war aufwühlend genug, aber hier, so schien es ihm, hatte man ihm etwas Handfesteres angeboten. Er sollte Gelegenheit bekommen, nicht nur die Gedanken für einen Abendvortrag zu erarbeiten, sondern in der führenden wissenschaftlichen Zeitschrift seiner Zeit einen seriösen und bleibenden Beitrag zur Wissenschaft leisten. Daß er aufgefordert wurde, etwas im *Philosophical Magazine* zu publizieren, war die Krönung des Abends. Er würde seinen Vortrag über Wolken veröffentlichen!

Das Angebot des Schotten beschäftigte Howard trotz des ihn umgebenden Lärms. Er würde den Essay über die Grenzen eines Vortrags hinaus erweitern, und das Publikum für seine Gedanken und seine neuen und poetischen Bezeichnungen würde wachsen, von 50 auf vielleicht 50000, bei all den Bibliotheken, Übersetzern und korrespondierenden Gesellschaften überall in der wachsenden Welt der Wissenschaft. »Eine Predigt halten heißt, zu einigen Menschen sprechen«, hatte Daniel Defoe einmal geschrieben, »aber Bücher zu drucken heißt, zur ganzen Welt zu sprechen.«[3] Defoe hatte als Journalist und als Spion gearbeitet; er wußte mehr als andere über den Wert des geschriebenen Wortes. Die Sprache, die Howard in diesem Raum zum Blühen gebracht hatte – die neue Sprache der Wolken – war kaum eine Stunde alt, machte sich aber bereits auf den Weg um die Welt.

Doch das waren Gedanken für die Zukunft, eine Zukunft, die am nächsten Tag mit dem Treffen mit Alexander Tilloch beginnen sollte, seinem Verleger. Bei dem Gedanken daran lächelte Luke Howard. Einstweilen galt es hier, den Rest dieses schönen, wenn auch anstrengenden Abends hinter sich zu bringen, mit all dem Durcheinander von Komplimenten und Glückwünschen. Und es war spät, bis die letzten Zuhörer den Vortragssaal verließen, durch den Torweg hinaus auf die Lombard Street und in die Kälte der tiefen, sternenhellen Nacht.

Kapitel 4
Aus Kindheit und Jugend

»Wie sah der Himmel aus, als du klein
warst?«   *The Orb, 1991*

Luke Howard hatte seit seiner Kindheit einen »Hang«, wie
er es nannte, zur Beschäftigung mit Meteorologie gespürt,
und diese Beschäftigung gab dem Gestalt, was unter anderen Umständen ein vielleicht langes, aber relativ ereignis-
armes Quäkerleben aus Pflicht und Religion geworden
wäre. Mit dem Blick zu dem von Wolken beschriebenen
Himmel sah er seinem Schicksal ins Gesicht: So hatte auch
der junge Walter Raleigh einst über die lockende, leben-
verändernde See geblickt. Es gibt, so scheint es, Menschen,
die werden von der Unermeßlichkeit der Elemente berufen, sie sehen nach oben oder in die Ferne und vertiefen
sich in die Weiten, die sich vor ihnen erstrecken.

Howard war nicht der einzige, der sich früh für die
Wunder der Natur begeisterte, aber im Gegensatz etwa zu
dem bedeutenden Anatomen und Chirurgen John Hun-
ter (1728-1793), der sich in späteren Jahren beklagte, er
habe als Junge »alles wissen wollen über Wolken und Gräser, und weshalb sich die Blätter im Herbst verfärbten«,
doch seien das Fragen gewesen, »über die niemand etwas
wußte oder wissen wollte«, war Howard zu genau der
richtigen Zeit an genau dem richtigen Ort geboren worden, um seine natürliche Neugier gefördert zu sehen: in
einer Zeit der allgemeinen Lust an der Wissenschaft.

Luke Howard wurde am 28. November 1772 in ein volles
Haus an der Red Cross Street im Londoner Bezirk Cripple-
gate hineingeboren. Lukes Vater Robert Howard (1738-
1812) war Fabrikant für Schmiedeeisen- und Blechwaren;
sein Betrieb in Clerkenwell hatte sich zu einem blühenden
und profitablen Unternehmen entwickelt. Er beschäftigte

ein Dutzend oder mehr Mechaniker und Handwerker, und seine Kinder wurden alle früh in die Wirklichkeit eines Handwerkerlebens eingeführt.

Robert Howard war ein ziemlich schwieriger und autoritärer Mensch, der von seinen Kindern eine Mischung aus Gehorsam und unabhängiger Leistung erwartete. Ihm fehlte der mildernde Einfluß seiner ersten Frau, Susannah Smith, die der Familiengeschichte zufolge »hübsch, aber zart« gewesen und mit Anfang Zwanzig an Schwindsucht gestorben war. Die beiden hatten sich kennengelernt, als »Sukey«, wie er sie nannte, zu einer Besorgung in sein Geschäft gekommen war; sie hatten sich auf Anhieb sympathisch gefunden. Innerhalb weniger Monate waren sie verheiratet und sorgten hingebungsvoll füreinander, aber die Idylle endete wenige Jahre später mit ihrem tragischen Tod. Drei kleine Kinder, John, Robert und Joseph, blieben der Unerfahrenheit ihres Vaters überlassen. Die Aufgabe überstieg seine Kräfte, und bald heiratete er wieder, eine Frau, die er seit Jahren kannte: Elizabeth Leatham (1742-1816), die Tochter einer bekannten Quäkerfamilie aus Pontefract in Yorkshire. Roberts älterer Bruder Thomas hatte ihre Schwester geheiratet, und die beiden Familien standen einander nahe und waren sich zugetan. So wandte er sich nach Susannahs Tod Elizabeth zu und erhoffte von ihr Partnerschaft und Liebe, die sie nur zu gerne schenkte.

Luke war das erste Kind aus dieser zweiten Verbindung seines Vaters. Ihm folgten im Laufe der nächsten sieben Jahre vier weitere, William, Isaac, George und Elizabeth. Nur eines von ihnen, Isaac, starb im Kleinkindalter – eine ungewöhnlich hohe Überlebensrate für die damalige Zeit. Die Howards wie die Leathams waren von robuster Konstitution. Allerdings raffte die Typhusepidemie der neunziger Jahre des 18. Jahrhunderts Lukes ältere Halbbrüder Robert und Joseph dahin, die, wie ihre Mutter, mit Anfang bis Mitte Zwanzig starben. Der Vater teilte seine Sorgen während ihrer Krankheit und seine Trauer nach ihrem Tod in

Briefen seinen übrigen Kindern mit. Es fällt noch heute schwer, sie zu lesen, denn es liegt etwas Tragisches in der Verwandlung einer streng autoritären, frommen und anspruchsvollen Persönlichkeit in dieses Bild des Jammers, in einen Menschen, der mit gebrochenem Herzen »fast den ganzen Tag mit dem Taschentuch vor dem Gesicht und über die Wangen rinnenden Tränen« dasitzt.[1]

Im Januar 1791 schrieb er an Luke, um ihm mitzuteilen, daß es mit seinem Bruder Robert zu Ende gehe:

»Du kannst Dir keine Vorstellung machen, wie sehr er geschwächt ist; er liegt jetzt im Wohnzimmer, wo gestern morgen ein Bett aufgestellt wurde; die Ärzte wünschten, daß er in den größten Raum verlegt würde, beide Fenster, die Tür und ein Fenster zum Treppenhaus stehen offen, er soll viel Luft haben und soviel Ruhe wie möglich.«[2]

Die Ärzte kamen am nächsten Tag und am übernächsten, konnten aber wenig Hoffnung auf Genesung machen. »Mein lieber Sohn«, schrieb Robert senior am 4. Februar an Luke, »dies ist eine schwere Heimsuchung, aber so schmerzlich sie ist, ich hoffe, sie ist zu unserem Besten ... Was für ein Beweis für die Kostbarkeit von Gesundheit und Zeit und die Vorteile einer frühen Hingabe des Herzens. Ich bitte Dich, nimm diese Warnung nicht auf die leichte Schulter.«[3] Für Robert junior selbst kam jede Warnung zu spät. Am 8. Februar ging es ihm zunehmend schlechter, obwohl ihm »viele lichte Momente geschenkt« wurden. Irgendwann wandte er sich seinem Vater zu und fragte: »Vater, steht mein Tod bevor?« Abends um neun Uhr hörte man ihn das Vaterunser sprechen, und um drei Uhr morgens »ging er still aus dem Leben – im Alter von 24 ½ Jahren«. Die Eltern waren untröstlich, und Robert senior konnte nur noch »Leb wohl, liebes Kind« flüstern.[4]

Robert Howard der Ältere war 1738 in Folkestone geboren und im Alter von ungefähr 14 Jahren nach London gegangen, um dort eine Lehre als Metallgießer zu beginnen. Es war eine heiße und körperlich schwere Arbeit, aber der schnell wachsende Markt für Eisen- und Blechwaren machte sie zu einem Wachstumsgeschäft, in dem ein gescheiter junger Mann etwas werden konnte. Er hatte als Kind keine umfassende Schulbildung genossen, aber er war klug und fleißig und hatte einen scharfen Geschäftssinn. Er entwickelte ein starkes Bedürfnis nach Allgemeinbildung und förderte dies auch bei seinen Kindern, wobei für ihn das Lernen eher praktischen Zwecken diente. Als Quäker, Kleinindustrieller und prominentes Mitglied der Ironmongers' Company (Gesellschaft für Eisenwarenhändler) brachte er wenig Geduld für das Esoterische oder nicht praktisch Verwendbare auf. Er sah seinem vierten Sohn Luke die Neigung zu Sprachen und Freiluftforschungen nach, unter der Voraussetzung, daß er seine formale Ausbildung ebenfalls fortsetzte. »Richte Dein Denken aufmerksam auf Deine Geschäfte«, empfahl er seinem Sohn in einem Brief vom April 1790, »die fleißige Hand macht reich, und das nicht nur an Einnahmen, sondern auch an Seelenfrieden. Es ist wichtig, wenn man sich fragt, Habe ich meine Pflicht getan?, antworten zu können, Ja.«[5]

Robert Howard sprach aus Erfahrung. Als er begann, Briefe voll guter Ratschläge an seine jugendlichen Söhne zu schreiben, war die Firma für Blechschmiedearbeiten und Lackmalerei, die er in den siebziger Jahren gegründet hatte, zur Massenproduktion von Argandlampen (Brenner mit doppeltem Luftzug) übergegangen, dem Vorläufer der viktorianischen Petroleumlampen. Die Argandlampe, die bisher am hellsten brennende und dabei billigste Lichtquelle, sollte die häusliche Beleuchtung revolutionieren. Da sie sowohl leistungsfähig als auch erschwinglich war, brachte sie Licht in die bis dahin düsteren, von Kerzen beleuchteten Innenräume der meisten europäischen Häuser. Der Gestank von brennendem Unschlitt, dem billigen Kerzenmaterial aus Hammelfett, sollte bald der Vergangenheit angehören. Mit den wirtschaftlichen Lampen, die jetzt in allen Häusern überall im Land brannten, erwiesen sich die Howards auf ihre Weise als Vermittler der Aufklärung.

Der kommerzielle Erfolg der Argandlampen in England machte die Familie Howard vermögend, auch wenn bei einer Quäkerfamilie der vierten Generation die meisten Dinge, die das Leben behaglich hätten machen können, wegen der strengen Disziplin der Religionsgemeinschaft abgelehnt wurden. Der Wohlstand wurde guten Zwecken zugeführt; so wurde die Errichtung einer Quäkerschule in Yorkshire unterstützt und die Arbeit der British and Foreign Bible Society, einer wohltätigen Stiftung, die Howard senior 1804 mitbegründete. Im Hause Howard galten Luxus und Müßiggang als Gottes Wunsch zuwiderlaufend. »Was bringt Untätigkeit anderes als Unheil aller Art«, erinnerte Howard senior seine Söhne in späteren Briefen gern. »Hab keine Angst vor Tätigkeit, Du wirst nicht stärker belastet sein, als ich es war; ich sehne mich seit langem nach Muße, und sehe nicht, daß ich sie je erreichen werde.«[6] Die alte Klage hart arbeitender Väter ihren Söhnen gegenüber: Sei mehr wie ich, solange du jung bist, möchten sie sagen, damit du weniger wie ich leben mußt, wenn du alt bist. Wie die meisten Ratschläge an eine jüngere Generation droht ihnen, daß sie schlicht ignoriert werden, doch auch wenn der junge Luke der Vorschrift vielleicht zustimmte, sie gehörte zu denen, die zu umgehen ihm immer leichtfiel. Seine lebenslange Leidenschaft war, wie seine Enkel sich erinnerten, aus dem Fenster auf den Himmel zu starren.

Aber wenn es für seinen arbeitswütigen Vater auch wie Untätigkeit aussehen mochte, es war genau diese Leidenschaft, die ihm schließlich die Einsichten brachte, welche ihn berühmt machen sollten. Er besuchte die Schule in Burford bei Oxford, ein ungewöhnlich strenges Quäkerinstitut, das von dem bekannten Thomas Huntley geleitet wurde, als plötzlich ganz alltägliche Dinge mit einer Serie ungewöhnlicher Ereignisse zusammentrafen. Ihr gemeinsamer Einfluß gab Luke Howards erwachendem Interesse an der Atmosphäre eine bestimmte Richtung.

Lukes Schulzeit war bis zu diesem entscheidenden Wendepunkt in einer Folge von nicht weiter bemerkenswerten Tagen vergangen. Schüler bekamen nur im Sommer vier Wochen Ferien, den Rest des Jahres lebten sie in der Schule. Der Direktor Thomas Huntley, ein Bekannter der Familie, hatte sich bereits einen Ruf als Erzieher erworben. Die Hillside Academy war sein eigenes Institut, und es gab eine erhebliche Nachfrage in den Familien der Dissentergemeinden Südenglands, weil es als progressiv galt. In gewissem Sinne war es das auch, obwohl die Schüler von Huntleys Methoden alles andere als begeistert waren. Sie bestanden Howard zufolge darin, daß diejenigen, die nicht schnell genug lernten, Prügel bekamen, während die, die man sich selbst überlassen konnte, auch in Ruhe gelassen wurden. Da Howard eindeutig in die zweite Kategorie gehörte, konnte er sein Lernprogramm weitgehend selbst bestimmen.

Naturkunde stand für ihn im Vordergrund, mit Expeditionen ins Freie in den Mußestunden. »Die Zeit der Nüsse«, so erinnerte er sich, »war eine Zeit höchsten Vergnügens; die langen Schürzen, die man damals trug, wurden zusammengenäht, so daß sie einen Sack bildeten, in dem man die gesammelten Nüsse unterbringen konnte.«[7] Später kamen seine zwei jüngeren Brüder auch an die Schule. Miteinander sammelten sie Eßkastanien und rösteten sie dann im Schulhaus am Kaminfeuer. Luke liebte die Stunden, die er im Freien verbringen konnte; in der Schule konnte er der lateinischen Grammatik nicht entgehen, die im Zentrum der Pflichtfächer stand. Die Deklination der Substantive wurde stundenlang wiederholt, bis er sie im Schlaf beherrschte: *Nubes*: die Wolke, *nubis*: der Wolke, *nubi*: der Wolke, *nubem*: die Wolke, *nube*: durch die Wolke – immer und immer wieder.

Howard war in einem Raum auf der Rückseite des Schulgebäudes untergebracht. Der Blick aus den hohen Fenstern war auch hier längst zu seiner Hauptbeschäftigung geworden, und aus den Fenstern der auf einer Anhöhe gelegenen Schule ging die Aussicht besonders weit und in die Ferne. Felder, Wiesen, Gemeindeland breiteten sich unter dem offenen Himmel Oxfordshires aus; Wolkenformen entstanden und vergingen vor seinen Augen. »Seine natürliche Neigung richtete sich hier bereits auf die Wissenschaft«, hieß es später in einem Bericht über seine Schulzeit: »Sein aufmerksam beobachtender Blick wurde angezogen von der wechselvollen Schönheit des wolkendurchwachsenen Himmels, und so ,wurde ihm in der tiefliegenden Landschaft von Middlesex und Oxfordshire etwas von dem Vergnügen geschenkt, wie es das Kind eines Bergbewohners aus seinem täglichen Umgang mit den Felsen und Wasserfällen seiner Heimat gewinnt.«[8] Hier wurde Howard auf die Bewegungen am Himmel aufmerksam. Er sah, wie sich die Wolken von einem Augenblick zum nächsten verschoben wie Strömungswirbel in einem Gewässer. Sommerwolken türmten sich vor seinen Augen in der Ferne auf, ihre Schatten zogen langsam über die Felder, und er fühlte sich von ihrer vorübereilenden Gegenwart angezogen. Ihm war, als setzten sie ihm zu, drängten sich in sein Bewußtsein wie in gegenseitigem Erkennen. Er notierte sich die Bedingungen »einer bemerkenswerten Anordnung der Wolken an einem vollen Himmel, denn sie war ein seltenes Ereignis«, und grübelte tagelang über ihre Bedeutung nach. Wie ein Maler, der nach seinem Motiv in einer Landschaft gesucht hatte und es dann in den wiederkehrenden Mustern der Natur ausgebreitet fand, hatte Howard in den ziehenden Wolken das Generalthema seines gesamten intellektuellen Lebens gefunden.

So sah seine Schulzeit in den späten siebziger und frühen achtziger Jahren des 18. Jahrhunderts aus; die Zeit verging langsam, während er aus dem Fenster starrte und sich fragte, was ihm die Zukunft bringen würde. Dann aber kam das Jahr der »gräßlichen Phänomene«, nach den Worten von Gilbert White aus Selborne, der Sommer 1783, »als es auch für den aufgeklärtesten Menschen Grund zur Besorgnis gab«.[9] Das Jahr 1783 mit seinen plötzlichen klimatischen Veränderungen löste fast eine Panik unter den

Menschen Nordeuropas aus und hatte eine mächtige Wirkung auf das meteorologische Denken. Auch der zehnjährige Luke Howard war beeindruckt. Es war die Wende, der Dreh- und Angelpunkt für sein Interesse an der sich entwickelnden Wissenschaft von Wetter und Klima.

Der beklemmende Sommer 1783 kam und ging, aber er hatte zur Folge, daß Luke Howard beschloß, sich der Meteorologie zu widmen. Für Howard, der die Dinge aus nächster Nähe beobachtet hatte, würde das Leben nie mehr dasselbe sein wie zuvor.

Den meisten erhaltenen Berichten zufolge begann der Frühling des Jahres 1783 schön und mild, es herrschte Ausgewogenheit zwischen trüben und heiteren Tagen. Noch war nichts Ungewöhnliches gemeldet worden, und leichte Schneefälle im März beeinträchtigten die allgemeine Erwartung eines angenehmen Sommers nicht. Doch dann machte sich eine neue, ungewohnte Struktur des Wetters allgemein bemerkbar. Die Tage wurden immer wärmer und nebliger, die Nächte kalt und bedrückend. Etwas Fremdartiges, eine Art dünner Nebel schien die Luft spürbar zu verschleiern, nicht aber die Wärme zu bannen, die sie enthielt. Statt sich nach ein paar Tagen zu zerstreuen, wie allgemein vorausgesagt worden war, verschlimmerte sich diese Wetterlage ständig und bedrückend.[10]

Im Juni hatte sich überall ein unangenehmer Dunst niedergelassen, der die Sonne verdunkelte und ihr Licht auch an wolkenlosen Tagen abschirmte. Ferne Berge entschwanden den Blicken, als habe sich die sichtbare Welt zurückgezogen, und nachts konnte man den Mond und die Sterne durch den trüben Nebelschleier kaum sehen. Für Gilbert White aus Selborne, der die Veränderungen vom Garten seines Pfarrhauses aus beobachtete und protokollierte, »sah die Sonne mittags so dunkel aus wie ein wolkenverhangener Mond, und sie warf ein rostfarbenes, rotbraunes Licht auf die Erde«. Und er beschrieb, wie die Menschen »die drohende rote Erscheinung mit abergläubischer Furcht« betrachteten. Sie hatten mit Recht Angst: Die Sichtweite war auf ein gefährliches Niveau reduziert, und überall im Land nahmen die Unfälle zu. Pferde und Rinder wurden unruhig und nervös und scheuten vor den stickigen Windböen oder den dichten Schwärmen von Fliegen, die sich rapide vermehrten, weil Nahrungsmittel in der schwülen Luft nicht mehr frisch gehalten werden konnten. Fleisch verweste in Kellern und Kühlräumen, und dem angeekelten Gilbert White zufolge konnte es nur noch kräftig gewürzt verzehrt werden, und auch das nur am Tag der Schlachtung. Der Dichter William Cowper aus Buckinghamshire bemerkte, »tote Enten kann man nicht verschicken bei diesem Wetter; es heißt, es sei zu heiß dafür und sie fingen an zu stinken«. In einem Abschnitt seines Gedichtes *The Task* (1785) beschwor er ein Bild von der Natur, die »mit trübem ekelvollem Blick des Endes harrt von Allem«. Feuer und Kometen seien, »unheimlich, beispiellos, unerklärlich«.[11]

Schlimmer noch, als Begleiterscheinung trat ein schwefliger Geruch auf, der überall in der trockenen Sommerluft hing. Er drang in die Häuser ein, trotz aller Versuche, ihn auszusperren. Die Atmosphäre schien in dieser eigenartigen Verseuchung zu schwelgen. Die ersten Blätter fielen bereits Mitte Juni von den Bäumen; Horace Walpole beschrieb den Monat als »so abscheulich wie nur irgendeiner seiner Vorfahren im Stammbaum aller Junis«.[12] Mit der stinkenden Luft, der siechen Sonne und dem frühen Herbst war ganz offensichtlich mit dieser Jahreszeit etwas schiefgegangen, und die Zeitungen verlangten Erklärungen.

Neue Krankheiten begannen sich auszubreiten: Die ganz Alten und die ganz Jungen litten unter Atembeschwerden und Luftwegserkrankungen, andere lernten, mit Kopfschmerzen und Übelkeit zu leben sowie mit zunehmenden Schüben von Depressionen. Wegen der »Unbekömmlichkeit der Luft« wütete, wie der *Bath Chronicle* am 3. Juli berichtete, »eine Art Faulfieber in vielen Gegenden, das die Leute als Schwarzes Fieber bezeichnen, und das viele Menschen dahinrafft«. Die Zeitungen brachten in allen Teilen des Landes die jeweils neuesten Zahlen an Opfern, doch die »widerliche dicke Nebligkeit« selbst blieb so unerbittlich wie unerklärt.

Und während sich der Dunst ausbreitete, die Menschen krank wurden und heftige Gewitter den trüben Himmel in Aufruhr brachten, sickerte etwas noch Beunruhigenderes durch. Briefen und Zeitschriften aus dem Ausland war zu entnehmen, daß ganz Europa und halb Asien die gleiche entmutigende Erfahrung machte.

Dann drang durch die ätzenden Dämpfe der Abende ein neuer, einzigartiger Anblick: das Nordlicht, Aurora borealis, oder eine ungewöhnliche, krankhafte Abart. Seine verführerische Erscheinung verwirrte die Engländer und entsetzte die Franzosen, die wegen ihrer geographischen Lage sonst kaum einmal eine Spur davon sehen konnten. Abend für Abend tanzten farbige Säulen über den verhangenen Horizont, und der Nachthimmel in Europa wurde vom Sonnenwind verblüffend erhellt. Für viele Menschen, wie den jungen Luke Howard und seine Schulkameraden in der Hillside Academy in Burford, erwiesen sich diese großartigen Lichtspiele als wunderbarer Ausgleich für alles, was sonst in der Luft seltsam war. Hingerissen sahen sie von den Fenstern des Schulhauses aus zu, und Howard, der Himmelsbeobachter, beschrieb sie in seinem Tagebuch.

In jenem Sommer war Europa von schweren Erdbeben und Vulkanausbrüchen erschüttert worden, und es gab Tausende von Toten. Berichten zufolge hatte es bei Erdbeben in Süditalien zwischen 5000 und 50000 Verletzte und Tote gegeben, auch wenn es, wie die *London Gazette* reichlich optimistisch betonte, »noch keine Bestätigungen gab«. Und die Beben beschränkten sich nicht auf Kalabrien. Es trafen beunruhigende Nachrichten ein, über eine Serie von Nachbeben aus Gebieten auch nördlich der Alpen. Der geologische Aufruhr und die Ausbrüche der Erde, so schien es, rückten nach Norden vor.

Es dauerte nicht lange, da waren die vagen Besorgnisse Realität geworden. Vulkanausbrüche im Süden Islands machten Schlagzeilen, mit Berichten von der plötzlichen Entstehung einer Insel vor der Küste, was aufregend und bestürzend wirkte. Man erzählte von abgehärteten Seeleuten, die entsetzt vor dem brennenden Meer dort im Nordatlantik zurückwichen.

Von der Erde und vom Wetter hervorgerufene Ängste lebten auf, und auch sonst passierte mehr als genug, denn im Laufe des Sommers brach eine Serie von schweren Gewitterstürmen mit beispielloser Energie über England herein. Blitze hinterließen neuerdings einen schwefligen Gestank nach dem Einschlagen, als seien in der nachhallenden Luft Chemikalien verbrannt worden. Das *Gentleman's Magazine* berichtete in seiner Juliausgabe von einer landesweiten Zunahme bei Todesfällen durch Blitzschlag, ein neues Phänomen, das »während dieses Monats verhängnisvoller war, als seit vielen Jahren«.[13] Ältere Zeugen, die um Auskünfte gebeten wurden, bestätigten, daß seit Menschengedenken keine solchen Wetterbedingungen geherrscht hätten. Der »älteste Mann Englands« genoß kurzzeitige Berühmtheit, als er von seinem Domizil in Dover aus versicherte, daß er noch nie in gut hundert Jahren die gegenüberliegende Küste so viele Wochen ununterbrochen nicht habe sehen können: Frankreich war den englischen Blicken entzogen worden.

Hier wurde also Geschichte geschrieben, und das Zeitalter schwelgte, auch wenn es über diese Wendung der Ereignisse entsetzt war, in dem Bewußtsein von Außerordentlichkeit. Hier mochte für einen neuen Defoe manches als angemessenes Symbol der Zeit aufzuzeichnen und zu gestalten sein. 1783 klingt vielleicht nicht ganz so revolutionär wie 1789, aber es war doch ein entscheidendes Jahr für Europa. Denn was die Welt nach den Worten der Leitartikler auf den Titelseiten der Zeitungen durchgemacht hatte, war nichts weniger als eine »universelle Störung der Natur«.[14]

Die Natur war von etwas Unbekanntem betroffen, und es wuchs der Verdacht, daß alle diese atmosphärischen und irdischen Ereignisse, ob nahe oder weit entfernt (oder auch schnell näher rückend), irgendwie miteinander verbunden und ineinander verwickelt waren. Aber was konnte es für Verbindungen zwischen den heftigen Konvulsionen der Erde und des Himmels geben? Diese Wetterphänomene waren anders als alles, was man bisher gekannt hatte, und allgemeine Weissagungen aufziehenden Unheils folgten den atmosphärischen Vorfällen. Ängste konnten sich um so leichter ausbreiten, als es keine einheitliche Sprache für die Beschreibung der Ereignisse gab. Trotz früherer Versuche, Methoden zu etablieren, hatte sich noch keine einheitliche Wetterberichterstattung ausgebildet. Und bisher war dies, obschon gelegentlich beklagt, noch nicht als Defizit erfahren worden. Die Ereignisse jenes Jahres aber hatten den meteorologischen Mangel auf besonders eindringliche und erschreckende Weise deutlich gemacht.

»Es gibt nur wenige Menschen, denke ich, die sich nicht manchmal wünschten, daß unser Klima ausgeglichener wäre«, bemerkte das *Lady's Magazine* 1786, »denn das Wetter hat eine so mächtige Wirkung auf das Gemüt eines Engländers, daß man ihn an einem abwechslungsreichen Tag bei ganz verschiedenen Launen finden kann. Unter einem Gesichtspunkt könnte man ihn, den Engländer, als Wetterhahn der Schöpfung bezeichnen.«[15]

Klimaveränderungen in Europa waren bis dahin nur in Form von Anekdoten aufgezeichnet worden, jetzt standen überall Instrumente zur Verfügung, sie zu bestätigen. Und da nun das Wetter sich als unwiderstehliches wissenschaftliches Thema erwiesen hatte, erneuter und hingebungsvoller Aufmerksamkeit wert, war es fast, als erlebte man die Entwicklung einer Geschichte mit. Die Blicke wurden nach oben gerichtet und die Federn gespitzt, um die Schwankungen auf der Himmelsbühne festzuhalten.

Abb. 1: Die »Straßenwolken«, die Rooke von seinem Fenster aus beobachtete. Aus Rooke: *A Continuation of the Annual Meteorological Register, kept at Mansfield Woodhouse,* 1802 (mit frdl. Genehmigung der British Library).

Überall trugen Amateure mit ihren Mitteln zur wissenschaftlichen Kultur bei. Eifrig geführte meteorologische Tagebücher waren die bei weitem häufigste Quelle, und die von Hayman Rooke, einem pensionierten Infanteriehauptmann aus Nottinghamshire, waren typisch für das Genre. Als er sie auf Betreiben seiner Freunde – wie er jedenfalls behauptete – veröffentlichte, hatte Rooke Probleme darzulegen, daß sie der Welt nicht als »Naturwissenschaftliche Protokolle« zugänglich gemacht würden, sondern nur als Näherungstabellen. Die Zahlenkolonnen, nutzlos selbst für jene Zeit, wurden allerdings belebt durch begeisterte Schilderungen von Blitzen, bemerkenswerten Winden und Luftwirbeln, wie sie die Reisenden berichteten, die den Hauptmann mit der Postkutsche besuchten.[16]

Als er eines Nachmittags im April 1801 aus dem Fenster nach der Post sah, entdeckte er ein bemerkenswertes Schauspiel von »Straßenwolken« (überwiegend Cumulus humilis), die sich über seinen Garten zusammenzogen. (Abb. 1)

Seine Beschreibung von den »kleinen weißen Wolken in strahligen Säulen« war eine eindrucksvolle Darstellung einer ungewöhnlichen Cumulusformation und eine der frühesten eindeutigen Identifikationen der Windbedingungen, die zu ihrer Entstehung notwendig sind.[17] Die Formation blieb, wie er berichtete, weniger als eine Viertelstunde erhalten, aber das reichte Hauptmann Rooke, die Skizze für sein Journal zu vollenden.

Für sich gesehen mag das ein nebensächlicher Augenblick einer Liebhaberwissenschaft sein, der ein Enthusiast frönte, aber es ist doch auch ein Musterbeispiel an Beobachtung, geduldig, wahrhaftig und präzise. Auch wenn sie weit von der hauptstädtischen Wissenschaft entfernt waren, trugen ländliche Amateure wie Hauptmann Rooke zum intellektuellen Leben der Zeit bei. Überall in Europa begannen kluge Köpfe, sich ernsthaft mit der Atmosphäre zu beschäftigen: Benjamin Franklin, Jean Deluc und Pierre Simon Laplace in Frankreich, Horace Bénédict de Saussure in der Schweiz, John Playfair und James Hutton in Schottland, Erasmus Darwin und John Dalton in England, Richard Kirwan in Irland: eine ganze Generation europäischer Forscher, deren wissenschaftliches Hauptinteresse bisher erdgebunden gewesen war, wandten ihre Aufmerksamkeit nun den Vorgängen in der Luft zu. Sie befaßten sich mit Problemen, die das eigenartige Wetter der letzten Zeit aufgeworfen hatte, mit seiner Unbeständigkeit, die die Vorstellung von der unveränderlichen Natur in Frage stellte, und ein junger Mann namens Luke Howard verfolgte ihre Entdeckungen mit einer Sorgfalt und Aufmerksamkeit, die für seine Jugend ungewöhnlich war.

Benjamin Franklin äußerte als erster die Vermutung, daß die plötzliche Klimaänderung 1783 eine direkte geologische Ursache habe. Ob sie vielleicht, so fragte er in einem Aufsatz, den er der Manchester Literary and Philosophical Society vorgelegt hatte, durch vulkanische Aktivitäten herbeigeführt worden war? Vier große, todbringende Vulkanausbrüche (zwei in Island und zwei in Japan) hatte es in der letzten Zeit gegeben.

Bei einer heftigen Eruption schickt ein Vulkan eine Wolke von Gas und Materie und Asche in die Atmosphäre. Kleinere Ausbrüche, von denen es gewöhnlich 50 bis 60 pro Jahr gibt, liefern relativ kleine Mengen von Material, das zu Boden fällt oder sich schnell in der unmittelbaren Umgebung verteilt. Die selteneren großen Eruptionen jedoch können Millionen Tonnen Staub, Asche und Schwefelverbindungen durch die Troposphäre hindurch und tief in die Stratosphäre (die zweite Schicht unserer Atmosphäre) schicken, wo sie dann große Wolken aus Aerosolen bilden.

Staubteilchen sind immer in der Erdatmosphäre enthalten und haben eine wichtige Funktion. Sie schirmen das Sonnenlicht entweder direkt ab, indem sie die Strahlung absorbieren, oder indirekt, indem sie die für die Wolkenbildung notwendigen Kondensationskerne stellen. Man nimmt an, daß der Staubschleier in der atmosphärischen Zirkulation dazu beiträgt, daß die Erde um rund 3° Celsius kühler ist, als sie es sonst wäre. Unsere Atmosphäre ist selbst eine Mischung aus Gasen, die in einigermaßen konstanten Anteilen vorhanden sind: 78,09 Prozent Stickstoff, 20,95 Prozent Sauerstoff, 0,9 Prozent Argon und Spuren (weniger als 0,1 Prozent) von Kohlendioxid, Neon, Helium, Methan, Krypton und Schwefeldioxid; dazu kommen noch geringere Spuren (weniger als 0,0003 Prozent) von Wasserstoff, Distickstoffoxid, Ozon, Xenon, Stickstoffdioxid und Radon.[18] Dieses Gasgemisch ist die Luft, die wir atmen, und es steht für etwa 98 Prozent des Gesamtgewichts der Atmosphäre. Die anderen zwei Prozent bestehen aus Wasserdampf, dessen Formationen die unzähligen Wolken bilden, sowie kleinen, aber entscheidenden Mengen von fester Materie in der Luft, wie Staub, Sand, Pollen, Meersalz und Rauchpartikeln aus Waldbränden, die alle natürliche Ursachen haben können und ein nützlicher Teil des atmosphärischen Wirtschaftssystems sind.

Bei starken Vulkanausbrüchen verändert die Menge an Asche und Staub die atmosphärische Mischung auf unterschiedliche Weise, die im schlimmsten Fall langanhaltende Auswirkungen auf das globale Klima haben kann.[19] Der Schwefelgehalt eines Vulkanausbruchs spielt dabei die bedeutendste Rolle, denn er bildet gasförmige Wolken aus verdünnten Säuren wie Schwefeldioxid (SO_2) und Schwefelsäure (H_2SO_4). Diese können sich nicht nur mit atmosphärischem Wasser verbinden und als saurer Regen fallen und Fruchtpflanzen und Vieh vernichten, sondern auch weit länger als der vulkanische Staub oder die Asche selbst in der Atmosphäre schwebend erhalten bleiben und das einfallende Sonnenlicht reflektieren oder absorbieren, Ursache für plötzliche (und manchmal langanhaltende) Abkühlungen. Die farblose Sonne, der atmosphärische Dunst, der frühe Laubfall und die Ausbreitung von schwefligem Gestank – alles Teile eines vertrauten Bildes am Ende des Sommers 1783.

Es gab ein Dutzend neue Vulkanausbrüche in jenem Jahr, von denen zwei der Klasse 4 zugeordnet werden (»groß« oder »kataklysmisch« nach dem Vulkan-Explosivitäts-Index VEI), und drei der Klasse 3 (»mäßig groß« oder »explosiv«).[20] Im Vergleich zu 1782 (drei Ausbrüche, alle Klasse 2 oder darunter), 1781 (vier Ausbrüche, alle Klasse 2 oder darunter) und 1780 (acht Ausbrüche, alle Klasse 2 oder darunter) war 1783 ein bedeutsames Jahr in der vulkanischen Aktivität, und das brachte Veränderungen beim Wetter.

Begonnen hatte es Anfang Dezember 1782 mit einer mäßig starken Eruption an der Südflanke des Iwaki, eines Kraters im Bezirk Honschu in Japan. Ein zweiter japanischer Vulkan, Aoga-Shima, brach im folgenden April auf der Insel Izu aus; es war der erste der Ausbrüche der Stärke 3 in dem Jahr. Inzwischen hatte sich über fast ganz Japan ein sichtbarer Dunst in der Troposphäre gebildet, der aber in größerer Ferne noch nicht zu sehen war. Doch im Mai (und abermals im August) brach der Asama aus, ein großer Vulkanschlot in der vulkanischen Kette von Honschu, mit einer massiven Explosion der Klasse 4; es war die »schrecklichste je verzeichnete Eruption«, wie es damals hieß.[21] Die unmittelbare Umgebung wurde schwer getroffen, die Region um den Asama verwüstet von Lava, Schlammströmen und erstickendem Ascheregen; 1500 Menschen starben sofort. Es sollte noch schlimmer kommen: Millionen Tonnen Asche und Gase, vor allem Schwefeldioxid, waren in die Stratosphäre geschleudert worden und blieben dort in Wolken hängen, die nach und nach giftigen Niederschlag auf Pflanzen und Tiere abregneten. Alles Sonnenlicht wurde wochenlang abgeschirmt. Eine folgende Hungersnot (der Tenmei-Hunger) tötete im Laufe der folgenden vier Jahre über 300 000 Menschen. Die Temperatur sank um schätzungsweise 2° Celsius.[22]

Auf der anderen Seite der Nordhalbkugel, in Island, brach Anfang Mai 1783 vor der Küste auf dem Reykjanes-Rücken ein Vulkan aus, und am 8. Juni folgte der größere Spaltenvulkan von Laki, der seine Tätigkeit fast sieben Monate lang fortsetzte, mit furchterregenden Feuerfontänen und Lavaströmen: Tatsächlich brachte Laki den größten Lavastrom des letzten Jahrtausends hervor (rund 15-20 Kubikkilometer) und außerdem 200 Megatonnen (Millionen t) Schwefelsäureaerosole, die in die Atmosphäre geschleudert und »weit verbreitet wurden von den ziellos wandernden Winden des Nordatlantiks«.[23] Wie in Japan vernichteten Asche und saurer Regen die Feldfrüchte und das Vieh in Island und in großen Teilen Nordeuropas. In Caithness im schottischen Hochland wurde 1783 als *The year of the ashie* bekannt. Hungersnot durch die Mißernte und die Massenvergiftung bei Vieh und Fischen sowie Krankheiten durch Fluorvergiftung reduzierten die Bevölkerung Islands um ein Viertel.[24] Dort machte sich auch die Abkühlung sofort bemerkbar, während anderswo in Europa der Schleier aus Staub und Gas die abstrahlende

Sommerhitze am Entweichen hinderte, was zu der drük-
kenden Luft führte, die Beobachter überall auf dem Kontinent beschrieben haben.

Im folgenden Winter dagegen war es sowohl auf der
Nord- als auch auf der Südhalbkugel sehr kalt wegen der
globalen Langzeitwirkung der vereinigten atmosphärischen Dunstschichten. Das Sonnenlicht wurde von der
Erdoberfläche abgeschirmt, und Laki füllte den Staubschleier während der folgenden Monate immer wieder auf
und verlängerte den klimatischen Einfluß der weltweiten
vulkanischen Aktivitäten.

Jede Zeit findet ihr eigenes Klima beispiellos; das Wetter steht seit jeher auf den ersten Zeitungsseiten. Es ist,
wie der Reverend John Pointer in seinem *Rational Account
of the Weather* von 1723 schrieb, »eine der größten Sorgen
der Menschheit. Es betrifft alle Arten von Leuten, Junge
und Alte, Kranke und Gesunde.«[25] Seine Leser, Angehö-
rige der Generation des South Sea Bubble[26], hatten wahrscheinlich die andere, erste Katastrophe im Hinterkopf, die
die Britischen Inseln am 26./27. November 1703 getroffen
hatte: Es war das schlimmste Unwetter der britischen Geschichte gewesen, ein außertropischer Wirbelsturm, der
mit über 100 Stundenkilometern vom Nordatlantik her-
einbrach und an Land und auf dem tobenden Meer rund
10 000 Menschenleben forderte. Wie für die Nachgebore-
nen in den achtziger Jahren des 18. Jahrhunderts gab es für
sie keine Rettung.

Als Meteorologe und als Mann Gottes teilte der Reverend Pointer die Besorgnisse der Menschen, und im Vorwort zu seinem Buch beklagte er die Nutzlosigkeit aller
philosophischen Programme und Berechnungen zur Wet-
tervorhersage und versprach, die »wahrscheinlichsten
und vernünftigsten Mutmaßungen« vom Rest der sie umgebenden Spreu zu trennen. Er warnte seine Leser vor
Almanachschreibern, Wetterpropheten und anderen »Phi-
lomathen«, die mit ihrem »astrologischen Geschwätz und

Kauderwelsch alle Jahre wieder die Welt beunruhigen und mit sternglitzernden Vorstellungen die Augen und Ohren des gedankenlosen gemeinen Volkes blenden und täuschen«.[27] Wie ein früher Richard Dawkins wollte der Reverend John Pointer, Rektor in Slapton (einem kleinen Dorf in Northamptonshire), die Scharlatane ein für alle Male zum Schweigen bringen.

Obwohl er nur ein unbekannter Landpfarrer war, fühlte sich Pointer, wie so viele Männer seiner Alters- und Berufsklasse, der neuen Generation von Liebhabern der induktiven Wissenschaften zugehörig, die mit ihren Meßgeräten und ihren Erfahrungen bereitstanden. Aber trotz des Versprechens im Titel seines Buches und trotz der Ankündigung, das Buch wolle aufklären, war es schließlich nicht mehr als ein Handbuch mit Wetteranekdoten, überwiegend aus frommen und klassischen Schriften zusammengestellt. Reverend Pointer war eigentlich ein Wetter-Antiquar, und sein Buch bot nur wenige Einsichten, die über die offensichtliche Allgegenwart und den Reiz seines Themas hinausgingen. Wie Daniel Defoe, der von dem Sturm 1703 tief beeindruckt war und in seinem Bericht die Überzeugung äußerte, daß sein Wüten das Licht der Vernunft ausgelöscht habe und daß man nur Gott um eine Erklärung (beziehungsweise Licht) angehen könne, so rang auch Pointer mit seinen Vorstellungen von Klima und Klimaveränderungen. Das Wettersystem war so viel größer als irgendein philosophisches System.

Es waren erst die Ereignisse von 1783, die zu einer neuen Betrachtungsweise beitrugen. Das Erschrecken vor einem Unwetter, wie schwer es auch immer sein mag, läßt nach, wenn erst einmal die Toten begraben und die Schäden beseitigt sind. Defoes eigenes Buch *The Storm*, hastig zusammengestellt aus einer Reihe von Augenzeugenberichten, verkaufte sich nur so lange, wie das Thema noch in aller Munde war. Die Reaktionen auf die Witterungswillkür von 1783 dagegen blieben lange genug in den Köpfen, um sich in den grundsätzlichen und umfassenden

Wandel des Denkens einzufügen, der im aufgeklärten Europa bereits vor sich ging.

Als Luke Howard 1788 die Schule verließ, war er schon auf viele meteorologische Fragen gestoßen, die ihn zum Nachdenken anregten. In London, im neuen Haus seiner Eltern in Stamford Hill, damals einem Dorf nördlich der Innenstadt, verbrachte er den größten Teil des Tages mit Arbeiten im Garten. Dort baute er am Ende eines gewundenen Pfades aus Kies und Hobelspänen eine kleine Wetterstation mit einem Niederschlagsmesser, einem Thermometer und einem billigen Barographen. Seine Mutter nannte den Pfad dorthin bald »Luke's Walk« (»Lukes Promenade«). Hier begann er ernsthaft, sich mit Meteorologie zu beschäftigen. Zweimal täglich las er die Werte ab und schrieb sie in den schmalen Taschenkalender, den er immer bei der Hand hatte. Windrichtung, Luftdruck, Höchst- und Tiefstwerte der Temperatur, Regenmenge und Verdunstung, alles wurde notiert und verzeichnet. Die Dinge begannen Gestalt anzunehmen.

Doch es sollte eine entmutigend kurze Ausbildung sein. Bald wurde deutlich, daß er nicht mehr, wie an der Hillside Academy, Herr seines eigenen Studienplans war. Nach nur einigen Wochen glückseliger Beschäftigung und vertraulichen Umgangs mit Sonnenschein und Regen schickte sein Vater den jungen Luke abermals fort.

Die Reise nach Stockport in Cheshire, auf ausgefahrenen Wegen in einer klapprigen Überlandkutsche, dauerte drei Tage. Dann war Luke Howard Lehrling bei Ollive Sims, einem Geschäftsfreund seines Vaters. Howard senior hatte sich gedacht, daß eine weitere Zeit fern von London und seinen Zerstreuungen das Beste für seinen so leicht ablenkbaren Sohn wäre, und sein alter Freund Sims wurde als vertrauenswürdiger Hüter des Jungen auserkoren. Möglicherweise war die Überlegung sogar berechtigt: Wolken sind schließlich, Aristophanes zufolge, »der Müßigen göttliche Mächte«, und was den praktisch denkenden Robert Howard anging, war der Himmel kaum eine Quelle für eine geregelte und einträgliche Beschäftigung. Luke sollte sich mit reelleren Dingen beschäftigen, und vor allem sollte er das an einem reelleren Ort tun. Doch für den jungen Howard war das ein heftiger Schlag, vor allem da sein neuer Vormund begann, seiner Freiheit immer neue Beschränkungen aufzuerlegen.

Ollive Sims war Apotheker und ein unnachgiebiger, streng orthodoxer Quäker. Im Gegensatz zur Mehrheit der Quäker in London trug er noch die über hundert Jahre alte Tracht der frühen Mitglieder, und wenn er in seinem groben schwarzen Rock und dem breitrandigen Hut mit der Silberschnalle am Hutband, dem Markenzeichen der »Freunde«, zielbewußt durch seinen Betrieb schritt, machte er eine imposante Figur. Hier wurde der junge Lehrling von morgens bis abends in Atem gehalten. Es war viel zu tun, und es gab kaum Zeit für ein Lachen oder Heiterkeit, keinen Platz für »jugendliche Leichtfertigkeit«, die zu meiden sein Vater ihm nahegelegt hatte.[28] »Du mußt Deinem Herrn und Deiner Herrin bereitwillig gehorsam sein«, lautete die Antwort des Vaters, als sich sein Sohn über allzuviel Arbeit beklagt hatte. »Es wird zu Deinem Vorteil sein, ihn auf jede Weise bei seinen Geschäften zu unterstützen und nicht die alltäglichen Schwierigkeiten seines Lebens noch zu vergrößern.«[29] Die Pflichten des Lehrlings waren erdrückend; er mußte Werkstatt und Labors in Ordnung halten, pflanzliche und chemische Präparate zerstoßen, Pillen drehen, Flaschen reinigen und die Regale vorn im Laden auffüllen – da war kaum Zeit, den eigenen Gedanken nachzuhängen. Sims' Laden war kurz zuvor auf dem Grundstück einer abgerissenen Kneipe gebaut worden – ein Symbol der lebensfeindlichen Nüchternheit der Quäker im Norden des Landes. Das häusliche Leben bei den Sims im Haus daneben war für den armen Luke kaum leichter zu ertragen als die Arbeit. Bei den Mahlzeiten wurde nicht gesprochen, wie bei den Gottesdiensten, und Mußestunden wurden für Luxus gehalten.

So gingen Tage in Nächte und Nächte in Tage über, kaum unterschied sich eine Woche von der anderen, ein Monat vom anderen. Howard spürte Überdruß und Enttäuschung wachsen, seine Stimmung und seine Begeisterungsfähigkeit verfielen. Er fand sein neues Leben abscheulich. Mehr als alles in der Welt wünschte er sich, fortgehen und seinen Traum von einem wissenschaftlichen Leben in London wahrmachen zu können.

Stockport war in den vorindustriellen achtziger Jahren des 18. Jahrhunderts ein verschlafener Marktflecken mit weniger als 10 000 Einwohnern. Es hatte wenig an Handel und Wandel zu bieten, abgesehen von dem wöchentlichen Markttag, an dem (wie es im Nachruf auf Luke Howard in *The Friend* später hieß) der Ort zu hektischer Lebhaftigkeit erwachte – bis er dann wieder in einen sechstägigen Schlaf versank. Es gab nichts, was Luke unternehmen konnte, selbst wenn man ihm die Zeit dazu gelassen hätte, und niemanden, mit dem er sich hätte treffen wollen. Die Kombination von unbelebter Stadt und langweiligem, humorlosem Arbeitgeber warf einen langen Schatten über Luke Howards Jugendjahre, wie es das Lehrvertragssystem für zahllose junge Männer vor ihm schon getan hatte. »Du hast noch zwei Jahre vor Dir«, erinnerte ihn sein Vater überflüssigerweise im Juli 1792, »und man kann mit Fug und Recht erwarten, daß Dir in dieser Zeit schwerere Bürden auferlegt werden.«[30] Es war kein beruhigender Gedanke, und seines Vaters unaufhörliche briefliche Ermahnungen, er solle »morgens um sieben aufstehen und Deinen Geist aufmerksam auf Deine Aufgaben richten, Du mußt fröhlich um Erlaubnis bitten für jede kurze Abwesenheit und gewissenhaft über Deine Zeit Rechenschaft ablegen«, trugen nicht dazu bei, ihm seine Einsamkeit, die Plackerei und das Elend seines verhaßten Exils in der Provinz zu erleichtern. Es sollte sechs lange, schwere Jahre dauern.

Es ist auffallend, daß Luke Howard seine frühen Jahre unter dominierenden Persönlichkeiten verbracht hat, denen er sich nicht entziehen konnte. Da war einmal sein Vater mit seinen ständigen brieflichen Belehrungen zur Besserung; dann war da Thomas Huntley, der Schulleiter, mit seinem Stock und seinen Lehrbüchern und den eigenartigen Ansichten über die Vermittlung von Wissen; schließlich Ollive Sims, der Apotheker, mit seiner farblos-dunklen Kleidung, seinem unerbittlichen Arbeitsethos und dem bitteren Ausdruck, der von der silbernen Schnalle an seinem breitrandigen Hut nur noch betont wurde. Aber der begabte junge Mann war nicht der Mensch, der sich von seiner Umgebung oder seinen Vorgesetzten einschüchtern ließ. In den »kurzen Mußestunden« jener frühen Jahre im Exil widmete er sich Gedanken, die Huntleys Stunden lateinischer Grammatik nicht hatten ersticken können.[31] Botanik, Chemie und Meteorologie beschäftigten ihn weiterhin.

Selbst als er in dem betriebsamen Laden in Stockport arbeitete, selbst als er sich den Launen seines Arbeitgebers und den schriftlichen Ermahnungen seines Vaters unterwarf, dachte er weiter über die Dinge nach, die er gesehen hatte, die am Himmel von Oxfordshire vor ihm ausgebreitet gewesen waren. Und während ihn diese Gedanken packten, ihm im Kopf herumgingen und Gestalt anzunehmen begannen, machte er sich über etwas anderes Sorgen. Scin Vater hatte ihm kürzlich geschrieben und vorgeschlagen, er möge sich um eine Stellung in der Firma eines seiner Freunde bewerben. »Wenn abgelehnt«, schloß er zum Entsetzen seines Sohnes, »wird es Zeit zu überlegen, was als nächstes zu tun ist.«[32]

Sollte er die zukünftige Richtung seines Lebens nie selbst bestimmen dürfen?

Kapitel 5
Die Gesellschaft der Askesianer

> Da ich oft hin und her laufend sub
> dio war – sowohl nach Sonnenunter-
> gang, als auch tagsüber –, wurde
> ich zu detaillierter und stetiger Beob-
> achtung des Himmels und der Wolken
> angeregt; das führte zu meiner Arbeit
> mit dem Titel »Über die Modifika-
> tionen der Wolken«, die ich zunächst
> der Askesian Society mitteilte.
>
> *Luke Howard, etwa 1840*[1]

Im Sommer 1794 kehrte Luke Howard endlich nach London zurück. Sein sechsjähriges Exil in Stockport war zu
Ende, und er war mehr denn je entschlossen, so zu leben,
daß Raum für seine eigenen Wünsche blieb, mit anderen
Worten so, daß ihm Möglichkeiten zur Beschäftigung mit
Wissenschaft und Forschung blieben. Leider konnte er jedoch nicht gleich damit anfangen; er mußte noch mehrere
Monate als Angestellter in einer pharmazeutischen Groß-
handelsfirma in Bishopsgate arbeiten, östlich der Innenstadt. Es war die Stellung, von der sein Vater zwei Jahre
zuvor in einem Brief gesprochen hatte. Tatsächlich war es
eine Verlängerung seiner Lehrjahre; er hatte lange Ar-
beitszeiten und wenig Aussichten auf Beförderung, wobei
allerdings die schwerste Aufgabe die war, seine Ungeduld
vor seinem Vater zu verbergen. Insgeheim verglich er sich
verbittert mit Jakob, den man durch Täuschung veranlaßt
hatte, zweimal sieben Jahre zu dienen, bevor er heim und
in die Freiheit entkommen konnte.

Es dauerte jedoch nicht lange, bis Howard entschlossen
etwas unternahm. Er lieh sich ausreichend Kapital – 2000
Pfund –, mit dem er sich als Geschäftsmann selbständig
machen konnte. Der Wunsch, seine Geschicke in die eige-

nen Hände zu nehmen, hatte zur Folge, daß er selbst Unternehmer werden wollte – das Ziel jedes kleinen protestantischen Geschäftsmannes. Er wollte eine eigene Apotheke aufmachen, und die Geschäftsräume, die er in der Fleet Street 29 in der Nähe des Temple Bar fand, lagen nahe genug am Zentrum, jedenfalls für seine Bedürfnisse. Das Gebäude selbst allerdings war schmal und unbequem, eingezwängt in die geschäftige Enge gegenüber der Kirche St. Dunstan. Howard hauste in ein paar kleinen Räumen über dem Laden. Aus dem Laboranbau auf der Rückseite des Hauses drangen den ganzen Tag lang Schwaden von Gerüchen zu seinen Fenstern hinauf; die Wände dünsteten ständig Chemikalien aus. Aber trotz aller Unbehaglichkeit und der persönlichen Einschränkungen: die Lage war gut für ein Geschäft, und rundherum arbeiteten verwandte Branchen und Gewerbe. Howard hatte sich bald in dieser Umgebung eingelebt und endlich, im Alter von 23 Jahren, das Gefühl, in der Welt Fuß zu fassen.

Das Geld, das er hatte leihen müssen, kam natürlich von seinem Vater, und er mußte viele Arbeitsstunden in seinem Laden zusätzlich leisten, um nicht nur seinen Lebensunterhalt zu verdienen, sondern auch den immer noch skeptischen Howard senior von der Richtigkeit seiner Investition zu überzeugen. In anderer Hinsicht war er freier als je zuvor in seinem Leben. Und Freiheit bedeutete für Luke Howard die erneute Beschäftigung mit der Wissenschaft; als er sich selbständig machte, hatte er die Voraussetzung geschaffen, sich seinen intellektuellen Interessen zu widmen. So spazierte er an zwei Abenden in der Woche ins Westend, um die Vorlesungen über Chemie zu hören, die der berühmte irische Emigrant Bryan Higgins in überfüllten Räumen über seiner Versuchswerkstatt in der Greek Street 13 in Soho hielt; diese Adresse war seit 20 Jahren ein guter Bestandteil des Londoner Lebens. »The Society for Philosophical Experiments and Conversations« (»Gesellschaft für philosophische Versuche und Gespräche«) nannte Higgins sie großspurig, und sich selbst bezeichnete er als »Didactic experimenter« (»didaktischen Experimentator«).

Bryan Higgins war ein Bilderstürmer, eine mitreißende Persönlichkeit, und für die jüngere Generation so etwas wie eine Kultfigur. Ähnlich wie Humphry Davy, der in der Royal Institution am Rednerpult stand, begeisterte Higgins seine Hörer mit unorthodoxem Scharfsinn und forderte von ihnen, dem die Stirn zu bieten, was er als Antiintellektualismus der aufstrebenden Bourgeoisie ansah. Er drängte sein Publikum, die Fesseln der Vergangenheit abzuschütteln und sich die neue Welt der Wissenschaften zu eigen zu machen, weil Wissenschaft – so sagte Higgins mit funkelnden Augen – sich schnell zur Kultur der Zukunft entwickelte. Mit Wissenschaft würden Macht und Einfluß im heraufziehenden neuen Jahrhundert gewonnen und genutzt werden. Und was das Wichtigste war: Die Wissenschaft würde zunehmend in den Händen der jungen Menschen liegen, der Unzufriedenen und Unerschrockenen.

Bei diesen Vorträgen und Diskussionen freundete sich Howard mit einer Gruppe von wissenschaftlich interessierten jungen Dissenters an, die den Kern von Higgins' Publikum bildeten. Es waren Handwerker und Mechaniker oder Einzelhändler und Laboranten wie Howard, die sich durch die Umstände, unter denen sie lebten, nicht abbringen ließen von dem erhabenen Gefühl von Schicksalhaftigkeit, das Higgins förderte. Sie betrachteten sich selbst als die kommende Generation. Und sie nahmen den scheuen jungen Quäker und Apotheker Luke Howard freundlich auf, der offensichtlich lange gegen alle Widrigkeiten hatte durchhalten müssen, um seinen bescheidenen Anteil an geistiger Unabhängigkeit zu erringen. Dieser Weg war den meisten der neuen Freunde vertraut, die er bei Bryan Higgins' Vorträgen traf. Dieses Band würde sie durch die Ereignisse der folgenden Jahre zusammenhalten.

Als Apotheker und als Quäker betrat Howard die Welt

der Wissenschaft der Dissenter ganz unbefangen, eine Welt, die aus Vorträgen und Versammlungen, Zeitschriften und Sonderdrucken bestand und durchdrungen war von einer mächtigen Orientierung auf die Zukunft hin. Jugendlicher Optimismus und ansteckende Begeisterung verbreiteten sich unter den jüngeren dieser faszinierten Hörer, denn sie wußten, daß die Welt zunehmend abhängig von den Fortschritten in Wissenschaft und Technik sein würde. Wie Higgins gesagt hatte, war die Zeit reif für die Anerkennung ihrer Fähigkeiten als lebenswichtig und zeitgemäß. Das 19. Jahrhundert stand schließlich vor der Tür. Es war eine Ära der Verheißung, eine Ära, in der die Wissenschaft wahre Macht für sich und ihre jungen Anhänger erlangen sollte.

Manchmal war ihre Begeisterung für die Zukunft stärker als jede Vorsicht. Lukes Vater schrieb ihm einmal einen besorgten Brief, in dem er von einem Unfall berichtete, den ein Enkel der Bankiersfamilie Barclay erlitten hatte. Der junge Mann war ernsthaft verletzt worden durch Phosphor, den er nach einem von Higgins' Vorträgen über die Eigenschaften dieses flüchtigen Elements in dessen Laden gekauft hatte:

»[Die Vorträge] mögen ja nicht schlecht sein, aber paß auf, auf was Du Dich einläßt. D. Barclays Enkel hat sich vor einiger Zeit nach einer von Higgins' Vorlesungen verleiten lassen, ein Stück Phosphor zu kaufen; das trug er sorgfältig in Papier gewickelt in der Hosentasche, bis er es eines Tages der Luft aussetzte. Als er es zurückstecken wollte, entzündete es sich plötzlich und verbrannte ihm den Oberschenkel so schlimm, daß er in Lebensgefahr war; jetzt soll er aber auf dem Weg der Besserung sein.«[2]

Weißer Phosphor, ein nichtmetallisches Element, das man damals vor allem aus Urin oder Knochen gewann, entzündet sich spontan, wenn es dem Sauerstoff in der Luft ausgesetzt wird. Es war eine Eigenschaft, die entweder Higgins zu erwähnen vergessen hatte oder an die, was wahrscheinlicher ist, der junge Barclay sich Tage nach dem Vortrag nicht mehr erinnert hatte. Der Stoff verbrennt so schnell und so heftig, daß die Wunde bestimmt genau so lebensgefährlich war, wie Robert Howard sie beschrieb.[3]

Aber trotz seines Vaters Sorge – die Teilnahme an Higgins' Vorträgen tat Luke Howard gut, denn bei diesen Zusammenkünften lernte er William Allen kennen, der einer der wichtigsten Mitschöpfer an seinem Essay über die Wolken werden sollte. Er wurde darüber hinaus einer der Architekten beim Bau von Luke Howards weiterem Leben, denn ihre Freundschaft, die ein halbes Jahrhundert, bis zu Allens Tod 1843, halten sollte, beförderte Howards allmähliche Verwandlung vom schüchternen Lehrling zu einer wissenschaftlichen Kapazität.

William Allen war ein begabter Organisator, der immer nach einer Möglichkeit, seine Talente anzuwenden, Ausschau hielt. Als er und Howard sich begegneten, hatte er seit drei Jahren in einer Apotheke im Plough Court, nahe der Lombard Street in London EC 1 gearbeitet, war aber längst ungeduldig wegen der Geschäftsführung des nicht mehr jungen Besitzers Joseph Gurney Bevan. Allen war ehrgeiziger, energischer und unternehmender als Howard und wartete auf Bevans bevorstehenden Rückzug aus dem Arbeitsleben, weil er damit die Chance zur Übernahme des Geschäfts bekam. Das war nach seiner Überzeugung der einzig mögliche Weg zu Selbständigkeit und Einfluß. Die Apotheke war seit ihrer Gründung 1715 in vorsichtigen Händen gewesen, unter der künftigen Leitung von William Allen und seinen Partnern sollte sie sich zu einem großen, internationalen Konzern entwickeln, der unter dem Namen Allen & Hanbury's weltbekannt war, bis er von der expandierenden Glaxo Wellcome übernommen wurde.

Zu Allens Plänen gehörte der Bau einer neuen und größeren Produktionsstätte in Plaistow, damals noch einem Dorf in Essex rund acht Kilometer östlich der Innenstadt. Als er Ende 1795 die Leitung der Firma tatsächlich übernommen hatte, entschloß sich Allen, seinem neuen Freund Howard die Position eines Direktors des Produktionsbetriebes in Plaistow anzubieten. Howards Laden in der Fleet Street, ein Ein-Mann-Betrieb, war kein besonderer Erfolg und wäre nicht in der Lage gewesen, mit der Plough-Court-Apotheke zu konkurrieren, nachdem Allen sie übernommen hatte. Die neue Aufgabe bedeutete, daß er aus London fort und in das Dorf in Essex ziehen müßte, aber sie bedeutete auch erhöhte Zufriedenheit und finanzielle Sicherheit. Die war seit neuestem wichtig für Howard, denn er trug sich mit Heiratsabsichten.

Mariabella Eliot – Bella für die Familie – war die einzige Tochter von John und Mary Eliot aus dem vornehmen Bartholomew Close. Die Eliots waren alte Freunde von Luke Howards Eltern, und ihre besonnene Tochter wurde als »hervorragende Wahl« bezeichnet. Sie ließ sich nämlich Zeit, ehe sie auf seinen Antrag einging, womit sie ihren Bewerber »viel länger, als das seinem feurigen Wesen entsprach«, im ungewissen ließ.[4] Als sie ihn jedoch akzeptiert hatte, war Luke bestrebt, die Hochzeit so bald wie möglich stattfinden zu lassen, und so wurde als Tag der Vermählung der 7. Dezember 1796 festgesetzt, und als Ort Peel Meeting bei Bunhill Fields. Der Tag war laut Lukes Schwester Elizabeth »ein bemerkenswert kalter, düsterer Tag in einer frostigen Jahreszeit, so ungeeignet für den Zweck, wie man ihn sich nur denken konnte«.[5] Die zwei Brautjungfern, Cousinen von Mariabella, beklagten sich unablässig über die scheußliche Jahreszeit, und die Braut selbst war, wie Elizabeth Howard boshaft bemerkte, gegen die Kälte »wie ein mittelalter Quäker« gekleidet.[6] Der Bräutigam, »ein schmächtiger junger Mann von 24 Jahren in hellem Gewand mit einem dreieckigen Hut« war viel zu nervös, etwas zu bemerken, und murmelte seine Antworten, so gut er konnte. Öffentliche Äußerungen waren noch nie seine Sache gewesen.

Außerdem machte er sich Gedanken wegen des anschließenden Empfangs. Es war üblich, die Gäste im neuen

Haus des jungen Paares zum Tee zu bitten, aber ihre Wohnung war noch die über dem Laden in der Fleet Street. Sie war zu klein, als daß alle Gäste dort hätten unterkommen können; die einzige Möglichkeit war, den Empfang auf eine ganze Woche zu verteilen. Das taten sie denn auch. Einzelne Gästegruppen kamen jeweils abends um sechs Uhr zu einem Tee, den die Brautjungfern, Mary Weston und Ann Sherwood, zubereitet hatten, und alle saßen in dem einen Raum, der halbwegs vorzeigbar war. Es war weniger ein Gesellschaftsraum, wie ein Gast bemerkte, als ein aufgeputztes Wohnzimmer. Quäker oder nicht, solche Dinge sahen sie, und die Frauen tauschten Blicke.

Mariabella fand sich ein, zwei Monate mit diesen Bedingungen ab, ohne sich zu beklagen, aber sie kam aus einer wohlhabenden Familie, mit einem Stadthaus am Bartholomew Close und einem Landhaus in der Nähe von Pickhurst in Kent. Bella war bald enttäuscht von dem Leben über einem kleinen Laden. Eine Weile konnte man es mit Humor betrachten, aber Tag für Tag so zu wohnen war etwas anderes. Außerdem erwartete sie jetzt ihr erstes Kind (eine Tochter, Mary, die im November 1797 geboren wurde). Es war Zeit, ein neues Domizil zu suchen. William Allens Angebot war deshalb sehr willkommen, und die finanzielle Sicherheit der Aufgaben in Plaistow ermöglichte das Leben in einem ordentlichen Haus.

Unterdessen dachte Allen daran, einen wissenschaftlichen Debattierklub zu gründen, der sich abends im Plough Court Laboratory treffen konnte, und er fragte Howard, ob er mitmachen wolle. Er würde sich mit weiterreichenden Themen beschäftigen als Higgins' Chemiestunden und sich nicht auf eine einzelne Persönlichkeit konzentrieren. Higgins hatte London kurz zuvor verlassen und in Jamaica eine lukrative Aufgabe als wissenschaftlicher Berater der Westindischen Kaufleute übernommen, und seine Abreise hatte eine Lücke bei den wissenschaftlich interessierten Dissenters hinterlassen. Die vierzehntägig geplanten Treffen sollten abends um sechs stattfinden, früh genug, daß die Zuhörer danach zu den Veranstaltungen der Royal Society gehen konnten. Der Tagungsort an der Lombard Street, im Herzen des Viertels von London, in dem die meisten Dissenter wohnten, würde auch allen Beteiligten recht sein.

Bestimmte kulturelle Schwerpunkte waren seit Jahrhunderten mit bestimmten Gebieten der Metropole verbunden, so wie eigentlich heute auch, und die Quäkerkolonie an der Lombard Street war einer von den vielen religiösen Knotenpunkten, die solchen Vierteln von London einen unverwechselbaren Charakter gaben. So wie die Werkstätten der Hugenotten in Spitalfields, das jüdische Viertel in Whitechapel oder die Glaubensgemeinschaft der Unitarier in Newington Green, hatte auch die Lombard Street in der City of London sich Ende des 17. Jahrhunderts zu einer eigenen Glaubenszone entwickkelt. Bankiers, Ärzte, Apotheker, Drucker und eine Fülle von kleinindustriellen und gewerblichen Unternehmen arbeiteten erfolgreich in diesem Bezirk, den die Quäker in aller Stille zur Erreichung ihrer beruflichen Ziele auserkoren hatten.

Besonders florierten Bankwesen und pharmazeutische Industrie, vor allem deshalb, weil man den Quäkern, im Gegensatz zu anderen, die in der zweifelhaften Welt von Geld und chemischen Präparaten tätig waren, vertrauen konnte. Zu einer Zeit, da Arzneimittel verschnitten und gepanscht und Banknoten und Münzen gefälscht wurden, galten die Quäkertugenden der Ehrlichkeit und Redlichkeit geradezu als lebensrettende Sicherheit für die Klienten. Silvanus Bevan (1691-1761), der Begründer der pharmazeutischen Dynastie am Plough Court, hatte nicht nur mit Waren gehandelt, sondern auch mit Treu und Glauben, und seine Nachfolger in den späteren Generationen ebenso. Quäkerfamilien wie die Bevans, die Darbys, die Lloyds, die Barclays, die Frys, die Cadburys, die Allens und die Howards standen im Mittelpunkt einer fest umrissenen, wenn auch überwiegend apolitischen Gruppe, die

Abb. 2: Das Plough-Court-Labor in einer Aufnahme um 1860
(mit freundlicher Genehmigung der
Glaxo Wellcome plc., Greenford, UK).

innerhalb einer durchaus politischen kaufmännischen
Umwelt tätig war. Sie wichen jeder Verwicklung in öffentliche Dinge aus und steckten ihre beträchtlichen Energien
statt dessen in Bildung, Handel und wissenschaftliche Forschung, die alle aus religiösen wie aus pragmatischen
Gründen als Quellen von Aufklärung und Wohlstand gefördert wurden. Das war die Auffassung, die Coleridge als
»schönsten Sonnenlichtfleck des Christentums nach Ansicht des wahren Philosophen« bezeichnete, es war die
Auffassung, zu der auch Higgins in seinen Vorträgen er-
muntert hatte, und es war die Ansicht, die ihren großartig-
sten Ausdruck in William Allens vierzehntägigem Wissen-
schaftsklub fand.[7]

Die Askesian Society, wie Allen sie nannte, wurde im
März 1796 zwischen den geschwärzten Apparaten des
Plough Court Laboratory gegründet. (Abb. 2)

Der Name war von dem griechischen Wort *Askesis*,
»Übung«, abgeleitet, das auch »Zucht« und »Enthaltsam-
keit« einschließt, ein Hinweis auf das Ziel von Weiterbildung und Verbesserung der Persönlichkeit bei diesem

Projekt. Die drei eigentlichen Gründer, William Allen, Richard Phillips und William Haseldine Pepys, waren junge Quäker aus der Gegend um die Lombard Street, und zwei von ihnen (Allen und Phillips) hatten in der Apotheke am Plough Court gelernt, bevor Allen nach dem Rückzug des Besitzers die Leitung der Firma übernommen hatte. Bevans andere Partner hatten das Unternehmen frühzeitig verlassen, weil sie sich Allens energischer Geschäftsführung nicht gewachsen fühlten. Plough Court erlebte einen Wandel.

Plough Court 2 war eines von vielen ähnlichen Häusern, die nach dem Großen Brand von London aus der Asche erstanden waren. Die ganze Lombard Street war nichts als ein Haufen rauchender Trümmer gewesen, und die neuen Gebäude wurden für alle Fälle als Gewerbe- wie Wohnhäuser gebaut. Alle Gebäude des Viertels wurden so konstruiert, daß der Besitzer, ob Kaufmann oder Fabrikant, die Räume oben im Haus bewohnen konnte. (Abb. 3)

So hatte in den achtziger Jahren des 17. Jahrhunderts der Vater des Dichters Alexander Pope, ein Tuchhändler (und römisch-katholischen Glaubens) London vorgefunden. Er mietete Plough Court 2 als Haus zum Arbeiten und Wohnen. Dort wurde am 21. Mai 1688 Alexander Pope geboren, im gleichen Gebäude – vielleicht sogar im selben Raum –, in dem sich die Askesian Society mehr als hundert Jahre später zu treffen begann. Zu der Zeit aber war das Viertel schon fast ausschließlich von Quäkern bewohnt. Nicht lange nach der Geburt des späteren Dichters waren antikatholische Gesetze erlassen worden, die Katholiken zwangen, mindestens zehn Meilen außerhalb der Stadtgrenzen zu wohnen. Die Familie Pope, die übrigens vor noch nicht langer Zeit zum Katholizismus übergetreten war, suchte Schutz im Windsor Forest. Damals übernahmen die Quäker Bevan das leerstehende Haus und begannen ihren Handel als Apotheker en gros und en detail. Zweihundert Jahre lang störte nichts die Herrschaft der Quäker über das Viertel. Als die Askesian Society ent-

Abb. 3: Plough Court 2, Ecke Lombard Street, um 1840
(mit freundlicher Genehmigung der
Glaxo Wellcome plc. Greenford, UK).

stand, drückte sich darin zum Teil auch die unbestrittene
kulturelle Vorherrschaft der Dissenter im Gebiet um die
Lombard Street aus.

Dieser Hintergrund sowie die Jugend der Gründungs-
mitglieder, durchschnittlich 24 Jahre alt, waren entscheidende soziologische Faktoren ihrer wissenschaftlichen

Tätigkeit. Die Mehrheit der Askesianer stammte aus den Kreisen der Dissenter; ihnen allen war durch die »Corporation and Test acts« (»Körperschafts- und Testakte«) aus dem 17. Jahrhundert der Besuch von Lateinschulen und Universitäten untersagt, und sie durften auch keine öffentlichen und staatlichen Ämter annehmen. Wie Katholiken und Juden und alle anderen, die die 39 Artikel der Kirche von England nicht unterschreiben mochten, waren auch protestantische Nonkonformisten wie Quäker und Unitarier von der Teilnahme am öffentlichen Leben ausgeschlossen. Sie fanden aber, daß eine ordentliche Ausbildung der einzig mögliche Weg war, die wissenschaftlichen und technischen Kenntnisse zu erwerben, von denen der zukünftige Wohlstand so sehr abhing. Da sie ihnen aus ideologischen Gründen verweigert wurden, sorgten sie selbst dafür und luden so viele ihrer jungen Bekannten wie möglich ein, sich ihren Unternehmungen anzuschließen. Schulen und wissenschaftliche Klubs vermehrten sich überall im Land: die Askesian Society war nur eine von vielen Inseln in einem Archipel des Wissens.

Wie bei den Vorträgen von Bryan Higgins, bei denen sich viele von ihnen erstmals getroffen hatten, sollten Naturwissenschaften und Naturphilosophie die Eckpfeiler dieser emanzipatorischen Bemühung um Gelehrsamkeit sein, und für manche von den ihrer Rechte Beraubten aus der städtischen Bevölkerung war wissenschaftliche Forschung selbst von offen politischer Bedeutung. Die Revolutionen in der Wissenschaft waren bereits mit anderen Revolutionen gegen die Autorität verglichen worden. Erasmus Darwin schrieb im Brief an einen Freund: »Gratulierst Du nicht auch Deinen Enkeln zum Heraufdämmern der allgemeinen Freiheit? Ich spüre, daß ich ganz französisch werde, sowohl in der Politik als auch in der Chemie.«[8] Eine Bemerkung, die zeigt, was die Menschen jener Zeit innerlich beschäftigte. Die Haltung gegenüber Menschen und Natur war von den Ereignissen der achtziger Jahre des 18. Jahrhunderts beeinflußt. Die Französische Revolution hatte ein politisches Klima hinterlassen, das Europa verändert hatte; die Abläufe, die das Leben und die Entwicklungen in der Natur regeln, wurden enträtselt und kraftvoll neu formuliert. 1783 spielte seine Rolle neben 1789: es waren die Zwillingsjahre des Wandels in einem revolutionären Jahrzehnt.

Erasmus Darwin war nicht der einzige, der eine Verbindung zwischen Politik und Wissenschaft herstellte. Der junge Vortragsredner John Thelwall setzte sich für das Recht ein, jede überkommene oder altehrwürdige Meinung in Frage zu stellen; 1794 wurde er deshalb vor dem Old Bailey der staatsgefährdenden Verunglimpfung beschuldigt. Es gab in den neunziger Jahren nur wenige Persönlichkeiten, die radikaler waren als Thelwall. Wenn er nicht gerade mit politischen Aktionen beschäftigt war, etwa, indem er mit bewegenden Worten die Regierung angriff oder den Schaum von seinem Kronen-Bier schnitt und dem Wirt mitteilte, alle gekrönten Häupter sollten abgeschnitten werden, suchte er häufig Trost in den klaren Versuchen, die Geheimnisse der Natur zu verstehen:

Ich beobachte ständig die wunderbaren Phänomene der Natur: eine Beschäftigung, die keine zufälligen Änderungen des Wetters enttäuschen können: denn welche dieser Veränderungen wäre nicht zusätzlich Stoff für die Wissenschaft oder die Phantasie? Wenn, wie jetzt, eine plötzliche Wolke das herrliche Angesicht des Himmels verhüllt, vergleiche ich die Erscheinungen mit den Theorien, die sie zu erklären versuchen. Wenn ein Unwetter folgt, sehe ich mich nach dem Schutz einer Hütte oder einer kleinen Schenke um ... und wenn es ganz schlimm kommt, wie eben jetzt, ziehe ich mich in den Schutz eines Baumes oder eines Schuppens zurück und sinne über das Wirken der Natur nach; ich sehe den leichten Nebel, der von der Wärme der unteren Atmosphäre verdünnt wird, von den kälteren Regionen der Luft darüber wieder kondensiert wird und in glänzenden Tropfen auf die lechzende Erde fällt, von der er zuvor aufgenommen wurde.[9]

Thelwall schien in seiner Betrachtung der ziehenden Wolken ein Modell intellektueller Freiheit zu erkennen, die im Recht auf freie Himmelsbetrachtung nur ein Bild für die Berechtigung sah, politische Fragen zu stellen. Natur und Naturgesetze waren der Grundstein nicht nur der Künste und Wissenschaften seiner Zeit, sondern auch des neuen politischen Verständnisses und der gesellschaftlichen Aufklärung, die Gewissensfreiheit in den Mittelpunkt stellte.

Diese Atmosphäre kultureller Verheißung und Erneuerung wurde bei den frühen Treffen der Askesianer, bei denen etablierte Theorien und neue Hypothesen unbarmherzig auf ihre Beweiskraft hin untersucht wurden, tief eingesogen. Die Mitglieder der Gruppe stürzten sich in Diskussionen und Debatten; hier ging es anders zu als in den würdevollen Veranstaltungen der über 100 Jahre alten Royal Society, wo es als ebenso ungezogen galt, die Aussage eines Sprechers zu diskutieren, wie es ungezogen war, die Rechnung eines Kaufmanns anzuzweifeln. Die Zusammenkünfte der Askesianer zeichneten sich dagegen, wie Kaffeehausdiskussionen oder wie John Thelwalls Wirtshausreden, durch einen Mangel an Zurückhaltung aus, einen Mangel, dessentwegen sich das Publikum eifrig ins Plough Court Laboratory drängte. Manchmal kamen so viele Hörer, daß die Versuche im Laufe des Abends wiederholt werden mußten. Wie in der späteren Royal Institution (bei der eine Anzahl von Askesianern dann Dozenten wurden), waren die wissenschaftlichen Interessen sehr breit gefächert, und es gab daher Vorführungen und Vorlesungen zum Galvanismus, zur Bauchrednerei, zur Trennung von Gasen, zur mineralogischen Analyse sowie (nur einmal offenbar, und das überrascht kaum) eine geräuschvolle Demonstration zur Herstellung von Sprengstoffen, geleitet von einem Mr. Coleman von den Royal Gunpowder Mills.

Bei allem Lärm und Rauch, der dramatischen Debattieratmosphäre und der zunehmenden Begeisterung in der wissenschaftlichen Landschaft Londons war eines doch auch klar: Man versammelte sich nicht, um ein bißchen vom Geschäft zu reden, sondern um seinen intellektuellen Horizont zu erweitern.[10]

Den ersten Vortrag vor der gesamten Gesellschaft hielt Samuel Woods, der erste gewählte Präsident, »On the General Principles of Astronomy« (»Über die allgemeinen Prinzipien der Astronomie«). Astronomie stand am Anfang, aber im Lauf der folgenden Jahre nahm nicht nur die Zahl der Redner, sondern auch die der Themen zu: William Allen sprach über »Chemical Attraction« (»Chemische Affinität«), William Phillips über »The Divining Rod« (»Die Wünschelrute«), Wilson Lowry über »Malleable Zinc« (»Formbares Zink«), und später hielt natürlich der junge Luke Howard, der auf einem geliehenen Pferd aus Plaistow kam, seinen faszinierenden Vortrag über »The Modifications of Clouds« (»Die Modifikationen der Wolken«).

Viele Jahre später erinnerte sich Howard dankbar dessen, was ihm die Mitgliedschaft in dem Klub geschenkt hatte:

»Umstände haben längst diese kleine Bruderschaft aufgelöst, die so lange sie bestand, sich die Askesian Society nannte, von ›ἄσκησις, exercitatio‹, und ich glaube, daß manche, die sich dazu mit Eifer hielten, jenen Exerzitien gar manchen Vorteil im wissenschaftlichen Charakter schuldig geworden.«[11]

Die Persönlichkeit wurde allerdings nicht immer vervollkommnet. Obwohl Howards Vortrag der Höhepunkt der Askesianischen Gesellschaft war, war es nicht ihre beste Zeit, denn einige der früheren Zusammenkünfte waren ausgeartet in Rauschgiftgelage. Der experimentierfreudige Geist des Klubs schloß die Erforschung von alten und neuen Halluzinogenen ein, von denen einige eine überraschend aufheiternde Wirkung hatten. William Allens Tagebuch berichtet von einem Abend im Januar 1800, an der Wende zu einem erregenden neuen Jahrhundert der Wissenschaft, als William H. Pepys eine gewisse Menge von Distickstoffmonoxid (N_2O) hergestellt hatte, dem »neuen Gas aus Ammoniumnitrat«, welches dabei verteilt wurde. Bei diesem Treffen, das, vielleicht nicht weiter überraschend, »viele Besucher« angelockt hatte, wurde das »gasförmige Stickstoffmonoxid« herumgereicht und von allen Anwesenden inhaliert. Es hatte, wie William Allen bemerkte, »eine bemerkenswert berauschende Wirkung«: »Du zwinkerst, als wärest du betrunken!«[12]

Ein paar Wochen später versuchten sie es alle miteinander, einschließlich Howards, abermals. Allens Tagebuch zufolge »atmeten wir alle das gasförmige Oxid des Stickstoffs ein. Auf mich hatte es eine überraschende Wirkung, es tilgte anfangs jegliches Gefühl; dann hatte ich die Vorstellung, ich würde in einer finsteren Höhle mit nur wenigen glimmenden Lichtern gewaltsam emporgetragen. Die anderen sagten, der Blick meiner Augen sei starr gewesen, mein Gesicht violett, die Venen an der Stirn sehr dick, dazu kam ein apoplektisches Röcheln etc.«[13] Verringerte Sauerstoffzufuhr, als Anoxie bekannt, kann zu intensiver Euphorie führen, ist aber beängstigend. Doch trotz der sichtbaren Symptome und der immer deutlicheren Abhängigkeit wurde das Distickstoffmonoxid für harmlos erklärt und sein Gebrauch und Mißbrauch wurde in ganz Europa zur Manie, vor allem, nachdem Humphry Davy das Gas in einer Serie von Schriften und Demonstrationen populär gemacht hatte. Davy selbst entwickelte eine ernste Sucht, und auf dem Höhepunkt seiner Abhängigkeit gestand er, er inhaliere es »drei- oder viermal am Tag« und genieße die »Folge von lebhaften sichtbaren Bildern, die schnell durch mein Gemüt ziehen«.[14] Londoner Theater wie das Adelphi begannen eigene »Lachgas-Abende« zu veranstalten, bei denen das Publikum sich anstellen und einen Zug aus der neuen Wunderdroge inhalieren konnte.[15]

William Allen als Direktor eines führenden pharmazeutischen Unternehmens hatte ein professionelles Interesse an der Erprobung jedes neuen Beitrags zur expandierenden *Materia medica*; aber unter Davys Einfluß scheint er der N_2O-Sucht selbst ziemlich nahe gekommen zu sein. Er wurde durch den besorgten Beistand wissenschaftlich gesinnter Freunde von dem Stoff entwöhnt. Mit knapper Not war er der Abhängigkeit entronnen. »Never get high on your own supply« (»Berausch dich nie an den eigenen Beständen«) ist die goldene Regel der Pharmakologen heute; Allen hatte das, wie seine Freunde, am eigenen Leibe erfahren müssen.

Aber er war seinerseits auch ein richtiger Freund, und der Erfolg von Howards Abhandlung über die Wolken war zu einem guten Teil William Allens doppeltem Eingriff in sein Leben zu verdanken. Erst war es das Angebot der Arbeit in Plaistow, dann die Aufforderung, Mitglied in dem wissenschaftlichen Debattierklub zu werden. Vor allem der Umzug an die Peripherie der Stadt hatte sich als entscheidend für den Vortrag über die Wolken erwiesen, denn als Howard gut in seinem neuen Heim in Plaistow untergekommen war, fand er wieder Zeit und Raum, zu den unendlich über den Himmel ziehenden Wolken hinaufzuschauen. Die Gewohnheit des beschaulichen Betrachtens, die ihm während seiner Jahre bei Ollive Sims fast ganz abhanden gekommen war, erneuerte sich mit erfreulichem Nachdruck. »... da ich denn, meiner Pflicht nach, von einem Werk zum andern gehend, oft unter freiem Himmel zu sein genötigt, die sonst gewohnten Beobachtungen wieder aufnahm«, erinnerte er sich.[16] Der weite Horizont der Bruchlandschaft in Essex gab ihm ein uneingeschränkt nutzbares natürliches Observatorium. Dazu kam die Beobachtungsstation, die er sich bald im Obergeschoß seines geräumigen Hauses bauen ließ. Hohe Fenster gaben den Blick auf den Himmel in alle Richtungen frei und gewährten eine Aussicht, die alle seine wissenschaftlichen Freunde bewunderten. Und hier, zwischen seinen Büchern und seinen Kindern, spürte Luke Howard zunehmend Erfüllung und wurde immer glücklicher in der Kombination von Arbeit, Familie und anregendem geistigen Leben. Luke Howard war endlich in seinem Element.

Seiner Enkelin Mariabella Fry zufolge verbrachte Howard später den größten Teil seiner Freizeit oben in seinem Arbeitsraum:

»... ein Sanktum, in das wir nicht leichtfertig eindrangen. Es war mit Büchern und einem absoluten Gewirr von wissenschaftlichen und mechanischen Instrumenten gefüllt: letztere ruhten in erhabener Pracht auf den Regalen; nur ab und zu hielt er uns einen abendlichen Vortrag über die Luftpumpe oder den Elektrisierapparat; dann suchten willige Hände die Krüge und Aufhängungen und Behälter zusammen, Stühle wurden vor dem Arbeitstisch aufgestellt und der ganze Haushalt kam, um die wunderbaren Experimente zu genießen.«

Luke Howard der Hausvater, wie er seine faszinierten Zuhörer in die Geheimnisse der Physik einführte. Es war auch typisch für Quäker, die lebendige Szene der Wissenschaft an die Stätte der Weiterbildung im häuslichen Rahmen zu verlegen.

Von seinem hochgelegenen Heiligtum aus konnte er die Entwicklung des Wetters über dem ungesunden Sumpfland von Essex und die Drift seiner Veränderungen und Stimmungen im Auge behalten. Wie damals in der Schule sah er, wie die Wolken sich bildeten und forttrieben, und das ließ einen Gedanken in ihm wieder aufleben, den er Jahre zuvor gehabt hatte. Während er darüber nachdachte und hin und her überlegte, ging er hinaus, um die Ballonaufstiege zu beobachten, die jetzt häufiger stattfanden und um die Jahrhundertwende zu einem Merkmal städtischen und stadtnahen Lebens geworden waren. Immer wieder sah man einen Ballon am Himmel, und die Askesianer wollten natürlich die Erfahrung eines Aufstiegs gern auch selbst machen. Drogen waren nicht die einzige Technik jener Zeit zum Aufsteigen.

Den Meteorologen stand seit mehr als einem Jahrhundert eine Reihe von Instrumenten zur Verfügung, und inzwischen dürfte es im ländlichen England bei den meisten

Pfarrern und Ärzten ein Barometer neben der Mineraliensammlung und dem Himmelsglobus gegeben haben. Doch ihre Instrumente waren nur eingeschränkt tauglich und entschieden erdgebunden, selbst wenn sie sich etwa von dem unermüdlichen Gebirgswissenschaftler Horace Bénédict de Saussure auf die höchsten Alpengipfel mitnehmen ließen. Die meteorologischen Instrumente (zu denen übrigens der Schirm gehörte, der 1786 zum Patent angemeldet wurde) konnten nur auf die auf der Erde herrschenden Bedingungen reagieren. Aber nun wurde den Bedingungen am Himmel zunehmend Aufmerksamkeit gewidmet. Man sah ein, daß man das Wetter, das sich oben entwickelte, bisher nur aus der Ferne hatte wahrnehmen können, und daß ein besseres Verständnis ein näheres Heranrücken erforderte.

Eine Lösung des Problems bot sich bald in der Möglichkeit des freien Aufstiegs in die Luft, im Fliegen. Die ersten Ballonaufstiege wurden in Paris unternommen, am Ende des Trockennebeljahres 1783: ein Neubeginn für die meteorologische Forschung.

Zwei Brüder, die Franzosen Joseph und Etienne Montgolfier, leiteten das Zeitalter des Ballonflugs ein, als sie die damals verbreitetste Theorie zur Wolkenbildung auf das Problem des Fluges von Objekten, die schwerer sind als Luft, anwandten. Es war die Bläschentheorie, die davon ausging, daß »Aura«, eine schwimmende Form der vom Sonnenlicht verdünnten Luft, in durchsichtigen Bläschen aufstieg und die schwebenden sichtbaren Wolken bildete. Wenn man genug davon einfinge, könnte man damit ein Gewicht in der Schwebe halten. Eine Kugel aus Seide, gefüllt mit der warmen Bläschenaura, würde sicher aufsteigen, mit ausreichend Kraft, einen Aeronauten zu heben und zu transportieren. Der menschliche Flug würde endlich erreicht werden, nicht, indem man einen Vogel, sondern indem man eine Wolke nachahmte. Ein Heißluftballon nach dieser Beschreibung war nicht mehr als ein Konvektionsstrom in einem Sack. Die Vorstellung (wenn auch nicht die Physik) war schlicht, aber wirkungsvoll, und nach dem Erfolg der ersten Experimente der Brüder Montgolfier mit Luft-Ballons, die Hühner, Hunde oder Ziegen transportierten, welche alle ihre schwere Prüfung überlebt hatten, war die Zeit gekommen, auch Menschen in Wolken fliegen zu lassen.

Der erste bemannte Ballonflug im November 1783 beeinflußte die Vorstellungskraft der Europäer tief; er wirkte genauso gewaltig wie die erste bemannte Raumfahrt fast zwei Jahrhunderte später. Als dann im Dezember des gleichen Jahres der Wasserstoffballon der Brüder Robert im Park der Tuilerien aufstieg, kamen 400 000 Menschen, die Hälfte der Einwohner von Paris, um das zu erleben, die größte Menschenansammlung, die die Welt je gesehen hatte. Denn wer wäre nicht ergriffen gewesen von der Verwirklichung dieser lang erträumten Aussicht auf den Flug von Menschen? Jacques Alexandre César Charles, einer der Konstrukteure der Brüder Robert, der heute vor allem als Entdecker des Temperatur-Volumengesetzes der Gase (Charles-Gay-Lussac-Gesetz) bekannt ist, war jedenfalls von Anfang an ein begeisterter Ballonfahrer, und sein Enthusiasmus wurde mehr als belohnt, als er als erster Mensch die Sonne zweimal an einem Tag untergehen sah.

Der Dezembertag 1783 war ein dunstiger Tag, als Jacques Charles die Brüder Robert bei einem ihrer frühesten Aufstiege begleitete. Die Luftverschmutzung, die den ganzen Sommer getrübt hatte, ließ nur langsam nach, und die Sonnenuntergänge blieben den ganzen Herbst und Winter hindurch spektakulär. Charles freute sich sehr auf den Versuch. Die seidene Kugel des Ballons wurde sorgfältig mit Wasserstoffgas gefüllt; das stellte man her, indem man Schwefelsäure in einen Behälter mit Eisenfeilspänen goß. Charles überwachte sowohl die Sicherheit als auch die Wirksamkeit dieser potentiell tödlichen Methode. Der schwankende Sack mußte bis zur Grenze seines Fassungsvermögens gefüllt werden, bevor er von seiner Verankerung gelöst und in die Luft entlassen werden konnte, und die Kontrolle über den aufgeblähten Ballon zu behalten machte den Start zu einem riskanten Unternehmen. Aber sobald sie unterwegs waren, verlief der Flug glatt; er dauerte zwei Stunden und führte sie bis in eine Höhe von über 3000 Metern. Von dort sahen sie das Wunder des glühenden Sonnenuntergangs aus dem luftigen, schwebenden Observatorium. Der Anblick war phänomenal, und als sie den Boden berührten, sprang der verzückte Charles heraus und rief den herbeieilenden Zuschauern seine neue Überzeugung zu: »Wie immer die Bedingungen auf der Erde sein mögen – für mich ist jetzt der Himmel das wichtigste. Welche Heiterkeit! Was für ein hinreißender Anblick!«[17] Er bat um die Erlaubnis zu einem zweiten Flug noch am gleichen Abend, den er allein unternahm. Er stieg noch höher auf, sah die Sonne wieder und blieb oben, bis er sie ein zweites Mal untergehen sah, begeistert von dem Anblick. Er »hörte sich selbst leben«, wie er später Freunden gegenüber äußerte.[18] Als er schließlich sicher und glücklich wieder gelandet war und ekstatischer als je aus dem Korb stieg, war das Bild des zweifachen Sonnenuntergangs, vom Logenplatz eines schwebenden Ballons aus gesehen, ihm tief in die Seele gebrannt.

Auch wenn Ballonaufstiege eine französische Erfindung waren, die neue Luft-Leidenschaft griff bald über den Kanal auf England über. 1784 wurde zum britischen Ballonjahr. Über die bemannten Aufstiege in Edinburgh, London, Bristol und Oxford gerieten Menschenmengen in Freudentaumel, und die Ereignisse wurden in Gedichten, Liedern und Theaterstücken gefeiert oder satirisch kommentiert. Dieses eine Mal schien es den britischen Stolz nicht zu verletzen, daß die Ballonpioniere alle Ausländer waren. Vincent Lunardis berühmter Wasserstoffballon, der im August 1784 vom Artilleriegelände aufgestiegen war, wurde im Pantheon an der Oxford Street ausgestellt, und sowohl der »Aironaut« als auch sein Fahrzeug als Heroen der Modernität gepriesen. Die Technik der Zukunft war da, alle konnten es sehen.

Selbst der nervöse Gilbert White aus Selborne, der sich von den schweren Prüfungen des vergangenen Jahres erholt hatte, organisierte Beobachtungspartys in Hampshire, wo man nach dem vorbeitreibenden Jean-Pierre Blanchard Ausschau hielt, dessen »Luftschiff« würdevoll durch den Himmel englischer Grafschaften zog. Als es endlich in Sicht kam, wurde White von Angst um die Passagiere befallen, die sicher »verloren« wären »in den endlosen Tiefen der Atmosphäre«, wie er in einem sorgenvollen Brief an seine jüngere Schwester Anne schrieb.[19] Das war eine »moderne« Spielart jener Furcht, die Seeleute früher gespürt haben sollen bei der Aussicht, über den Horizont hinweg segeln zu müssen.

Viele glaubten, daß die Ballontechnik eine neue Ära des Heldentums und neue wissenschaftliche Möglichkeiten eröffnet habe. »*Minerva* shall the tale declare, how *Blanchard* drove thro' Clouds and Air«, versprach ein Poet.[20] Und Mary Alcock ging noch weiter und meinte mit einer gewissen dichterischen Freiheit, daß jeder, der flog, es den größten Leistungen der Newtonschen Zeit gleichtun oder sie übertreffen würde:

Alas poor *Newton*! Late for learning fam'd,
No more shall thy researches e'er be nam'd;
For greater *Newtons*, now, each day shall soar,
High up to Heaven, and new Worlds explore.[21]

Die Möglichkeiten, die die neuen Geräte der meteorologischen Forschung boten, waren von Anfang an genutzt worden. Beim ersten unbemannten Ballonflug, den die Brüder Montgolfier in Versailles veranstalteten, hatten sie zusammen mit entsetzten Tieren, deren Abenteuer in der Luft von einer Gruppe berühmter Astronomen von der Sicherheit des Palastobservatoriums aus beobachtet wurde, einen Barographen hinaufgeschickt.

Im folgenden Jahr bezahlte ein amerikanischer Forscher, Dr. John Jeffries, ein kleines Vermögen von 100 Guineen dafür, daß der große Blanchard ihn bei einem seiner Londoner Starts mit hinaufnahm. Jeffries nahm ein spezielles Barometer mit; es war so verbessert worden, daß es Luftdruck noch bis auf 609 Millibar (457 mm Hg) hinab aufzeichnete. Er hatte außerdem einen Satz Phiolen bei sich, im Auftrag von Henry Cavendish, einem zurückgezogen lebenden englischen Aristokraten und Naturforscher. Cavendish hatte bereits Proben von der Höhe von Hampstead Heath, wollte aber Proben von höheren Luftschichten, um weiter über die Zusammensetzung der Gase in der Atmosphäre forschen zu können. Da er nicht bereit war, sich selbst der Neugier einer Menge von fremden Leuten auszusetzen, indem er öffentlich im Ballon aufstieg, ließ er Jeffries bitten, die Phiolen mitzunehmen. Die Fläschchen waren am Boden mit destilliertem Wasser gefüllt worden. Der Amerikaner wurde angewiesen, in bestimmten Höhen des 5000-m-Aufstiegs jeweils eines zu öffnen, es auszuleeren und wieder fest zu verschließen. Er führte diese Instruktionen peinlich genau aus. Das Experiment war, gemessen an den Möglichkeiten, erfolgreich, denn mit ihm wurde bewiesen, daß in der unteren Hälfte die Atmosphäre leicht abnehmende Anteile von Sauerstoff gegenüber den gut 20 Prozent in Bodennähe aufwies.[22] Solche Ergebnisse zeigen, wie nützlich der Ballon als meteorologisches Werkzeug war. John Jeffries wurde, wie Jacques Charles im Jahr zuvor, ein begeisterter Anhänger der Ballonfahrerei. Er begleitete Blanchard (der inzwischen weltberühmt war) auch bei der ersten Luftreise über den Ärmelkanal im Januar 1785. Die Briefe, die er auf dem Flug mitnahm, waren die ersten Luftpostsendungen der Welt.

Ballons sollten sich halten, und als 1786 der erste – anonyme – Ballonfahrerroman erschien, hatten sie sich als dauerhafter Bestandteil der wissenschaftlichen Kulisse und der Unterhaltungsszene etabliert.[23] Luke Howard erfreute sich an dem ziemlich unquäkerischen Spektakel: Sein Notizbuch verzeichnet einen Besuch im Mermaid in Hackney, wo er am 12. August 1811 einen Ballonaufstieg von Sadler beobachtete.[24] James Sadler, ein Kollege und

Zuckerbäcker, der zum Showstar der Luft geworden war, unternahm Dutzende von Aufstiegen und mußte einmal, nach dem fehlgeschlagenen Versuch, den St.-Georgs-Kanal zu überqueren, vor Liverpool aus dem Meer geborgen werden. Weltweit konkurrierten die Ballonfahrer bald um Rekorde und Dauerflüge; der größte, der erste Nonstopflug um die Erde, wurde endlich im März 1999 erreicht, als Brian Jones und Bertrand Piccard die Erdumrundung, eine Reise von 46 500 Kilometern, in etwas mehr als 19 Tagen vollendeten. Die zwei hatten einen heroischen Traum verwirklicht, der die Einbildungskraft seit über 200 Jahren beschäftigt hatte.

Die Pioniertaten jener Zeit gingen noch weiter. Im September 1802 sprang André Jacques Garnerin, ein ehemaliger französischer Kriegsgefangener, in 2400 m Höhe mit einem Fallschirm aus einem Wasserstoffballon ab. Er landete ziemlich mitgenommen und luftkrank auf einer Wiese in der Nähe des Grosvenor Square. (Abb. 4)

Wie alle Ballonfahrer damals benutzte Garnerin ein Barometer, um seine Höhe zu berechnen. Als es auf 23 Zoll der Pariser Skala gefallen war, sprang er: Er vertraute sein Leben der Genauigkeit seines Instruments sowie der Sicherheit seines Fallschirm-Prototyps an.

Trotz offensichtlicher Mängel der Konstruktion seines Fallschirms (der Korb schwang während des zehnminütigen Falls heftig hin und her) unternahm er noch eine Reihe von populären und sehr profitablen Absprüngen über der ballonnärrischen Stadt London. »Garnerin at first such applause did obtain, that the clouds he resolv'd he would visit again« (»Garnerin bekam anfangs so viel Applaus, daß er beschloß, die Wolken bald wieder aufzusuchen«), ging der Refrain eines kurz darauf veröffentlichten Liedes, dessen Titel alles Wissenswerte enthielt: *The Parachute; or, All the World Balloon Mad: A much-admired comic song. Written by Mr. Fox. Ludicrously descriptive of the five aerial Excursions made in England by Mr. Garnerin.*[25]

Abb. 4: Garnerin und sein Fallschirm über dem
Grosvenor Square, London 1802 (Privatsammlung).

Die Lust der Londoner an der Sensation kannte anscheinend keine Grenzen, und ein Mann, der aus großer Höhe zu Boden fiel und seekrank an einer Plane aus weißem Segeltuch pendelte, durch die der Wind pfiff, war genau das richtige für eine nachmittägliche Landpartie in den Park. Wer nicht dafür bezahlen mochte, schaute vom überfüllten Hang des Primrose Hill aus umsonst zu.

Der Blick aus einem aufsteigenden Ballon, oder der von Garnerin, wie er im Herbst 1802 durch die Wolken zur Erde hinabschwebte, entsprach genau dem, was Luke Howard von seinem Fenster in der Schule aus gesehen oder von den Feldwegen in Plaistow aus geschlossen hatte. (Abb. 5)

Das sind sie, die nebelhaften Wolken, einzeln auszumachen über Feldern und Wiesen und Bächen und Teichen. Es war ein neuartiger Ausblick, dieser Blick hinab auf die Erde, der eine neue Perspektive und eine neue Weltsicht ankündigte.

Sicher hatten vor der Erfindung der Ballonaufstiege nur wenige Menschen in England einen Blick auf das geheimnisvolle Reich über dem »Amphitheater der Wolken« geworfen.[26] Bergwandern steckte noch in den Kinderschuhen; man erstieg Berge nur aus Transportgründen. Der Tagebuchschreiber John Evelyn erlebte 1644 auf einer unvergeßlichen Reise durch Norditalien einmal eine Stratuswolke im Gebirge. Er war schon durch viele alpine Landschaften gereist, aber dieses war der Eindruck, der ihm am längsten erhalten bleiben sollte. Durch eine Wolkenbank bergan zu wandern und dann hindurchzubrechen und sie von oben zu sehen, schien ihm eine mächtige, fast mystische Umkehrung zu sein. Es machte tiefen Eindruck auf seine Sinne:

> Als wir aufstiegen, drangen wir in ein sehr dichtes, massives dunkles Wolkensystem ein, das in geringer Entfernung wirkte wie Felsen und durch das wir fast eine ganze Meile aufstiegen; es waren trockene neblige Dämpfe, die

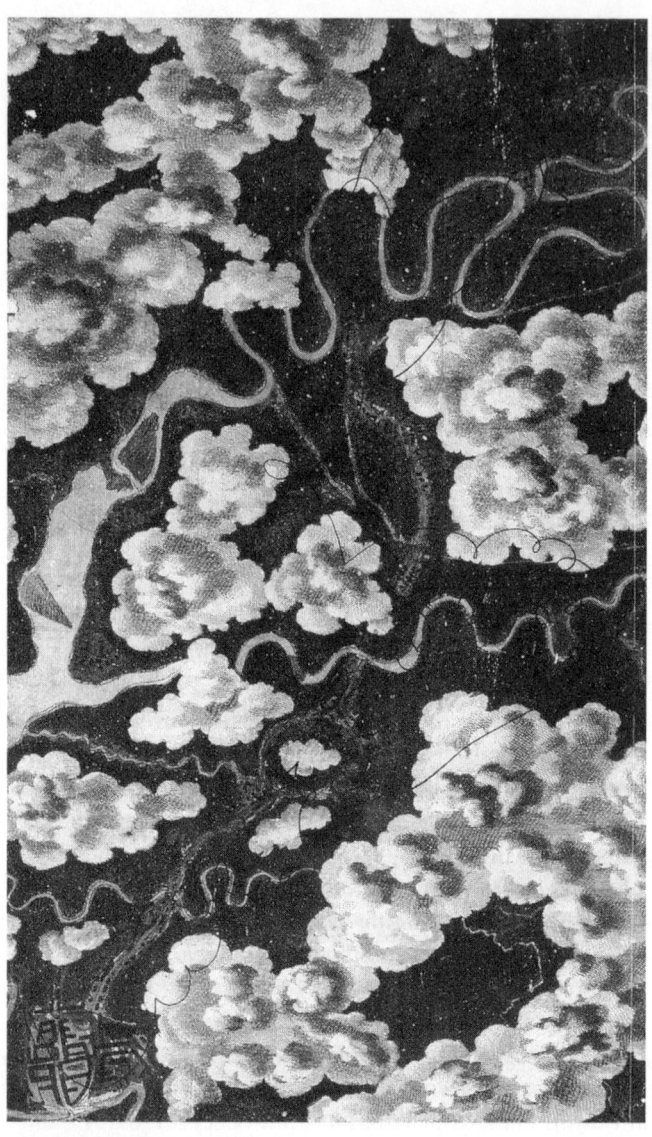

Abb. 5: Blick aus dem Ballon oberhalb der Wolken.
Aus Thomas Baldwins *Airopaidia*, 1786
(mit frdl. Genehmigung der British Library).

ungelöst und in großer Dichte hingen und sowohl Sonne als auch Erde verbargen, so daß wir eher im Meer denn in den Wolken zu sein schienen, bis wir ganz durchgestoßen waren und in einen heiteren Himmel traten, als stünden wir oberhalb jeden menschlichen Umgangs; der Berg erschien fast wie eine große Insel, nicht wie verbunden mit anderen Bergen, denn wir konnten nichts sehen als ein Meer von dicken Wolken, die unter unseren Füßen rollten wie gewaltige Wellen ... Es war eines der schönsten, neuesten und höchst überraschenden Dinge, die ich in meinem Leben je gesehen habe.[27]

Wolken waren für Evelyn eine so unbekannte Größe, daß einfach durch sie hindurchzugehen ihm wie ein Eindringen erscheinen mußte, ein Einbruch in ein stilles, geheiligtes Reich jenseits »menschlichen Umgangs« und Denkens.

Evelyn war auf etwas gestoßen, das den »Wolken« der zeitgenössischen italienischen Oper verwandt war, großen, mechanischen, aber sonderbar mythenschaffenden Strukturen. Denn die mythischen, von Göttern bewohnten Wolkenlandschaften hatten in der europäischen Kunst, vor allem in der Oper, überlebt, als Fortsetzung der theatralischen Hochzeitsfeste der Medici, die zum Muster für Operndarstellungen wurden. Die mehrstufige Wolkenmaschine aus Giacomo Torellis Entwurf für eine venezianische Oper Mitte des 17. Jahrhunderts zum Beispiel zeigt Apolls Palast komplett mit Orchester und Ballett hoch in der Luft, in einer Phantasielandschaft. Nicola Sabbatinis Abhandlung über Bühnenmaschinen zeigt, wie sie funktionierte. (Abb. 6)

Große hölzerne Hebelarme, von Seilen und Flaschenzügen betrieben, bewegten die Rollen gemalter Cumuluswolken auf ihren Platz, vom Publikum mit begeistertem Applaus begrüßt: Zeugnisse barocker – und irdische Macht bestätigender – Weltsicht. Dies war das Reich der Götter auf Erden, und die theatralische Vorstellung vom Himmel als einer außerirdischen Wolkenhülle war eine Mischung aus aristotelischer und alttestamentarischer Kosmologie zu weltlicher Sphärenmusik. Die Mechanik der Darbietung oder vielmehr die theatralische Erfindung der Wolken, erforderte die Leistung der größten Komponisten, Choreographen und Zimmerleute Europas, von Emilio de Cavalieri, dem Komponisten und Dirigenten des Orchesters von Ferdinando de Medici, bis zu Bernardo Buontalenti, dem größten Theateringenieur seines (und vielleicht jedes anderen) Jahrhunderts. Es waren ernste Angelegenheiten, diese Wohnorte der Götter, und Wolkenmaschinen hatten den ersten Platz unter den komplizierten Bühnenbauten, die die Geburt der Oper ankündigten.[28]

Rund ein Jahrhundert später waren die Geheimnisse des Himmels immer noch unerforscht, aber es gab neue Techniken, sie zu enthüllen. Die Zeit erwies sich als günstig für das Studium der Atmosphäre.

Garnerin und sein Fallschirm waren sowohl ein Zeichen der Zeit als auch ein Vorzeichen dessen, was kommen würde, denn weniger als drei Monate nach seinem historischen Londoner Sprung hielt Luke Howard seinen Vortrag. Und er, der junge Meteorologe, mit wenig mehr als ein paar Einsichten und einer Liste von lateinischen Wörtern ausgestattet, zeigte sich der Situation gewachsen.

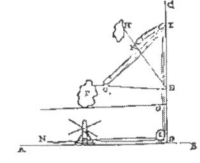

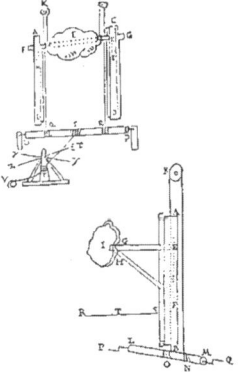

Abb. 6: Wolkenmaschinen. »Der Palast des Apoll« aus Sacratis
La Venere Gelosa, 1643, und eine Wolkenmaschine aus
Nicola Sabbatinis *Pratica di Fabricar Scene e Machine ne' Teatri*
von 1638 (1926 deutsch: *Anleitung, Theatermaschinen und
Dekorationen herzustellen*).

103

Kapitel 6
Andere Klassifikationen

HAMLET: Seht Ihr die Wolke dort,
beinah in Gestalt eines Kamels?
POLONIUS: Beim Himmel, sie sieht auch
wirklich aus wie ein Kamel.
HAMLET: Mich dünkt, sie sieht aus wie
ein Wiesel.
POLONIUS: Sie hat einen Rücken wie
ein Wiesel.
HAMLET: Oder wie ein Walfisch?
POLONIUS: Ganz wie ein Walfisch.
William Shakespeare, etwa 1600.[1]

Luke Howard war nicht der einzige, der um die Wende vom 18. zum 19. Jahrhundert an einer Klassifizierung der Wolken arbeitete. Ein weiterer Versuch, die Wolken zu benennen, wurde etwa zur gleichen Zeit in Frankreich unternommen, und zwar von einem, der sich bereits einen einschlägigen Ruf erworben hatte, ihn aber wieder verlor. Wenn seine Systematisierung Erfolg gehabt hätte, wäre die Geschichte der Nephologie anders verlaufen.

Es hatte in den Jahrhunderten vor Luke Howards Vortrag in der Askesian Society im Dezember 1802 schon eine ganze Reihe von Versuchen gegeben, die Wolken zu katalogisieren und klassifizieren, aber keiner hatte einen bleibenden Eindruck in der Wissenschaft oder in der Sprache hinterlassen. Sie waren, wie die meisten begrenzten flüchtigen Erfindungen, der Vergessenheit anheimgefallen. Und obwohl jeder für seine Zeit verdienstvoll gewesen sein mag, obwohl jeder bestimmte Bedürfnisse seiner Zeit befriedigt hat, kann man doch unschwer verstehen, weshalb sich diese Bemühungen nicht durchgesetzt haben.

Wolken vergehen von Natur aus und bleiben unvollständig. Sie eilen über den Himmel ihrer Auflösung entgegen. Jede Wolke ist eine kleine Welt aus Dampf, die vor unseren Augen verschwindet. Und wenn keine Spur ihrer vergänglichen Existenz zurückbleibt, kann man sie dann als etwas anderes denn einen flüchtigen Schnörkel am Himmel ansehen? Und solange Wolken in der poetischen Phantasie nur Chiffren für einsame Schönheit darstellen, offenbar zufällige Muster, die sich in der Bewegung des Windes wieder zerstreuen, kann man sie sich da als Teil des kontinuierlichen Ablaufs der Natur vorstellen? Was ist dran an einer Wolke am Himmel, außer einem vagen metaphorischen Reiz?

Wie alle flüchtigen Erscheinungen erfordern Wolken die Gegenwart eines bewertenden Beobachters. Aber niemand kann dieselbe Wolke zweimal sehen. »Mich auf Einzelheiten festzulegen, ist eine zu heikle Aufgabe für meine spärlichen Fähigkeiten«, klagte Jonathan Swift in seiner 1704 veröffentlichten Satire über die organisierten christlichen Religionen, in *The Tale of a Tub*:

»Wenn ich an einem windigen Tag mir erlaubte, Hoheit zu versichern, es gebe am *Horizont* eine große Wolke in Form eines *Bären*, eine andere im *Zenith* mit dem Kopf eines *Esels*, eine dritte im *Westen* mit Klauen wie ein *Drache*, und Hoheit würden nach einigen Minuten die Wahrheit zu prüfen für richtig halten, so würden sie sicher alle in Gestalt und Position verändert sein: Neue würden aufziehen, und das einzige, worauf wir uns einigen könnten, wäre, daß Wolken da seien, daß ich mich aber ungeheuer in ihrer *Zoographie* und *Topographie* getäuscht hätte.«[2]

Swifts Folgerung ist pessimistisch und widerspricht eigentlich der Erfahrung: Eben die Außerordentlichkeit ihrer Anforderung an unsere Sinne stellt Wolken, wie Visionen, über alle Diskussion. Wenn ein einzelner Beobachter sie gar nicht kennen kann, jedenfalls nicht auf eine Weise, die nützlich oder stimmig ist, wie soll er dann über ihre Formen sprechen? Eine vage Analogie mag ausreichen, wenn es um literarische Ziele geht, aber den Bedürfnissen wissenschaftlicher Darlegung kann sie nicht gerecht werden.

Und war es Swift bewußt, daß er ein früheres literarisches Muster imitierte, nämlich des Antonius Klage Eros gegenüber in Shakespeares *Antonius und Cleopatra*? Wolken, so meint der General, verzweifelt nach seiner Niederlage in der Schlacht von Aktium, sind »wie Wasser ist im Wasser«:

> Oft seh'n wir eine Wolke, drachenhaft,
> Oft Dunstgestalten gleich dem Leu, dem Bär,
> Der hochgetürmten Burg, dem Felsenhang,
> Gezackter Klipp' und blauem Vorgebirg,
> Mit Bäumen drauf, die nicken auf die Welt,
> Mit Luft die Augen täuschend ...[3]

Antonius hat, wie Hamlet, Selbstmord im Sinn, und wie Hamlet nutzt er die wechselnde Gestalt der Wolken, um auf den tragischen Verlust seiner eigenen Identität hinzuweisen. Das melancholische Bild in diesem Passus, daß so vieles im Leben, das wir schätzen, in die Unfaßbarkeit entschwinden muß, hätte Jonathan Swift, den Autor von *Gullivers Reisen*, sehr angesprochen. Da sich kein überzeugender Unterschied zwischen einem geschilderten und einem imaginären Bild machen läßt, so schloß er, könnten Wolken genauso als Erfindungen im Geist leben wie als Gebilde am Himmel. Wenn sie »sicher alle in Gestalt und Position verändert« sein würden, welchen Unterschied machte es dann, was oder wo sie waren?

Wie also konnten sie von einem Naturforscher bestimmt werden?

Wie wir bereits gesehen haben, ist die Vorstellung, daß unsere Augen von Wolken und Luft genarrt werden, seit der Antike immer wieder erörtert worden. Das Aufkommen wissenschaftlicher Methoden im Gefolge von Descartes und Francis Bacon, die besonderen Nachdruck auf das Sammeln materiellen und statistischen Beweismaterials legten, hatte im 17. Jahrhundert bereits die Einstellung gegenüber den Erscheinungsformen der Dinge zu revolutionieren begonnen. Auch wenn Swift und seine abweisenden Freunde vom Scriblerus Club sich vielleicht über die Bemühungen der Befürworter der neuen Wissenschaft lustig gemacht haben, die Welt der Natur wurde zunehmend mit deren Augen betrachtet. Das Universum schien eine riesige Fundgrube für Dinge und Kräfte zu sein, die man spezifizieren, katalogisieren und verstehen konnte. Die neuen Instrumente und ein neuer Empirismus wurden gleichermaßen in den Dienst der Wissenschaft genommen. Sich »auf Einzelheiten festzulegen«, wie Jonathan Swift sich ausdrückte, gerade das einzelne aufmerksam zu untersuchen, sollte als der Weg zur Entdeckung allgemeiner Prinzipien der Natur gefeiert werden. Und solche Prinzipien, fand man, würden unweigerlich von selbst aus der Masse des gesammelten Materials sichtbar werden.

Aber die meisten Bemühungen, die Erforschung des Wetters methodisch zu sichern, waren von Irrtümern begleitet und von Mißgeschicken verfolgt. Als im Europa des 17. Jahrhunderts zum ersten Mal versucht wurde, zentral Wetterdaten zu sammeln, erforderten diese Projekte eine feste Führung und gewaltige Mittel zur Überwindung der vielen Schwierigkeiten. Doch auch dort, wo reiche und mächtige Schirmherren auftraten, blieben Probleme.

Nur wenige waren reicher und mächtiger als der Großherzog Ferdinand II. de Medici. Er stand hinter dem ersten großen Wetterbeobachtungsprojekt, das über dreizehn Jahre, von 1654 bis 1667, durchgeführt wurde. Dabei gelang es, eine Kette von Beobachtungsstationen zu etablieren, die sich durch ganz Norditalien und über die Alpen bis nach Mitteleuropa zogen. Etwa ein Dutzend Stationen wurden bei diesem Projekt errichtet, oft in der Nähe bereits bestehender Sternwarten außerhalb größerer Städte. Die Stationen wurden von Ferdinands Residenz in Florenz aus bestens ausgestattet mit geeichten Instrumenten und einem vorgegebenen Verfahren für die Aufzeichnung der Beobachtungen: Luftdruck, Windrichtung, Temperatur, Luftfeuchtigkeit und Sicht wurden von den Beobachtern in besondere Vordrucke eingetragen und in regelmäßigen Abständen an Ferdinands Accademia del Cimento in Florenz geschickt, zur »Analyse«, die sich dann aber in der Praxis zur schlichten Ablage entwickelte. Obwohl die Ablage vorbildlich war und regelmäßige Aufzeichnungen damit jedenfalls begonnen hatten, war das Projekt in anderer Hinsicht noch kein großer Erfolg. Die Sendungen brauchten zu lange für den Weg nach Florenz und waren bei der Ankunft nur noch von historischem Interesse – das blieb ein Problem in den Jahrhunderten bis zur Erfindung des Telegraphen. Als schließlich 1667 die Accademia auf Betreiben der Geistlichkeit, die Forschungen dieser Art mißbilligte, aufgelöst wurde, gingen die europäischen Wetterstationen eine nach der anderen ein. Drei Jahre später starb Ferdinand, und mit ihm war eine treibende Kraft bei der Erforschung der Atmosphäre verschwunden.[4]

Er war aber nicht der einzige, der sich in den sechziger Jahren des 17. Jahrhunderts mit dem Wetter beschäftigt hatte. Robert Hooke, der erste Curator of Experiments in der neu gegründeten Royal Society of London, war eine Zeitlang fasziniert von dem Problem einer Aufzeichnung der vielfältigen Übergänge in der Atmosphäre. 1665 schlug er eine »Methode zur Darstellung einer Geschichte des Wetters« vor und entwickelte Leitlinien für die Sammlung der statistischen Werte. Nach Hookes Vorschlägen sollten Windstärke, Temperatur, Luftdruck und Luftfeuchtigkeit gesammelt und in ein numerisches System gebracht werden, während »sichtbare Erscheinungen des Himmels« und die »bemerkenswertesten Eindrücke« notiert und mit Worten beschrieben werden sollten.[5] (Abb. 7)

Diese Informationen, meinte Hooke, würden sich bald für die Naturforscher als so unentbehrlich erweisen wie das Werkzeugsortiment für Handwerker.

Aber auch dieser Versuch, Wetterstatistiken zu erheben, führte zu nichts. Hooke gelang es trotz seines geselli-

A

SCHEME

At one View reprefenting to the Eye the
Obfervations of the Weather for a Month.

Dayes of the Month and place of the Sun. Remarkable houre.	Age and fign of the Moon at Noon.	The Quarters of the Wind and its ftrength.	The Degrees of Heat and Cold.	The Degrees of Drinefs and Moyfture.	The Degrees of Preffure.	The Faces or vifible appearances of the Sky.	The Notableft Effects.	General Deductions to be made after the fide is fitted with Obfervations: As,
4 8 14 II 12.46	27 12 ☿ 9. 46. Perigeu.	W 2. 3. 2½ 3½ W.S.W.1	9 12 16 10 7	2½ 2½ 2 ⅛ ½	5 29 1/10 8 9 29 ⅞ 29 ⅞	Clear blew but yellowifh in the N. E. Clowded toward the S. Checker'd blew.	A great dew. Thunder, far to the South. A very great Tide.	From the laft Q. of the *Moon* the Weather was very temperate, but cold for the feafon ; the Wind pretty conftant between N.& W.
8 15 II 13.40	18 ☿ 24. 51.	N. W. 3 4 N. 2 1	9 8 7	1½ ½ 2	28½ 29 1/16 29 10.29	A clear Sky all day, but a little Checker'd at 4. P. M. at Sunfet red and hazy.	Not by much fo big a Tide as yefterday. Thunder in the North.	A little before the laft great Wind, and till the Wind rofe at its higheft, the Quick-filver continu'd defcending til it came very low; after wch it began to re afcend, &c.
16 11 14 37	10 N.Moon. at 7. 25' A. M. II 10. 3.	S. 1	10	1	10 28½	Overcaft and very lowring.	No dew upon the ground, but very much upon Marble-ftones, &c.	
	&c.	&c.	&c.	&c.	&c.	&c.		

Z 2

D I.

Abb. 7: Robert Hookes Wetterkarte von 1665 aus: Thomas Sprat, *History of the Royal Society of London*, 1667.

gen Wesens und der Fülle von Beziehungen von Anfang an nicht, soviel Begeisterung zu erregen, wie nötig gewesen wäre, um das Projekt erfolgreich durchzuführen. Die Freiwilligen, meist Freunde des Kurators, waren gedrängt worden, sich zu beteiligen, trugen aber bald nur widerwillig endlose Beobachtungen in endlose Formulare ein, von denen sie wußten, daß sie doch nur ungelesen gela-

109

gert würden, bis eines Tages möglicherweise eine Verwendung gefunden war. Vielleicht war dies in der Tat ein Beispiel für eine erhabene Form von Wissenschaft, aber vielen erschien sie doch nur als sinnlose Verwaltung. Die Instrumente und die Formulare mögen eindrucksvoll gewesen sein, aber für was und für wen waren sie eigentlich gedacht? Einigen wenigen Teilnehmern an dem Projekt machte das Ritual der täglichen Ablesungen offenbar Spaß, aber die meisten gaben sie rasch wieder auf.

Sogar Robert Hooke selbst, der Erfinder des Projekts, gab sein meteorologisches Journal bereits nach wenigen Monaten auf. Ihm wurde auch bewußt, was Luke Howard 150 Jahre später noch deutlicher sah: Ein Meteorologe vermag durch Beobachtung seiner Instrumente »der Atmosphäre nur an den Puls zu fühlen«.[6] Die Wissenschaft, so wie sie war, erwies sich als ungeeignet für die Erforschung der Natur, solange es ihr nicht gelang, eine Terminologie zur Kommunikation und für den Austausch der notierten Daten zu entwickeln.

Aber Wolkenbeobachter hätten durchaus mehr von Robert Hooke profitieren können, wenn sie treuer zu ihm gestanden hätten. Denn er hatte durchaus eine Lösung für dieses Manko vorgeschlagen. Er entwarf eine Terminologie, um die »Angesichter des Himmels« zu beschreiben. Sie seien so zahlreich, »daß viele von ihnen eigene Namen erfordern«.[7] Als er verkündete, das Problem des Wetters liege mehr in seiner Benennung als in der Aufgabe, es stumm zu registrieren, wußte Hooke, daß er da auf etwas Wichtiges gestoßen war. Was benötigt wurde, war eine Sprache für das Wetter, die über die Kürzel der Formulare hinausreichte und doch terminologisch formalisiert ausgedrückt werden konnte.

Hooke hatte viele Vorschläge, diese sprachliche Lücke zu füllen, und begann mit dem Sonderfall der Wolken:

»Hier sollte festgestellt werden, ob der Himmel klar oder bewölkt ist; und wenn bewölkt, auf welche Weise, ob mit hohen Dünsten oder großen weißen Wolken oder dicken dunklen Wolken. Ob diese Wolken Nebel abgeben oder Hagel oder Regen oder Schnee etc. Ob die Unterseite dieser Wolken flach oder wellig und unregelmäßig ist, wie ich es oft vor dem Gewitter gesehen habe. Wohin sie treiben, ob alle in eine Richtung, oder manche hierhin, andere dorthin, und ob ein Teil so treibt, wie der Wind, der unten weht.«[8]

Hookes Vorschläge gingen dann von der Wolkenbeschreibung über zu einer allgemeineren Diskussion des Himmels, mit einem kompletten Vokabular empfohlener Wörter, mit denen man die Vielfalt dieser nebelhaften Zustände einfangen könne:

Möge *klar* einen sehr klaren Himmel bezeichnen, ohne alle Wolken oder Dünste: *gemustert* einen klaren Himmel mit vielen großen runden weißen Wolken, wie sie im Sommer gang und gäbe sind. *Verschleiert* ist ein Himmel, der weißlich aussieht wegen der Dichte der höheren Teile der Luft durch Dunst, der sich nicht zu Wolken geformt hat. *Dick* ist ein Himmel, der durch eine große Menge von Dämpfen noch weißer ist. *Haarig* möge einen Himmel bezeichnen, der viele kleine, dünne, hohe Dunstfetzen zeigt, die Haarlocken oder Flocken von Hanf oder Flachs gleichen: ihre Vielfalt kann durch *gerade* oder *gekrümmt* etc. näher ausgedrückt werden, je nachdem, wie sie aussehen. *Gewässert* möge einen Himmel bezeichnen, an dem viele hohe dünne und kleine Wolken sind, so daß er aussieht wie ein gewässerter Stoff oder Moiré, mancherorts Makrelenhimmel geheißen. Möge ein Himmel als *wellig* bezeichnet werden, wenn jene Wolken viel dicker und tiefer erscheinen, aber sonst in der gleichen Weise. *Wolkig*, wenn der Himmel viele dicke dunkle Wolken hat. *Tiefhängend*, wenn der Himmel nicht besonders trübe ist, aber darunter viele dicke dunkle Wolken hat, die mit Regen drohen. Die Bedeutung von *düster, neblig, dunstig, hageln, driften, regnen, schneien* oder auch *unbeständig* etc. ist bekannt, sie werden vielfach gebraucht.[9]

Dies war der erste richtige Versuch in der abendländischen Wissenschaft, ein umfassend beschreibendes Vokabular zu entwickeln, das den flüchtigen Erscheinungen am Himmel entsprach. »Gewässert«, »wellig«, »wolkig«, »tiefhängend« waren als Bausteine einer empirischen Sprache gedacht, auf die man sich hätte einigen sollen. Die Termini selbst mögen in der Praxis zu locker und unsystematisch gewesen sein, aber der Versuch an sich zeigte eine deutliche Veränderung in der Einstellung. Die in die Wissenschaft inzwischen eingeführte Methode der Klassifikation ließ alles in der Natur, sogar die Wolken und die Gesichter des Himmels, durch die wissenschaftliche Beschreibung bestimmbar erscheinen. Hooke »säkularisierte den Himmel«, sagte der Filmemacher und Herausgeber Humphrey Jennings einmal, »und machte daraus den Stoff für die neue Wissenschaft Meteorologie«.[10]

Aber Hooke löste sich schnell von der Meteorologie. Dem *Dictionary of National Biography* zufolge »eilte er von einem Forschungsgebiet zum nächsten mit brillanten, aber folgenlosen Ergebnissen«, und nur Monate nach der Veröffentlichung seiner Definitionen zum Wetter hatten sich seine Studien von Mikroskopen zu Taucherglocken, von Taucherglocken zu Pendeln und von Pendeln zu den Schwingungen der Töne verlagert. Die Sache mit dem Wetter hatte er so gut wie vergessen. Offenbar gehörte der Begriff »Spezialist« nicht zu Robert Hookes Wortschatz.

Die Vorstellung von einer einheitlichen meteorologischen Fachsprache, mit der man die Vorgänge in der Luft erfassen konnte, wurde im Lauf des folgenden Jahrhunderts mehrmals wieder aufgegriffen, aber keine dieser Bemühungen konnte sich durchsetzen. Erst als 1780 unter der Führung des Kurfürsten Karl Theodor die Societas Meteorologica Palatina (»Pfälzische Meteorologische Gesellschaft zur Pflege der Wetterkunde«) in Mannheim erstmals zusammentrat, wurden Fortschritte gemacht.[11] Karl Theodor bot der Gesellschaft sein Schloß in Mannheim als Zentrale an; er war, wie der Kurfürst vor ihm, ein leidenschaftlicher Beobachter des Wetters und entschlossen, es durch die Sammlung umfassender Daten besser verstehen zu lernen. Zweck der Gründung seiner Gesellschaft war es, in Zukunft Wetteränderungen vorhersagen zu können durch die Erforschung seiner Strukturen und Bewegungen über längere Zeiträume und durch die Entdeckung verborgener Prozesse. Aus einem Kern von zwölf Stationen in Mitteleuropa entwickelte sich ein Netz von 39 Standorten, die sich »vom Ural bis Nordamerika und von Grönland bis ans Mittelmeer« erstreckten.[12] Den Beobachtern an so weit voneinander entfernten Orten wie Buda, Würzburg, Rom, Spitzbergen, Stockholm, La Rochelle wurde ein Satz von Instrumenten mit standardisierten Skalen zur Aufzeichnung geschickt: Barometer, Thermometer, Hygrometer, Regenmesser, Windfahne und Elektrometer; dazu genaue lateinisch geschriebene Anweisungen des Organisators und Sekretärs der Gesellschaft, des kurfürstlichen Hofkaplans Johann Hemmer. Alles in allem war es ein Meisterstück der Diplomatie und der Logistik.

Wie alle solchen Projekte seit dem 17. Jahrhundert war auch dieses gekennzeichnet vom Streben nach einer Fachsprache für die Beschreibung der Atmosphäre. Die Menschen, die in den verschiedenen europäischen Stationen arbeiteten, mußten einander ihre Befunde und Beobachtungen mitteilen können, deshalb wurden Systeme von Symbolen und Abkürzungen entwickelt. Das System für die gesichteten Wolken ist hier von besonderem Interesse. Es brachte Robert Hookes hundert Jahre alte Definitionen auf den neuesten Stand und war denen Howards nur um zwanzig Jahre voraus. Die Termini (mit den Abkürzungen) lauteten: (Abb. 8)

Die Termini und Symbole, jedes für sich anschaulich, konnten auch miteinander verbunden werden: *cin.sp* zum Beispiel bezog sich auf dicke graue Wolken; *fasc.l* zeigte

a	Weiße Wolken
cin	Graue Wolken
n	Dunkle Wolken
l	Orangegelbe Wolken
r	Rote Wolken
t	Dünne Wolken
sp	Dicke Wolken
fasc	Streifige Wolken
rup	Felsenähnliche Wolken
lact	Milchige linsenförmige Wolken
≥	Geschichtete Wolken
⤳	Sich häufende Wolken

Abb. 8: Die Wolkenklassifikation der
Pfälzischen Meteorologischen Gesellschaft
zur Pflege der Wetterkunde.

Wolken von streifigem Orange an. Wie Robert Hookes frühere Terminologie förderte dieses System die sich langsam entwickelnde Vorstellung, daß Wolken sinnvoll benannt und beschrieben werden konnten. Aber es waren die Wortkombinationen, die wesentlich auf die neue Idee der Modifikationen hinwiesen. Wolken bewegten sich, gingen ineinander über, und es wurde eine Terminologie benötigt, die das zeigte. Die Lösung der Societas betraf zwar nur Teile, war aber fortschrittlich.

Im Laufe seiner Erforschung der Geschichte der Meteorologie erwarb Luke Howard ein Exemplar der *Ephemerides*, der Sammlung von Beobachtungen, die von der Societas 1781-1792 veröffentlicht wurden. Er muß also die frühere Klassifizierung gekannt haben, allerdings erst, nachdem er seine eigene veröffentlicht hatte. Aber auch ihm dürfte der Gedanke gekommen sein, daß, wenn die Bemühungen der Societas hätten fortgesetzt werden können, die Geschichte der Meteorologie in Europa sich ganz anders entwickelt haben würde. Doch die glücklose Gesellschaft wurde 1795 gewaltsam aufgelöst, als die fran-

114

zösische Revolutionsarmee in Mannheim einmarschierte und die Stadt zerstörte.

Da das europäische Festland unter dem Terror des Krieges litt, fiel England und Irland zunehmend die Aufgabe zu, bei der Förderung der Wissenschaften voranzugehen. Napoleon und seine Armeen waren verantwortlich dafür, daß noch sehr viel mehr von wissenschaftlichem und kulturellem Wert außer den Aktivitäten des Mannheimer Observatoriums zum Stillstand kam. Es gibt viele häßliche Episoden, die für die Zeit typisch waren, aber eine besonders traurige betraf den berühmten Jean Baptiste Lamarck. Lamarck interessierte sich für viele Wissensgebiete, von denen eins mit dem von Howard eng verbunden war. Es stand ihm sogar viel näher, als sie beide sich hätten vorstellen können, denn Lamarck hatte die ersten Monate des Jahres 1802 ebenfalls an einer Klassifikation der Wolken gearbeitet.

Die europäische Wissenschaft am Ende des 18. Jahrhunderts war sehr von ihren enzyklopädischen Projekten der Klassifikation und Benennung in Anspruch genommen. Forschungsreisende kehrten mit Schiffsladungen von Exemplaren neuer und unbekannter Arten zurück, und die Suche nach sinnvollen Strukturen in der Ordnung der Natur beschäftigte das wissenschaftliche Denken zunehmend. Der schwedische Botaniker Carl von Linné (1707-1778), latinisiert Linnaeus, hatte zuvor das System der binären Nomenklatur in die Naturgeschichte eingeführt, mit der jeder identifizierbare Organismus durch zwei lateinische Namen bestimmt werden konnte. Der erste benennt die Gattung, zu der er gehört, der zweite die Art: *Ardea cinerea* zum Beispiel, der Graureiher.

Die logische Struktur des Linnéschen Systems war von Anfang an erfolgreich, sie brachte es aber mit sich, daß die Arten als beständig, eindeutig und unveränderlich eingestuft wurden, eine Vorstellung, die gewissen Widerstand hervorrief. Andere Naturforscher, wie etwa Georges Graf von Buffon, lehnten die Rigidität der Linnéschen Klassifizierung ab, die sie als unvollkommenes Ergebnis eines allzu abstrakten Ansatzes betrachteten. Für Buffon ließ sich die Natur nicht in feststehende Arten zerlegen, sondern bildete eine Reihe von Individuen, die auf vielfältige Weise miteinander verbunden sind. Aufgabe der Naturgeschichte würde es vor allem sein, Beziehungen und Modifikationen zwischen diesen Reihen von Individuen zu suchen und nicht lediglich feststehende Arten zu beschreiben.[13] Lamarck arbeitete als Professor am gut ausgerüsteten Muséum National d'Histoire Naturelle und war mit beiden Auffassungen vollkommen vertraut. Es war also für ihn durchaus naheliegend, daß er die Buffonsche Methode für seine Klassifikation der Wolken zugrunde legte. Aber Buffons System, bemerkenswert wegen seiner Betonung der Veränderlichkeit und Mutationsfähigkeit, sollte seltsamerweise nie die Autorität bei der Namengebung erreichen, die die Linnésche Ordnung erlangt hatte, selbst in einem Bereich so veränderlicher Erscheinungen wie der Wolken. Lamarck hatte sich unglücklicherweise falsch entschieden.

Jean Baptiste Pierre Antoine de Monet de Lamarck (1744-1829) kann zu den größten Pechvögeln in der Geschichte der Wissenschaft gezählt werden. Immer wieder schnitten seine Beiträge schlechter ab als die geschmeidigeren Beiträge der Konkurrenten. Die Geschichte seines Mißerfolgs bei der Wolkenklassifikation ist bezeichnend für sein glückloses Leben.

Als junger Mann hatte Lamarck im Siebenjährigen Krieg gekämpft und war verwundet worden. Als er in den sechziger Jahren des 18. Jahrhunderts nach Paris kam, war er bald gefesselt von der wissenschaftlichen Atmosphäre der Zeit. Wie bei Howard lagen auch bei Lamarck die frühen Interessen auf den Gebieten Botanik und Meteorologie, und 1799 – inzwischen arbeitete er am Naturhistorischen Museum – veröffentlichte er den ersten Band einer Serie von jährlichen meteorologischen Überblicken, der *Annuaires Météorologiques*. Die Bände bestanden überwiegend aus kunstvollen astrologischen Beschreibungen der Wirkung des Mondes und der Planeten auf die Witterung, verbunden mit Wettervorhersagen für das jeweils folgende Jahr. Und diese sollten ihrem unmäßig selbstsicheren Autor zufolge nicht als »Meinung« angesehen werden, sondern als »Fakten«.[14] Almanache und Vorhersagen waren seit langem eine beliebte Literaturform gewesen, und Lamarcks Jahrbücher verkauften sich gut, obwohl seine Prognosen kaum zutrafen. Als sie sich ständig als falsch herausstellten, behauptete der Autor nur, er habe eben »Pech« gehabt, und schob die Schuld auf den Mangel an statistischem Material.[15] Er hatte einen Aufruf veröffentlicht, in dem er seine Zeitgenossen aufforderte, Wetterbeobachtungen aufzuzeichnen und in standardisierter Form einzuschicken, aber es lag in der Natur der Sache (wie es auch Robert Hooke mehr als 100 Jahre zuvor schon erfahren hatte), daß sich niemand die Mühe machte zu reagieren. Lamarck argwöhnte eine Verschwörung, angezettelt von neidischen und überheblichen Kollegen. Der Umgang mit Lamarck war nicht ganz leicht: Er hatte nicht die Veranlagung, Freunde zu gewinnen und Menschen zu beeinflussen (eine Fähigkeit, die man im vor- wie im nachrevolutionären Frankreich brauchte); er legte sich selbst ständig Steine in den Weg durch seine Art, andere vor den Kopf zu stoßen und bei seinen Anhängern Widerspruch zu wecken. Auch die duldsamsten Freunde nahmen seine meteorologischen Almanache von Anfang an nicht ernst. Louis Cotte ging so weit zu behaupten, sie hätten »den Fortschritt der Wissenschaft behindert«.[16]

Aber die *Annuaires* sollten nicht nur Wettervorhersagen verbreiten, sondern auch zu wissenschaftlicher Forschung anregen, und im dritten Band, 1802 erschienen, kündigte Lamarck ein bedeutendes neues Projekt an, mit dem er zur »Klärung meteorologischer Phänomene« beitragen wollte.[17] Mit dem Projekt sollte unter anderem eine brauchbare Klassifizierung der Wolken aufgestellt werden, basierend auf Lamarcks scharfsinniger Beobachtung, »Wolken haben bestimmte allgemeine Formen, die durchaus nicht vom Zufall abhängen, sondern von Bedingungen, die zu kennen und zu definieren nützlich wäre«.[18]

Diese Einsicht kam der von Howard sehr nahe, und wenn Lamarck auf andere Weise daran weitergearbeitet hätte, hätte er jetzt ein eigenes Kapitel in der Geschichte von Wolken und Wetter. Aber trotz der entscheidenden Erkenntnis, daß jede Wolke mit Hilfe einer begrenzten Zahl von Grundformen beschrieben werden könnte, sah er, Buffon folgend, Wolken weiterhin als individuelle Gebilde an und nicht als Arten im Sinne der Linnéschen Spezies. Eine zu entwerfende Terminologie der Wolken würde also diese Auffassung spiegeln müssen, und es gab Hunderte von Wolken zu beschreiben. Lamarck ging das Problem an, indem er anfangs größere Familien von Wolken benannte, die sich oberflächlich durch ihre Erscheinung unterschieden. Er hatte noch keine Ahnung, wie viele Wolkenfamilien er letztlich zu beschreiben haben würde. Die folgenden fünf waren die ersten Gruppen:

> *En forme de voile* (schleierartige Wolken)
> *Attroupés* (Wolkenmassen)
> *Pommelés* (gescheckte Wolken)
> *En balayeurs* (Besenwolken)
> *Groupés* (in Gruppen gehäuft).

Gewisse Aspekte dieser locker beschreibenden Termini klingen auch bei Howard an, so entsprechen etwa die »Besenwolken« Cirrus, und »gescheckte Wolken« Altocumulus, aber genau wie bei früheren Versuchen, die Wolken zu benennen, zeichneten sich Lamarcks Namen durch einen Mangel an Spezifizierung und Präzision aus. Sie konnten weder eine Wolke genau bestimmen, noch ihre Fähigkeit, sich zu verändern.

Er fuhr fort und veröffentlichte in den folgenden Ausgaben des Jahrbuchs weitere Bezeichnungen wie *Nuages moutonnées* (Kräuselwolken), *Nuages en lambeaux* (Fetzenwolken), *Nuages en barres* (Wolkenbänder) und *Nuages en coureurs* (schnellziehende Wolken); Namen, denen aber auch die Qualitäten fehlten, die für eine neue wissenschaftliche Terminologie nötig gewesen wären. Noch später versuchte er sekundäre beschreibende Adjektive einzuführen, etwa »isoliert«, »dunkel« und »wellig«. Er glaubte, daß es nur eine Frage der Zeit sei, bis jede Wolkenart durch ein umfassend beschreibendes Register ihrer Formen identifiziert werden könnte.[19] Lamarck hatte recht, als er das annahm, aber aus den falschen Gründen.

Es war nicht anders als bei früheren Versuchen zur Klassifizierung der Wolken. Wie Hooke in den sechziger Jahren des 17. Jahrhunderts und die Societas Meteorologica Palatina in den achtziger Jahren des 18. Jahrhunderts hatte Lamarck wieder nur einen Satz von beschreibenden Ausdrücken entwickelt, die sich weithin auf sekundäre Eigenschaften der Form, Farbe und Struktur bezogen. Die Bildung und die Veränderung von Wolken wurden nicht erklärt. Ob »haarig« oder »wellig« (Hooke), »streifig« oder »milchig« (Societas), »schleierartig« oder »zerfetzt« (Lamarck), all diese Bezeichnungen dienten nur einer allgemein beschreibenden Darstellung des Himmels. Und auch wenn Lamarck in diesem Fall versucht hatte, eine entschiedene Typologie der Wolken zu formulieren, seine Termini litten alle an der gleichen Ungenauigkeit.

Lamarcks Bezeichnungen waren tatsächlich in einem eigenartig idyllischen Französisch formuliert, das an die Sprache des Revolutionskalenders erinnerte. Dieser neue Kalender gehörte in den Rahmen des Versuches, den Fluß der Zeit zu dezimalisieren; er wurde im Juli 1793 vom Nationalkonvent beschlossen. Der legte zugleich rückwirkend fest, daß im September 1792 das Jahr Eins begonnen hatte, von dem aus alle zukünftigen Jahre gezählt und benannt werden sollten. Dieser Bruch mit der Gregorianischen Zeitrechnung sollte den Bruch mit der ganzen Geistesgeschichte des vorrevolutionären Frankreich deutlich machen, einen Bruch, der untermauert wurde durch die

Abschaffung der Monarchie im gleichen Jahr und die erklärte Wiedergeburt der früheren Nation als Republik. Als Geburtstag der neuen Republik wurde der 22. September festgelegt, die Herbst-Tagundnachtgleiche; das schien der geeignete Moment, an dem das neue Frankreich in Raum und Zeit als autonom angesehen werden konnte. Durch die Neuordnung des Kalenders sollten das Land und seine nationale Identität symbolisch dem Volk zurückgeben werden.[20]

Die mathematischen und bürokratischen Fähigkeiten, die nötig waren, um das Jahr kalendarisch neu zu bestimmen, fand man bei Gilbert Romme und einer Reihe von Astronomen; die Aufgabe, Namen für die neuen Monate und Tage auszudenken, fiel dem beliebten Bühnenschriftsteller Fabre d'Eglantine zu, einem Freund und Anhänger Dantons. (Keine glückliche Freundschaft: Sie wurden 1794 gemeinsam guillotiniert.)

In dem neuen System war das Jahr nach dem Vorbild des altägyptischen Kalenders unterteilt in zwölf gleiche Monate von 30 Tagen; die übrigbleibenden fünf Tage (oder sechs in einem Schaltjahr) waren bestimmten Festen gewidmet und wurden an den letzten Monat angehängt. Jeder Monat bekam einen neuen republikanischen Namen nach meteorologischen Gesichtspunkten und bäuerlichen Merkmalen. Diese Symbolik war angemessen: Die große Mehrheit der Franzosen arbeitete in der Landwirtschaft, und die Natur hatte soviel Einfluß auf den revolutionären Konvent, wie die Ideale von Freiheit und gerechter Verteilung von Nahrungsmitteln auf diejenigen gehabt hatten, die im Sommer 1789 die Bastille gestürmt hatten.

Die Monate des Revolutionsjahrs – mit Neujahr am 22. September – waren unterteilt in Jahreszeiten, die durch die Endungen *-aire, -ôse, -al* und *-or* deutlich gemacht und unterschieden waren; Eglantine hatte sie erdacht, um den Verlauf des bäuerlichen Jahres in der Sprache und dem Herzen seines Volkes zu verankern.

Und so lauteten die neuen französischen Namen:
Vendémiaire, Weinlesemonat (22. September-21. Oktober)
Brumaire, Nebelmonat (22. Oktober-20. November)
Frimaire, Reifmonat (21. November-20. Dezember)
Nivôse, Schneemonat (21. Dezember-19. Januar)
Pluviôse, Regenmonat (20. Januar-18. Februar)
Ventôse, Windmonat (19. Februar-20. März)
Germinal, Keimmonat (21. März-19. April)
Floréal, Blütenmonat (20. April-19. Mai)
Prairial, Wiesen- oder Heumonat (20. Mai-18. Juni)
Messidor, Erntemonat (19. Juni-18. Juli)
Thermidor, Hitzemonat (19. Juli-17. August)
Fructidor, Fruchtmonat (18. August-21. September)[21]

Damit stand der Kalender für ein sowohl entchristianisiertes als auch klassenloses agrarisches System und erinnerte zugleich daran, daß die Menschen von den Gaben (und der Gnade) der Elemente abhängig waren, wobei *-dor* für griechisch »Geschenk« stand.[22]

Die neuen Namen waren den Franzosen durch Rechtsverfügung aufgezwungen, aber sie wurden im Inland wie im Ausland mit gemischten Gefühlen aufgenommen. Die Engländer ließen sich eine ironische Übersetzung einfallen: »Wheezy, Sneezy, Freezy, Slippy, Drippy, Nippy, Showery, Flowery, Bowery, Wheaty, Heaty und Sweety«. Thomas Carlyle allerdings bot in seinem Werk *Die französische Revolution* eine gemäßigte (aber nicht weniger komische) Wiedergabe an: »Vintagearious, Fogarious, Frostarious, Snowous, Rainous, Windous, Buddal, Floweral, Meadowal, Reapidor, Heatidor, Fruitidor«.

Der neugeschaffene Kalender blieb in Frankreich bis Ende des Jahres 1805 in Kraft und lieferte den Hintergrund für Lamarcks meteorologische Überlegungen, gab den Ton für seine Benennung der Wolken vor und schenkte ihr den Beiklang von Reform. Vieles andere in Frankreich wurde zu dieser Zeit standardisiert und nach dem Dezimalsystem unterteilt, Gewichte, Maße, Währung und Zeitmessung, und Lamarcks Versuch, auch die Wolken zu dezimalisieren, stand also ganz im Rahmen der revolutionären Ordnungsliebe. Aber bei einer solchen Bürde von republikanischen Adjektiven blieb Lamarcks System eine allzu schlichte Sammlung von Wörtern und wurde keine wirklich wissenschaftliche Klassifikation. Und genau wie der unpopuläre Kalender wurde sie still und heimlich aufgegeben.

Bei allen Mängeln aber war Lamarcks Klassifizierung die erste, die darauf hinwies, daß die Wolken durch ihre Höhe eingeteilt werden könnten, in hohe mittlere und tiefe Schichten. Diese Überlegung leuchtete ein, und als 1896 in Paris der Internationale Meteorologische Kongreß stattfand, übernahm er die Lamarcksche Fassung der drei Höhenkategorien die noch heute benutzt werden: Hohe Wolken (wie Cirrus), die sich in fünf bis dreizehn Kilometer Höhe bilden; mittelhohe Wolken (wie Altostratus), die sich in zwei bis fünf Kilometer Höhe bilden, und tiefe Wolken (wie Cumulus und Stratus) in Höhen von weniger als zwei Kilometern. Aber in jeder anderen Hinsicht hinterließ Lamarcks System keine Spuren, nicht einmal in Frankreich. Lamarcks Bezeichnungen blieben außerhalb der international eingeführten Sprache der taxonomischen Nomenklatur. Dazu trug erheblich bei, daß er das Französische dem Lateinischen vorzog. Schließlich sind Wolken ein globales Phänomen – *Nuages sans frontières* –, und außerdem waren Frankreichs nächste Nachbarn England und Deutschland nicht in der Stimmung, auf dem Höhepunkt der französischen Revolutionskriege eine französische Nomenklatur zu übernehmen. Das wäre einer linguistischen Invasion gleichgekommen.

Es gab jedoch noch einen weiteren Grund für Lamarcks meteorologischen Abstieg wie für Howards ungehinderten Aufstieg, einen Grund, der in direkter Verbindung mit Napoleons militärischen Aktivitäten stand.

Seit 1793 lagen England und Frankreich im Krieg; der Friede von Amiens (am 25. März 1802 unterzeichnet) hätte zwar den Feindseligkeiten ein für allemal ein Ende

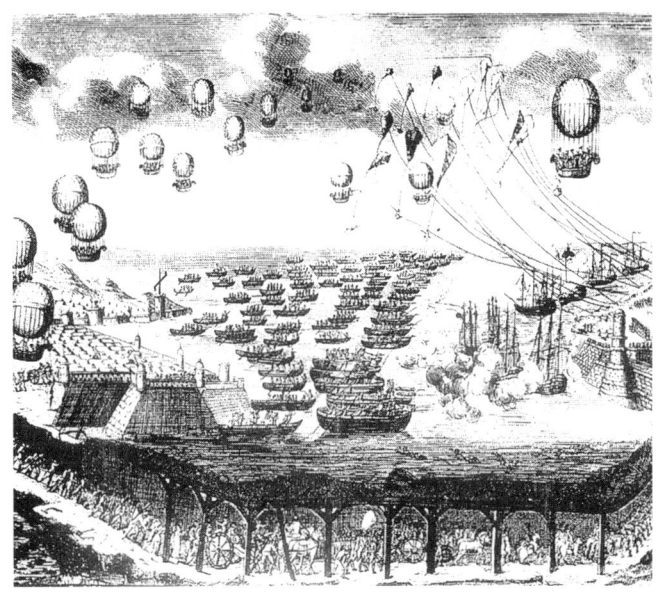

Abb. 9: So stellte sich Hulton Getty eine
französische Invasion Englands vor.

setzen sollen, aber innerhalb von Wochen war klar, daß
gegen den ungezügelten Expansionsdrang der Franzosen
unter Napoleon etwas unternommen werden mußte. Eines der Gerüchte von Napoleons imperialistischen Absich-
ten war das einer geplanten Invasion Englands mit Hilfe
von Truppentransportern, Tunnels und der neuen Technik
des Fliegens (Abb. 9). Schließlich wurde nichts aus der
Invasion, aber die Freiwilligenverbände sammelten sich
schon an der Küste, und das Land bereitete sich auf das
Schlimmste vor.

Krieg und Revolution bildeten so den Hintergrund für
beide Wolkenklassifikationen um die Jahrhundertwende und gaben der nicht bewußten wissenschaftlichen
Konkurrenz allgemeinere historische Bedeutung. Der erwähnte pensionierte Hauptmann Hayman Rooke, der

Amateurmeteorologe aus Mansfield Woodhouse, gab die Stimmung der Zeit in seinem »Meteorologischen Register« für 1802-03 wieder:

Bemerkenswerte Ereignisse.

Das bemerkenswerteste in diesem Jahr ist die angedrohte Erscheinung eines vorüberziehenden höllischen Meteors, der mit seinen teuflischen Satelliten bereits einen großen Teil Europas verwüstet hat; jetzt droht sein nördlicher Kurs mit der Zerstörung dieser glücklichen Insel durch Sturm und Feuer; aber wir dürfen hoffen, daß unter dem Schutz der göttlichen Gnade der Donner der britischen Kanonen zu See und zu Land stark genug sein wird, diesen verheerenden feuergefährlichen Meteor explodieren und sich in Dampf auflösen zu lassen.[23]

Hauptmann Rooke hatte allen Grund, zufrieden zu sein mit seinen militärisch-meteorologischen Metaphern, die zu einem Zeitalter paßten, das von militantem und wissenschaftlichem Chauvinismus geprägt war. Erstaunlich, wie hier jemand die meteorologische Sprache in militärischem Zusammenhang verwendete. Wissenschaftliche Bezeichnungen und Vorstellungen waren bereits seit der kopernikanischen Revolution des Weltbildes und auch seit den revolutionären chemischen Entdeckungen in die Umgangssprache eingesickert (tatsächlich ist der Begriff Revolution selbst aus der Kosmologie entlehnt), aber Rooke benutzte bewußt ein vielsagendes Wortspiel, das das Bild der Witterung mit dem gewalttätigen historischen Wirken des Krieges verknüpfte. Hundert Jahre später, in den frühen zwanziger Jahren des 20. Jahrhunderts, wurde dieser Vorgang metaphorisch umgekehrt, als Meteorologen der Bergener Schule die schmalen Grenzflächen zwischen Luftmassen als »Fronten« bezeichneten, nach den Trennungslinien zwischen Kampfgebieten im Ersten Weltkrieg. Fronten in der Meteorologie bezeichnen Pufferzonen zwischen ziehenden Massen warmer und kalter Luft, die zu einem großen Teil für die Gewalt des Wetters und die rastlose Energie der Wolken verantwortlich sind; so war das Bild der Schlacht wohlgewählt.

Hauptmann Rooke hatte auch Scharfblick bewiesen, als er Napoleon (der sich 1804 zum Kaiser krönte) mehr als System denn als Individuum sah. Bonaparte las eifrig romantische Literatur, hatte aber eine schlechte Meinung von astrologischen Schriften. Almanache, Ephemeriden und andere Formen von Himmelsliteratur und Sinnsprüchen wurden in Europa wie in Nordamerika seit langem gern gelesen; von *Old Moore's Almanac*, der 1700 zum erstenmal veröffentlicht worden war, wurden am Ende des Jahrhunderts jährlich 400 000 Exemplare verkauft! Die regelmäßigen Versuche der Almanachschreiber, das Wetter vorherzusagen, waren ein Überbleibsel aus alten Zeiten, in denen die Astrologie die Betrachtung sowohl himmlischer als auch irdischer Ereignisse bestimmt hatte, und diese Verknüpfung wurde von Lamarck in seinen *Annuaires Météorologiques* noch gefördert, was andere Wissenschaftler zur Verzweiflung brachte und auch Napoleon verärgerte.

Daß es notwendig war, die Meteorologie aus dem Zusammenhang mit den Tierkreiszeichen zu lösen, war seit Aristoteles immer wieder ausgesprochen worden, und Napoleon, der die wissenschaftliche Ungeduld mit Lamarck teilte, hatte schon nach einer Gelegenheit gesucht, ihn von seinen astrometeorologischen Bemühungen wegzuloben. Die Möglichkeit bot sich an einem Winternachmittag des Jahres 1809 in Paris, als Lamarck versuchte, Napoleon feierlich ein offizielles Geschenk zu überreichen, ein gebundenes Exemplar seiner *Philosophie Zoologique*. Der Kaiser wies das Geschenk ungeduldig zurück, weil er es irrtümlich für die neueste Ausgabe der verachteten *Annuaires* hielt. Dafür nahm er die Gelegenheit wahr, Lamarck wegen seiner unseligen Beiträge zur Wissenschaft von der Atmosphäre zu tadeln; er wies ihn an, den Mond und die Wolken und seine astrometeorologischen Überlegungen zu vergessen und sich statt dessen auf die

Evolutionsbiologie zu konzentrieren, das sei die Wissenschaft der Zukunft in Frankreich.

Napoleon hatte bereits den Revolutionskalender abgeschafft, nun hatte er das gleiche mit allen derartigen Almanachen und *Annuaires* vor. Daß der Kaiser es ernst meinte, war deutlich, und der verwirrte, gedemütigte und sprachlose Lamarck sah seine meteorologische Laufbahn plötzlich und traurig enden. Er sollte nie wieder etwas über das Thema schreiben, abgesehen von einem Beitrag im *Nouveau Dictionnaire d'Histoire Naturelle*, in dem er sich bitter über die Behandlung durch Napoleon beklagte. Nach einem Leben voller spekulativer Mühen und administrativer Streitereien starb er 1829 blind, verarmt und buchstäblich unbekannt.[24]

Die Ironie des Schicksals: Sein beabsichtigtes Geschenk, die *Philosophie Zoologique*, würde dem Kaiser sehr gefallen haben, denn sie befaßte sich mit den grundlegenden Diskussionen der Biologie, die Darwin später mit größerem Sachverständnis und in größerem Rahmen fortführen sollte. Aber J. B. Lamarcks tragisches Schicksal ließ sich nicht abwenden. Sein Stern sank schnell, und damit war das Gebiet der Nephologie freigemacht für die Sprache des Bürgers Howard.

Kapitel 7
Die Veröffentlichung

> Oft, wenn er das blaue Himmel-
> Gebild durchlief, und die vorm Winde
> forttreibenden Wolken bemerkte,
> wollte er bey Tausenden gloriose
> Systeme baun, und grosse Ideen bey
> Tausenden erfüllten seinen Geist:
> – Nur daß sie mit den Wolken entflohn,
> und keine Spur zurüke liessen.
>
> *James Thomson, 1748*[1]

Wenn wir an die epochemachenden technischen Entwicklungen denken, die aus den wissenschaftlichen Revolutionen hervorgingen, fällt uns vielleicht das Kanalnetz ein, die Dampfmaschine oder Richard Arkwrights Spinnmaschine. Dabei ist aber eine der größten – und fast immer übersehenen – Erfindungen die der bescheidenen wissenschaftlichen Fachzeitschrift. Fachzeitschriften gehören zu den wichtigsten wissenschaftlichen Fortschritten aller Zeiten, denn ohne sie kann es kaum einen Austausch über Wissenschaft und Technik geben, und ohne Austausch keine Gemeinsamkeit. Wissen bedeutet schließlich nichts, wenn es nicht mit vielen anderen geteilt wird. »Nur jeder kann die Wahrheit kennen«, hat Goethe treffend formuliert. Kein Wunder, daß das Internet mit seinen phänomenalen Möglichkeiten der Kommunikation und Wissensspeicherung vor allem und zunächst als Wissenschaftsmedium begrüßt worden ist. Artikel in Fachzeitschriften hatten – wie das Internet – die Kraft der Unmittelbarkeit; wenn sie aber zu Jahrgangsbänden gebunden wurden, wuchs eine Zeitschrift auch zur Chronik eines gemeinsamen intellektuellen Forschreitens heran. Zeitschriften hatten gegenüber Büchern mehrere Vorteile: Sie waren billiger, sie waren leichter zu transportieren, und sie erwiesen sich als geeigneter, Fakten und Ereignisse rasch und präzise mitzuteilen. »Die Post hat genausoviel zur Förderung der Wissenschaft beigetragen wie die British Association selbst«, schrieb ein Autor des *Quarterly Journal* der Meteorological Society einmal, und die Folgen der schnellen und billigen Versendung von Briefen, Zeitschriften und auch Büchern in der ganzen gebildeten Welt sollten nicht unterschätzt werden.[2]

Das erfolgreichste frühe Beispiel für eine wissenschaftliche Zeitschrift waren die *Transactions of the Royal Society* gewesen, aber sie hatten gelitten unter den hohen Kosten und dem beschränkten Absatz nur unter Mitgliedern der Royal Society und ihren Freunden, von denen viele aristokratische Förderer gar nicht selbst wissenschaftlich tätig waren. Zunehmend machte sich das Bedürfnis bemerkbar, wissenschaftliche Blätter zu modernisieren und auf ein größeres und aufgeschlosseneres Publikum einzustellen. Es war etwas Neues nötig, das zeigte, eine wieviel größere Rolle Wissenschaften im öffentlichen Leben spielten. Also wurde jemand gebraucht, der so etwas durchsetzen konnte. Der energische, ehrgeizige und bereits erfolgreiche Verleger Alexander Tilloch war genau der richtige Mann für diese Aufgabe.

Alexander Tilloch war 1759 in Glasgow geboren, als Sohn von John Tulloch, einem erfolgreichen Tabakgroßhändler und Stadtamtmann. Wie Howard kam er aus einer Familie, die erst in neuerer Zeit wohlhabend geworden war, aber im Gegensatz zu Howards Lebensverhältnissen waren die in Tullochs Jugend angenehm und intellektuell zufriedenstellend gewesen. Nach dem Besuch der Universität Glasgow, die damals eine der größten Hochschulen der Welt war, ging der 28jährige Alexander Tulloch 1787 nach London. Bei der Gelegenheit anglisierte er seinen Nachnamen und änderte ihn in das leichter zu sprechende Tilloch. Vielleicht hatte er, wie Boswell vor ihm, erfahren müssen, welches Hindernis eine schottische Herkunft im England des 18. Jahrhunderts darstellen konnte.

Mit dem Geld seines Vaters kaufte Tulloch, jetzt Tilloch, eine Mehrheitsbeteiligung am *Star and Evening Advertiser* und machte sich gleich daran, das Blatt nach seinen eigenen Ambitionen umzugestalten. Tillochs Begabung als Zeitungsverleger lag darin, daß er einen Blick für Geschmack und Tendenzen der Zeit hatte, und unter seiner Leitung erwarb sich der *Star* schnell selbst den Ruf der Modernität. Als Tilloch im Frühjahr 1789 Robert Burns, den Pflüger-Poeten, überredete, ein paar lästerliche politische Spottgedichte beizutragen, führte dies zu einer erfreulichen und lukrativen Kontroverse. Burns leugnete zwar öffentlich die Urheberschaft an den Gedichten, von denen eines seine Gönnerin schmähte, die Herzogin von Gordon (»Ihre Gnaden war die schmutzigste von allen«), aber seine Proteste machten wenig Eindruck in den Londoner Kreisen.[3] Kein Zweifel, Tilloch und seine Mannschaft hatten ein Gespür für Timing und Publicity und dazu ein Talent für Volkstümlichkeit. Burns stand damals auf dem Gipfel seines neuen Ruhms und wirkte auf die Londoner Leser Tillochs exotisch und reizvoll: ein dichtender Bauer aus den keltischen Randbezirken, dessen Respektlosigkeit die Faszination nur noch vergrößerte. Seine Gönnerin vergab ihm bald dieses *Jeu d'esprit*, und innerhalb kurzer Zeit war alles vorbei.

Tilloch hatte aber auch bald gemerkt, daß andere, beständigere Tendenzen an Einfluß gewannen. Wissenschaft und Technik aller Arten und Formen und Anwendungsmöglichkeiten fesselten die Leser zunehmend. Ihm schien die Zeit gekommen, das Medienangebot zu erweitern, und als Tilloch 1798 das *Philosophical Magazine* gründete, war er einer der ersten, die merkten, welche verlegerischen Chancen die Wissenschaften, besonders in ihrer populären Form boten. Er erkannte, daß die Hörer, die sich lärmend in die Vorträge und Vorführungen drängten, leicht in eine Leserschaft verwandelt werden konnten. Schließlich hatte er Erfahrungen aus erster Hand, denn er war der Askesian Society bald nach ihrer Gründung beigetreten. Als Besitzer und Herausgeber des *Philosophical Magazine* besuchte er viele Vorträge und hielt immer Ausschau nach vielversprechendem Material. An jenem entscheidenden Dezemberabend 1802 wußte er, daß er etwas gefunden hatte. Er sorgte dafür, daß er Luke Howards Essay über die Wolken unter Vertrag hatte, bevor jemand anderes auf die Idee kommen konnte, ihn zu veröffentlichen.

Tatsächlich hatte Tillochs Zeitschrift nur einen ernsthaften Konkurrenten: William Nicholsons *Journal of Natural Philosophy, Chemistry and the Arts*, dem exklusiven Kreis seiner Leser kurz als *Nicholson's* bekannt. Nicholsons Zeitschrift war ein Jahr vor der von Tilloch gegründet worden, aber sehr bald machte sich der Erfolg des jüngeren Blattes bemerkbar. Der Ruf von Tillochs Zeitschrift hatte den von Nicholsons bald übertroffen und die Auflage seines Konkurrenten erheblich geschmälert. Nicholson war ein Lehrer und Chemiker, der sein Leben lang in finanziell beengten Verhältnissen leben mußte. Selbst seine berühmte Zeitschrift konnte ihn nicht retten, nachdem sie gegenüber der von Tilloch so ins Hintertreffen geraten war. *Nicholsons's* war eigentlich nur ein Forum für Rezensionen, das eher Diskussionen von Neuerscheinungen bot, als sich direkt mit den oft aufregenden Forschungsarbeiten zu beschäftigen. Gerade diese Art von direktem Engagement war aber von Anfang an Prinzip bei Tillochs Zeitschrift und sicherte ihr das Interesse der Leser und den entsprechenden wirtschaftlichen Erfolg.

Gegründet war sie als allgemeinwissenschaftliche Monatszeitschrift, und ihr Zweck war, wie im Vorwort zum ersten Sammelband verkündet wurde, »philosophisches Wissen in allen Schichten der Gesellschaft zu verbreiten und der Öffentlichkeit so früh wie möglich Berichte über alles zu liefern, was in der wissenschaftlichen Welt neu und merkwürdig« war. Und wie um jeden Zweifel an der Reichweite der Informationen zu zerstreuen, enthielt die erste Nummer vom Juni 1798 auf ihren 112 Seiten im Oktavformat Artikel, die vom »Bericht über zwei einzigartige Meteore, die kürzlich in Frankreich gesichtet wurden« über Mutmaßungen zum Einfluß des Magnetismus auf Chronometer, Hinweise zur Prüfung der Reinheit von Wein, Versuche zu einem neuen Rezept für unbrennbares Papier und einen Bericht aus der Holländischen Botschaft am Hof zu Peking bis zur Geschichte von zwei Elefanten reichte, die von Paris nach Den Haag transportiert worden waren.

Die Zeitschrift enthielt außerdem Zusammenfassungen von Konferenzen gelehrter Gesellschaften und Nationalinstitute auf dem Kontinent, wie der wiedererrichteten (wenn auch nicht mehr Königlichen) Académie des Sciences in Paris. Die Leserschaft wußte meist wenig von der Kultur des Auslands und von diesen ausländischen Institutionen, sie war gierig nach Informationen aus erster Hand, wie sie nur Zeitschriften wie die von Tilloch oder Nicholson bieten konnten. Die beiden Blätter fochten ihre Konkurrenz über ein Jahrzehnt aus; Nicholson versuchte 1802 einen neuen Start in neuem Gewand, aber der Schotte behielt weiterhin die Oberhand über seinen Rivalen.

Die Kämpfe der beiden Herausgeber wurden auf der Ebene direkter persönlicher Identifikation mit ihren Produkten ausgetragen. Es war ungewöhnlich für die Zeit, aber beide, Nicholson wie Tilloch, setzten ihren eigenen Namen deutlich auf die Titelseite jeder Nummer. Nicholson versuchte diese Praxis zu rechtfertigen und rückte einen Hinweis ein, in dem er behauptete, die herkömmliche Anonymität hindere »Männer von Rang und Namen daran, offen mit den Direktoren unserer Zeitschriften zu korrespondieren«, womit er natürlich sagen wollte, daß er es gern hätte, wenn jeder seinen Namen kannte. Die Beseitigung dieses Hindernisses, beharrte er, könne der Verbreitung von Kenntnissen nur förderlich sein. Jedenfalls förderte sie die Kenntnis des Namens der jeweiligen Herausgeber, die sich bald gezwungen sahen, sich gegen den Vorwurf der Eitelkeit zu wehren.

Nicholson mußte dann auch noch seine Verwendung der ersten Person Singular verteidigen, das journalistische »Ich«, das er gegen alle wissenschaftliche und gelehrte Gepflogenheit in die von ihm selbst verfaßten Texte eingeführt hatte. Er sah keinen Grund, »sich zu verbergen«, wie er es nannte, und sein aufmerksamer Konkurrent Alexander Tilloch ebensowenig, der sich bald in all diesen taktischen Manövern als überlegen erwies.

Besitz und Herausgeberschaft einer Zeitschrift wurden ein neuer Weg zu öffentlicher Anerkennung, ein Szenario, das uns noch heute vertraut ist. Nicholson entwickelte neue Strategien, um seinen Titel über Wasser zu halten, und führte sogar »Lifestyle«-Artikel ein, wie einen Essay über die Kunst des Rasierens und andere »Philosophische Abhandlungen zu den Abläufen des normalen Lebens«. Aber 1813 war das Spiel wirklich aus. Tilloch kaufte das Konkurrenzprodukt und ließ es in seinem Magazin aufgehen, das er dann in einer großen Geste umbenannte in *Philosophical Magazine and Journal*. Der Kampf gegen Nicholson war endlich vorbei; dabei war das *Philosophical Magazine* schon 1802 der unbestrittene Marktführer mit einer sehr treuen Leserschaft gewesen.

Tillochs Leser gehörten nicht der gebildeten Oberschicht an, deren ewig gleicher Lebensweg – Eton, Oxford, ein komfortabler Sitz im Unterhaus und dann vielleicht die Mitgliedschaft in der Royal Society – sich selbst ein bißchen überlebt hatte. Die Leser des *Philosophical Magazine* waren ganz im Gegenteil die hart arbeitenden Angehörigen der gewerbetreibenden und praktisch tätigen Schichten, die die Zuhörerschaft bei Vorträgen, Vorführungen und Ausstellungen ständig vergrößerten. Diese Männer und Frauen sollten bald in die aufblühenden literarischen und philosophischen Gesellschaften eintreten, die öffentlichen Büchereien nutzen und dann, in späteren Jahrzehnten, die neuen Universitäten; durch Bildung erlangten sie ein intellektuelles Kapital.

Diese Leserschaft war breiter, als es die der *Philosophical*

Transactions gewesen war, und in mancher Hinsicht auch besser informiert, jedenfalls was die technischen Dinge des Alltags betraf. Auf jeden Fall aber war sie anspruchsvoller. Ihr gehörten Handwerker und Industrielle an, Gewerbetreibende und Arbeiter; manche waren wohlhabend und erfolgreich, die meisten waren es nicht. Bildung war für sie eine neue, erfrischende Chance, nicht mehr eines der langweiligen Privilegien einer feinen Geburt. Das spiegelte sich in Ton und Stil der Zeitschrift, die um jeden Preis die Langeweile grauer Theorie zu vermeiden versuchte. Von der ersten Nummer an hatte Tilloch zum Beispiel das Verfahren eingeführt, längere Artikel in monatliche Fortsetzungen aufzuteilen, so daß jeder Teil mit dem quälenden, aber wirkungsvollen Satz endete: *Fortsetzung folgt*. Die Abonnements stiegen steil an.

Mitglieder der Askesian Society vom Plough Court, wie William Allen und sein Freund und Partner Luke Howard, waren typische Leser und Abonnenten und, wie Tilloch bald merken sollte, sehr gute freie Mitarbeiter. Als Luke Howard im Dezember 1802 aufgefordert wurde, seinen Aufsatz über die Wolken einzureichen, war die Zeitschrift sicher die bekannteste wissenschaftliche Publikation in Großbritannien. Howard hatte allen Grund, sich über diese Aussicht auf Veröffentlichung zu freuen.

Howard war zunehmend überzeugt, daß seine Ansichten über Wolkenformen sinnvoll und richtig waren. Sie waren schließlich bei seinem Vortrag in der Askesian Society sehr gut aufgenommen worden. Aber würden sie auch gedruckt standhalten? Jeder, mit dem er darüber sprach, schien es zu glauben. William Allen und die anderen Askesianer unterstützten und ermutigten ihn natürlich, und der junge Silvanus Bevan von der Plough Court Apotheke (einer der Urenkel des Gründers), der Howard manchen Abend bei der Herstellung der Illustrationen geholfen hatte, freute sich, daß auch sein Name bald gedruckt erscheinen würde, in der Danksagung am Schluß. Es ging dann alles sehr schnell – wie immer, wenn Tilloch seine Hand im Spiel hatte: Plötzlich sollte ein neues Kapitel in der Geschichte der Wolken geschrieben und publiziert werden.

Howards redaktionelle Sitzungen mit Tilloch waren kurz, aber ermutigend, auch wenn sie in Wahrheit weniger Sitzungen waren als eine Reihe von gesprochenen Anweisungen des Verlegers: »Schreiben Sie es um, erweitern Sie, ordnen Sie die Abschnitte neu, lassen Sie die Zeichnungen deutlicher machen und schicken Sie mir das Material zu, sobald Sie können … Worauf warten Sie noch?«

Howard ging, wie geheißen, und arbeitete über Weihnachten und Neujahr konzentriert und umfassend an seinem Papier. Er fügte frühere Beobachtungen hinzu, die er aus Zeitgründen beim Vortrag ausgelassen hatte, und erweiterte seinen Text um neue und weniger abgesicherte Überlegungen, die ihm während langer Diskussionen nach seinem Vortrag nahegebracht worden waren. Er fügte auch Abschnitte über die Entstehung von Tau und über die Verdampfung von Wasser bei unterschiedlichen Temperaturen hinzu und vervollständigte den Text mit Zitaten aus einem Essay, den John Dalton geschrieben hatte, ein befreundeter Quäker, der Physik am neu gegründeten Dissenters' College in Manchester unterrichtete.

John Dalton (1766-1844) war eine Schlüsselfigur in der wissenschaftlichen Szene Nordwestenglands. Er hatte vielfältige Interessen und entsprechende Kontakte, er arbeitete über Farbenblindheit (an der er selbst litt und die er erstaunlicherweise bei sich selbst diagnostizierte), über die Löslichkeit von Gasen und über die atomare Struktur der Materie sowie über Meteorologie, sein frühestes und langlebigstes Interesse. Dalton steckte ständig in finanziellen Schwierigkeiten und baute sich seine Instrumente selbst, aus Teilen, die er hier und da sammelte; mit denen registrierte er die Wetterbedingungen und führte über ein halbes Jahrhundert Tagebuch darüber.

Daltons Journale bildeten die Grundlage für sein erstes Buch von 1793, *Meteorological Observations and Essays*, mit dem er persönlich den Sprung von der schlichten Sammlung von Wetterberichten zum Versuch einer Analyse der Physik der Atmosphäre schaffte. Dalton untersuchte auch als erster die Beziehungen zwischen Kondensation und der Ausdehnung der Luft, und er war es schließlich, der als erster erkannte, daß Tröpfchen aus Wolken fallen und nicht in der Luft schweben, wie es scheint. Wenn Wasser einmal aus seinem dampfförmigen Zustand zu Tropfen von Flüssigkeit kondensiert, unterliegen diese der Schwerkraft. Konvektion sorgt für die Aufwärtsbewegung; Schwerkraft für ihr Gegenteil.

Dieser von Dalton verfolgte Gedanke, daß Wolken schlicht den Gesetzen der Physik unterliegen, beflügelte Howard; er erweiterte die Abschnitte über die Physik der Wolkenbildung, die er »Nubifikation« nannte. Dieser Oberbegriff bezog sich auf die gesamte Entwicklung des Dampfes von seiner Entstehung an der Erdoberfläche bis zur »Produktion einer Wolke, die aus sichtbaren Tropfen besteht und begrenzt ist auf einen bestimmten Raum in der Atmosphäre«.[4] »Nubifikation« umfaßte das gesamte Spektrum nephologischer Zusammenhänge, aber im Gegensatz zu Howards anderen Termini hat sich dieser nie recht durchgesetzt.

Am 26. Januar 1803 brachte Mariabella Howard ihr zweites Kind, wieder eine Tochter, zur Welt. Sie wurde Elizabeth genannt, nach Luke Howards Mutter und seiner Schwester. Daß er sich um seine Familie kümmern mußte, verschaffte ihm eine kleine Pause bei seinen nephologischen Arbeiten.

Luke Howard zeigte als Vater seine Liebe und sein Verständnis offener, als es sein Vater Robert getan hatte. Seine Kinder und Enkel schätzten seine sanfte, lehrreiche Gesellschaft, obwohl er, wie einer von ihnen schrieb, »immer an etwas ganz anderes zu denken schien«.[5] Auch während der Geburt Elizabeths schienen ihm die Wolken im Kopf herumzugehen wie eh und je, und während seine Frau im Wochenbett lag, befaßte er sich mit der Ausarbeitung der Ergebnisse seiner Beobachtungen. Als er im April 1803 die umgeschriebene Fassung an Alexander Tilloch schickte, war der Essay von ein paar Seiten mit handgeschriebenen Notizen zu einem Artikel von 15 000 Wörtern angewachsen, 50 Quartseiten unliniertes Papier. Luke Howard war zufrieden mit sich und seinen Bemühungen, denn es war eine große Arbeit geworden, die nicht nur den Keim zu einer Idee enthielt, sondern bereits einen vollständig ausgearbeiteten Gedankengang.

Wolken, alles andere als nur »luftige Nichtse« über der Landschaft, waren zum Thema »ernsthafter Theorien und empirischer Forschung« geworden; es wurde deutlich gemacht, daß sie »beim Entstehen, dem Schweben und der Zerstörung beherrscht waren von denselben feststehenden Gesetzen, denen auch alle anderen Naturerscheinungen unterliegen«.[6] Tilloch, der trotz seines burschikosen Umgangstons ein ernsthafter und umsichtiger Verleger war, wußte, daß der Essay es wert war, ungekürzt veröffentlicht zu werden. Ein wenig Textredaktion, ein paar winzige Berichtigungen, und schon war er druckfertig.

Alexander Tilloch hatte wieder eine Sensation zu bieten.

Den Kern von Luke Howards Essay *Über die Modificationen der Wolken* bildete die scharfsinnige – und Lamarckische – Erkenntnis, daß Wolken vielerlei individuelle Gestalt annehmen, aber von nur wenigen Grundformen ausgehen. Sowohl die verschiedenen Gestalten als auch die Grundformen sind bestimmt durch die physikalischen Prozesse, die das in der Atmosphäre befindliche Wasser, ob es nun gasförmig oder flüssig oder fest ist, beeinflussen. Auch wenn wegen der Instabilität der umlaufenden Atmosphäre immer schnell überraschende Schwierigkeiten und Verwicklungen auftauchen, sind die physikalischen Prinzipien der Wolkenbildung so verständlich wie jeder andere Ablauf in der Natur. Wolken waren nun dem Erkenntnisvermögen der Menschen nicht mehr entzogen, und Howard, der sowohl ein System der Analyse als auch eine umfassende lateinische Nomenklatur für Familien und Gattungen beitrug, hatte mehr als sonst jemand dafür getan, diesem Verständnis den Weg zu bereiten.[7]

Die Wolkenbildung hängt ab von der Temperatur, der Feuchtigkeit und dem Druck der Wasserdampf enthaltenden Luft. Je wärmer ein Luftpaket ist, desto mehr Wasserdampf kann es enthalten, ohne daß man etwas sieht. Umgekehrt kann die Luft, wenn sie abkühlt, immer weniger Wasserdampf halten, bis sie den sogenannten Taupunkt erreicht: Der Taupunkt ist die Temperatur, bei der Wasserdampf kondensiert zu winzigen sichtbaren Tröpfchen. Wenn die Luft ihren Taupunkt erreicht hat, sagt man, sie sei gesättigt: Die relative Luftfeuchtigkeit beträgt 100 Prozent. Wolken bilden sich, wenn die Luft durch Konvektion oder eine andere Art von Auftrieb aufgestiegen ist und bis zum Taupunkt abgekühlt ist; dann kondensiert die Feuchtigkeit an den Teilchen, die natürlicherweise in der Atmosphäre vorhanden sind und die damit zu Kondensationskernen werden. Diese mikroskopischen Teile von Meersalz, Pollen, Staub oder Rauch aus Feuern oder Vulkanen spielen eine bedeutende Rolle für Klima und Wettergeschehen. Wie bereits gezeigt, kann der umlaufende Schleier aus Staub das Klima über lange Zeit mit dramatischen und manchmal verheerenden Resultaten beeinflussen, aber bei der lokalen Wolkenbildung ist er lebenswichtig. Tatsächlich könnte der Wasserdampf in absolut reiner Luft ohne Teilchen und Verunreinigungen erst bei sehr hohen Übersättigungen kondensieren; sind jedoch geeignete Kerne vorhanden, so findet bereits viel früher Kondensation statt. Ein weiteres erstaunliches Phänomen aus der Wolkenphysik ist das der Unterkühlung: Wolkentröpfchen befinden sich noch bei Temperaturen um $-20°\,C$ im flüssigen Aggregatzustand. Welches die

Hauptmechanismen sind, die schließlich zur Bildung von Eisteilchen führen, ist noch nicht abschließend geklärt.

Wenn die Kondensation um diese Kerne herum stattgefunden hat, sind die winzigen Tröpfchen noch klein genug, um in der Atmosphäre zu schweben, wo sie, zu Billionen vereint, eine sichtbare Wolke ausmachen. Ein einzelnes Tröpfchen hat nur einen Durchmesser von einem Millionstel Millimeter. Je nach der Temperatur der Luft, in der sie entstanden ist, kann eine Wolke auch aus Billionen von winzigen Eiskristallen bestehen statt aus flüssigen Tröpfchen. Sehr kalte Luft in großer Höhe läßt Wassermoleküle zu Eis gefrieren und bildet dann die hohen, deutlich faserigen Wolken, die Howard in seinem Vortrag Cirrus genannt hat. Wenn die Kristalle unter dem Einfluß der Schwerkraft zu sinken beginnen, kann diese Cirruswolke zur streifigen Form eines »Pferdeschwanzes« verzerrt werden, die als Cirrus uncinus (lateinisch für »hakenförmig«) bekannt ist.

An einem warmen, sonnigen Tag wird das Wasser in einer tiefen Wolke, etwa einem Schönwetter-Cumulus, weiter nach oben verdunsten, während sie gleichzeitig von der Erdoberfläche darunter wieder aufgefüllt wird. Äußerlich macht die Wolke damit einen stabilen Eindruck; in Wirklichkeit aber unterliegt sie ständiger Veränderung. In Zeitrafferfilmen kann man das sehr gut beobachten. Selbst die stillste Wolke ist im rastlosen Aufruhr des Austauschens von Dampf begriffen. Wenn der Dampf kondensiert, wird Wärme freigesetzt, und die wiederum trägt dazu bei, aufgestiegene Luftpakete im Schwebezustand zu halten. Je nach der Kraft des Windes in den oberen Luftschichten sehen Cumuluswolken entweder aus, als hingen sie still da, oder als wanderten sie isoliert, »lonely as a cloud« frei nach Wordsworth, über den Himmel. Aber wie schnell oder wie langsam sie sich auch bewegen, ihre mittlere Lebenserwartung beträgt nur zehn Minuten.

Flaumige kleine Cumuluswolken werden durch lokale Konvektion gebildet. Wenn die Bedingungen es aber zulassen, kann eine Cumuluswolke durch umfangreiche Auffüllung groß und massiv werden. Das geschieht durch aufsteigende warme Luft, die beim Abkühlen der Wolke immer weitere kondensierende Feuchtigkeit zuführt, wobei die freigesetzte Wärme der Struktur weiteren Auftrieb verleiht. Wenn sie höher hinauf steigt, bilden sich ganz oben Eiskristalle aus unterkühlten Wassertröpfchen. Ihre positive elektrische Ladung interagiert mit der negativen Ladung, die sich weiter unten an der flüssigen Basis der Wolke aufbaut; das führt zu Blitzen, einer Erscheinung, die sich nur in größeren Cumulonimbusstrukturen einstellt. Die meisten Blitze bleiben innerhalb der Wolke, deshalb sehen wir Flächenblitze oder Wetterleuchten, aber einige schaffen es bekanntlich bis zum Erdboden, mit manchmal verheerenden Folgen.

Luke Howard war der erste Meteorologe, der systematisch die neueren Theorien zur Elektrizität anwandte bei dem Versuch, die alltäglichen atmosphärischen Abläufe zu erklären, und wenn er auch vielleicht die Rolle, die die Elektrizität bei der Bildung und Erhaltung der Wolken spielt, überbetont hat, so hat er doch einen Teilbereich der Nephologie ins Leben gerufen, der noch heute diskutiert wird. Es kann zum Beispiel sein, daß es die plötzliche Umverteilung elektrischer Ladungen durch Blitze innerhalb von Wolken ist, die den Beginn von Regen bewirkt, wie Howard vorsichtig andeutete. Veränderungen im elektrischen Zustand bewirken jedenfalls mit ziemlicher Sicherheit das Zusammenfließen der winzigen Tröpfchen zu größeren Tropfen, und das ist die Voraussetzung für Regen.

Abgesehen von den Theorien zur Elektrizität ist Howards wichtigster Beitrag zur Wissenschaft von der Atmosphäre die Benennung der Wolken in seinem Vortrag von 1802. Als der Text im folgenden Sommer gedruckt erschien, standen in einem der ersten Absätze die folgenden Worte:

»Um den Meteorologen in den Stand zu setzen, die Analyse auf die Erfahrungen anderer anzuwenden, und seine eignen Beobachtungen genau und zweckmäßig aufzuzeichnen, dürfte es nicht undienlich seyn, eine *methodische Nomenclatur* der verschiedenen Formen, unter denen das in der Atmosphäre schwebende Wasser vorkömmt, oder, mit anderen Worten, der Modificationen der Wolken einzuführen.«[8]

Howard sprach von Wolken als Modifikationen statt Gattungen oder Arten, weil er vor allem betonen wollte, daß sich die spezielle Form, die irgendeine Wolke annahm, wahrscheinlich und dauernd ändern würde wegen der ständigen Verschiebungen in der Atmosphäre. Obwohl das Linnésche System der Klassifikation für Howard Vorbild des Organisationsmodells war, vermittelten die Termini, wenn sie auf Wolken angewendet wurden, einen irreführenden Eindruck von Festgelegtheit. Und es war doch gerade die Unbeständigkeit der Wolken, der Mangel an Festgelegtheit, der die besondere Herausforderung bei ihrer Klassifizierung darstellte. Wie Lamarck zu seinem Unglück entdeckt hatte, stellen Wolken ein bewegliches Ziel vor; jede wissenschaftliche Darstellung würde sich also eher auf eine dynamische als auf eine festgelegte Sicht der Welt beziehen müssen. Als Evolutionsbiologe (oder genauer, Anhänger der Deszendenztheorie) teilte Lamarck die Ansicht, daß die Natur ein grundsätzlich veränderliches, aber ebenso grundsätzlich geordnetes System darstellt, und erklärte: »Nichts in der Natur ist unwandelbar; alle Dinge unterliegen ständigen und unausweichlichen Veränderungen, die sich aus der wesentlichen Ordnung der Dinge ergeben.«[9] Er erkannte, wie Howard, daß von Anfang an eine schlichte grundlegende Wolkenstruktur benötigt wurde, aber es gelang ihm nicht, ein befriedigendes Modell zu bieten. Vor allem fehlte ihm die Einsicht in die Organisation, und die lockere Zusammenstellung von Strukturen und Formen, die er vorschlug, war allzu kompliziert und unklar.

Luke Howard dagegen behauptete: »Das Aggregat von Tröpfchen (*minute drops*), welches man *Wolke* nennt, ist drei einfacher und bestimmter Modificationen fähig, durch welche es von einem gewissen Volum zu einem andern größern übergeht, dann abnimmt und verschwindet.« Das war eine kühne Behauptung, noch kühner durch den folgenden, bedeutsamsten Satz der Erörterung: »Dasselbe Aggregat, welches unter einer gewissen Modification entstanden ist, kann zu einer anderen übergehen, wenn die Umstände sich ringsum verändern.«[10] Wolken könnten sich sowohl in der Gattung als auch in spezieller Weise verändern oder »in einem Zwischenzustande verharren«. Sie könnten eine in die andere übergehen, nicht nur innerhalb einer Modifikation, sondern auch zwischen den Gattungen. Eine cumuliforme (haufenförmige) Wolke kann sich strecken und zur stratiformen (schichtförmigen) Wolke werden; oder aber verdunsten und durch Konvektion weiter aufsteigen und eine hohe, cirriforme (schleierförmige) Struktur annehmen. Die Gestalten des Dampfes vermischen und entmischen sich, steigen auf durch Konvektion, sinken wegen der Schwerkraft, aber die Nephologie kann jede Stufe ihrer Veränderung darstellen. Dieser scharfsinnige Ansatz legte das Fundament für die Gründung der Wissenschaft von den Wolken. Sie konnten jetzt als sichtbare Zeichen umfassender atmosphärischer Prozesse deutlicher gelesen werden.

Howard entschied sich für eine Variante der binomischen Linnéschen Klassifizierung und paßte sie der Benennung der Wolken so an, daß einerseits die sichtbaren Phänomene in eine Ordnung gebracht werden konnten, auf der anderen Seite dazwischenliegende Formen zugelassen wurden, die solche Veränderungen in den vertrauten Mustern erklärbar machten. Alles in allem war dieser Durchbruch atemberaubend: Er gestand den Wolken ihre Mobilität zu, statt zu erwarten, daß sie der Wissenschaft zu Gefallen stillhielten.

Das Zeitalter war, wie gesagt, bereits vernarrt in Taxonomie, und Howards neue Typologie des schwebend verteilten Wassers schien seinen Lesern eine kühne Einteilung zu sein. In den vorangegangenen fünfzig Jahren war sehr viel benannt und klassifiziert worden, sehr viel für die Forschung latinisiert, von den größten Tieren, Pflanzen und Fischen bis hinunter zu den Mikroben, Mineralien und den Entdeckungen chemischer Elemente. Das 18. Jahrhundert war die große Zeit der Benennungen und Festlegungen gewesen; sowohl die Sprache der Natur als auch die Natur der Sprache wurden fixiert und standardisiert, um die Kommunikation unter den Wissenschaftlern zu erleichtern.

Aber die Benennung von Wolken war eine ganz andere Art von Klassifizierung. Es war die Benennung nicht eines soliden, stabilen Dings, sondern einer Serie von sich selbst beseitigenden Vergänglichkeiten. Es war die Benennung einer flüchtigen Gegenwart, die ihrer Auflösung entgegeneilte.

Folgendes erwartete die ersten Leser über den Fortschritt der Wolkenforschung im *Philosophical Magazine*, und bereits zwei Jahre später folgte die Übersetzung für die deutschen Leser in den *Annalen der Physik*:

Über die Modificationen der Wolken und die Prinzipien ihrer Entstehung, ihres Schwebens und ihrer Zerstörung; es ist dies das Wesentliche aus einer Abhandlung, die in der Sitzungsperiode 1802-03 vor der Askesian Society gelesen wurde.
Von Lucas Howard, Esq.
…
Die *einfachen Modificationen* benenne und beschreibe ich folgender Maßen:
1. *Cirrus*. (Def.) *Nubes cirrata, tenuissima, quae undique crescat.*
Wolke, die aus parallelen, wellenförmigen, oder sehr feinen divergirenden Streifen besteht, und sich nach allen Richtungen ausdehnen kann.
2. *Cumulus*. (Def.) *Nubes cumulata, densa, sursum crescens.*
Convexe oder kegelförmige Haufen, die sich über einer horizontalen Grundfläche erheben.

3. *Stratus*. (Def.) *Nubes strata, aquae modo expansa, deorsum crescens.*

Eine sehr ausgedehnte, in einem fortlaufende, wie das Wasser horizontale Wolkenschicht, die sich unterwärts vergrößert.

Diese Erklärung des latein. Worts: Stratus, ist ein wenig gezwungen; aber das Nennwort: Stratum, paßte seiner Endung wegen nicht zu den beiden andern …

Die *Zwischenmodificationen*, welche eine Benennung verdienen, sind:

4. *Cirro-cumulus*. (Def.) *Nubeculae densiores subrotundae, et quasi in agmine appositae.*

Kleine, abgerundete und scharf begränzte Massen, in dichten horizontalen Reihen.

5. *Cirro-stratus*. (Def.) *Nubes extenuata, subconcava vel undulata; Nubeculae huius-modi appositae.*

Horizontale oder wenig geneigte Massen, die am Rande oder rings umher dünner und unten gewölbt oder wellenförmig sind, und sich einzeln, oder in Gruppen zeigen, die aus kleinen Wölkchen von derselben Beschaffenheit gebildet sind.

Die *zusammen gesetzten Modificationen* sind:

6. *Cumulo-stratus*. (Def.) *Nubes densa, basim planam undique supercrescens, vel cuius moles longinqua videtur partim plana, partim cumulata.*

Der Cirro-stratus, der mit dem Cumulus vermischt ist, und entweder mit den Haufen des letztern gemischt zu seyn scheint, oder über dessen Basis eine Zusammenhäufung bildet, die sich weit hinzieht.

7. *Cumulo-cirro-stratus, vel Nimbus*. (Def.) *Nubes, vel nubium congeries pluviam effundens.*

Die Regenwolke. Eine Wolke oder ein System von Wolken, woraus Regen herab fällt. Es ist eine horizontale Schicht, über welcher der Cirrus sich ausdehnt, während der Cumulus von den Seiten und von unten her hinein tritt.[11]

Diese zusammenfassenden Definitionen am Anfang, die

bald überall im Umlauf waren und nachgedruckt wurden, sollten die Klassifikation und Nomenklatur einführen. Sie dienten als Übersicht und als Schlüssel, zu dem die Leser zurückblättern konnten, während sich der Essay zu einer Reihe von nachdenklichen Bemerkungen zu den sieben einzelnen Wolkengattungen entwickelte, jeweils unter dem neu geprägten Terminus:

Vom Cirrus.
Die Wolken unter dieser Modification scheinen die dünnesten und höchsten zu seyn, und die größte Mannigfaltigkeit in der Ausdehnung und Richtung zu haben. Sie sind die erste wolkige Erscheinung nach heiterm Wetter. Sie zeigen sich zuerst wie einige kleine Fäden (*filets*), und wie mit einem Pinsel auf den blauen Grund des Himmels gemahlt. Während sie in der Länge zunehmen, schließen sich ihnen andere seitwärts an. Oft erhalten so die zuerst entstandenen Streifen das Ansehen von Stämmen, mit einer Menge von Aesten, aus denen wieder Zweige ausgehn.
Bisweilen ist ihr Anwuchs unbestimmt; zu anderer Zeit geschieht er in einer sehr bestimmten Richtung. Es breiten sich so, wenn einmahl die ersten Streifen sich gebildet haben, die übrigen nach einer, zwei oder mehrern Richtungen seitwärts, oder schief, nach oben oder nach unten zu, aus, und das geschieht oft nach derselben Richtung in vielen zu gleicher Zeit sichtbaren Wolken. Solche parallele, schief nach unten sich ausdehnende Anwüchse, werden nach einem Punkte des Horizonts, und die langen schmalen Streifen an der entgegen gesetzten Seite zusammen zu laufen scheinen, welches eine optische Täuschung ist, die auf ihrem Parallelismus beruht.
Ihre Dauer ist ungewiß, und wechselt zwischen einigen Minuten und mehrern Stunden, von ihrem ersten Entstehen an zu rechnen. Sie währt länger, wenn die Wolken einzeln und in sehr großen Höhen erscheinen;

kürzer, wenn sie sich niedriger und in der Nachbarschaft anderer Wolken erzeugen.

Diese Modification steht, obgleich ihr Aussehen beinahe fixirt ist, doch mit den veränderlichen Bewegungen der Atmosphäre in der genauesten Verbindung. Bedenkt man, daß diese Wolken seit langer Zeit als Vorboten des Windes angesehen wurden, so muß man sich wundern, daß man sie in dieser Beziehung nicht genauer untersucht hat, denn man hätte nützliche Folgerungen daraus ableiten können.

Bei schönem Wetter, das von leichten und veränderlichen Windstößen begleitet ist, sieht man selten den Himmel ohne kleine Gruppen des schiefen Cirrus, die häufig an der dem Winde entgegen gesetzten Seite des Himmels erscheinen, und sich vergrößern, indem sie sich nach der Windseite hinziehn. Bei fortwährend feuchtem Wetter sieht man horizontale Lagen von dieser Beschaffenheit, die sich schnell in den Cirro-stratus verwandeln.

Vor Gewittern erscheinen sie niedriger und dichter, gewöhnlich an einer Stelle des Himmels, die der gegen über liegt, wo das Gewitter sich zusammen zieht. Vor und bei heftigen anhaltenden Winden sieht man ebenfalls Streifen, die sich in derselben Richtung, in welcher der Wind weht, über den ganzen Horizont verbreiten.

Die Beziehungen, worin diese Modification der Wolken mit dem Stande des Barometers, des Thermometers, des Hygrometers und des Electrometers stehn, sind noch nicht untersucht worden. (Abb. 10)

Vom Cumulus.

Die Wolken dieser Modification sind gewöhnlich die dichtesten; sie erzeugen sich in den untern Luftschichten und bewegen sich in der Richtung des Luftstroms, welcher der Erde am nächsten ist.

Zuerst erscheint ein kleiner, weißer, unregelmäßiger Fleck, der gleichsam der Kern ist, aus welchem die üb-

Abb. 10, 11, 12: Cirrus, Cumulus und Stratus.
Aus: Luke Howard, *On the Modification of Clouds*, 1804
(mit frdl. Genehmigung der British Library,
BL 1393.k.16.(1)).

rige Masse rings hervor wächst. Die untere Seite behält
die Gestalt einer ungleichen Ebene, die obere schwillt in
hemisphärischen oder konischen Flocken auf, die sich
zuweilen lange Zeit in dieser Gestalt erhalten, oder sich
schnell zu Bergen erheben.

Im ersten Falle sind sie gewöhnlich zahlreich und nahe
bei einander; im andern erscheinen sie in geringer Anzahl und abgesondert: in beiden Fällen sind ihre Grund-
flächen beinahe in derselben Horizontalebene, und ihr
Anwuchs von unten nach oben ist einiger Maßen der
Größe ihrer Grundfläche proportional, und in allen, die
zu gleicher Zeit entstehn, ungefähr ähnlich.

Bei schönem Wetter ist ihr Entstehen, Wachsen und
Verschwinden oft periodisch, und steht mit der Temperatur des Tages im Verhältnis. Sie fangen einige Stunden
nach Sonnen Aufgang an sich zu bilden, gelangen in der
wärmsten Stunde nach Mittag zu ihrer größten Ausdehnung, nehmen alsdann ab, und verschwinden gänzlich
nach Sonnen Untergang.

Abb. 11

Bei veränderlichem Wetter haben sie dagegen an den Veränderungen der Atmosphäre Antheil; bald verdunsten sie gleich nach ihrem Entstehen; bald gehn sie schnell in die zusammen gesetzten Modificationen über.

Der Cumulus hat bei schönem Wetter eine mäßige Höhe und Ausdehnung, und eine abgerundete, wohl begränzte Oberfläche. Vor dem Regen wächst er schneller, erscheint niedriger in der Atmosphäre, und auf seiner Oberfläche bilden sich Flocken und lockere hervor springende Theile.

Das Entstehen großer Cumulus unter dem Winde verkündigt, wenn dieser stark weht, die Annäherung der Stille und des Regens. Verschwinden sie nicht gegen Sonnen Untergang und fahren fort, zu steigen, so erfolgt die Nacht ein Gewitter.

Der Cumulus dient nicht bloß, dem Schaupiele der Natur mehr Mannigfaltigkeit und zuweilen wahre Pracht zu geben, sondern auch, den Boden vor den unmittelbaren Strahlen der Sonne zu schützen und mit ihnen zu ökonomisiren, durch die mannigfaltigen Brechungen und Zurückwerfungen, welche er bewirkt; auch verbreitet er die Produkte der Ausdünstung in die Ferne. In welcher Beziehung der Cumulus zum Stande des Barometers und der andern meteorologischen Instrumente steht, ist noch nicht untersucht worden. (Abb. 11)

Abb. 12

Vom Stratus

In dieser Modification haben die Wolken einen mittlern Grad von Dichtigkeit, und stehn unter allen am niedrigsten, da ihre untere Fläche gewöhnlich die Erde oder das Wasser berührt.

Im Gegensatze zum Cumulus, den man als eine Wolke des Tages ansehen kann, ist der Stratus gewisser Maßen die Wolke der Nacht; denn er erscheint erst gegen Sonnen Untergang. Er begreift alle die auf der Erde ruhenden Nebel, die sich an stillen Abenden schichtweise erheben, sich nach und nach wie eine Ueberschwemmung ausbreiten, und den Boden der Thäler ausfüllen, indem sie Seen, Flüsse u.s.w. bedecken.

Gewöhnlich dauert er die ganze Nacht durch.

Beim Aufgange der Sonne fängt die ebene horizontale Oberfläche nach und nach an, das Ansehen des Cumulus zu gewinnen, so wie die Wolke sich vom Boden trennt. Sie zerstückelt sich alsdann, steigt empor, und löst sich auf, wobei der Cumulus in seinem Entstehen verschwindet.

Diese Erscheinung galt schon bei den Alten für eine Vorbedeutung von schönem Wetter ... Die Tage, welche mit einem solchen Nebel beginnen, sind gewöhnlich die allerheitersten. Auch die Beziehung dieser Modification auf die meteorologischen Instrumente kennt man noch nicht. (Abb. 12)

Vom Cirro-Cumulus.

Wenn der Cirrus eine Zeit lang unverändert bestanden, oder sich vergrößert hat, geht er gewöhnlich in den Zustand des Cirro-Cumulus oder des Cirro-Stratus über, indem er zugleich tiefer herunter steigt.

Der Cirro-Cumulus bildet sich aus einem oder mehrern Cirrus, deren Streifen sich in kleine abgerundete Massen verwandeln, in denen man das Gewebe des Cirrus nicht mehr unterscheiden kann, obgleich das Ganze dieselbe Disposition beibehält. Diese Veränderung geht entweder in der ganzen Masse zugleich vor, oder schreitet von einem Ende zum andern fort. In jedem Falle äußert sich dieselbe Wirkung an einer Menge nahe an einander liegender Cirrus zu gleicher Zeit, und in derselben Ordnung. In gewissen Fällen scheint sie durch die Annäherung anderer Wolken beschleunigt zu werden.

Diese Modification bildet einen sehr schönen Himmel, an welchem man oft viele Schichten solcher kleiner vereinigter Wölkchen deutlich in verschiedenen Höhen schweben sieht.

Der Cirro-Cumulus ist im Sommer, bei warmer und trockener Witterung sehr gewöhnlich. Bisweilen, aber seltener, bemerkt man ihn bei Regengüssen in der Zwischenzeit zwischen verschiedenen Güssen. Er verschwindet entweder, oder verwandelt sich in den Cirrus oder Cirro-Stratus. (Abb. 13)

Vom Cirro-Stratus.

Dieses Gewölk scheint aus dem Sinken der Cirrusstreifen in horizontaler Richtung, wobei sie sich zugleich seitwärts einander nähern, zu entstehen. Die Gestalt und gegenseitige Lage dieser Wolken gleicht von ferne einer Häringsbank. Doch muß man in diesem, wie in

Abb. 13, 14, 15: Cirrocumulus, Cirrostratus und Cumulostratus. Aus: Luke Howard, *On the Modification of Clouds*, 1804 (mit frdl. Genehmigung der British Library, BL 1393.k.16.(1)).

andern Fällen, mehr auf die Structur als auf die Gestalt sehen; denn die letztere verändert sich oft und zeigt bald parallel liegende Stangen, bald ein sich durchkreuzendes Geäder, wie polirtes Holz, u. s. w. Dieses Gewölbe ist immer am dichtesten in der Mitte oder an dem einen Ende, und wird nach dem Rande zu dünner. Nicht immer geht dieser Modification ein deutlicher Cirrus vorher, eben so wenig als der vorher gehenden.

Der Cirro-Stratus verkündigt Wind und Regen, und es läßt sich selbst aus der Menge und Dauer der Wolken dieser Form einiger Maßen vorher sagen, ob der Regen eher oder später eintreten werde. Sie erscheinen fast immer in den hellen Zwischenzeiten der Gewitter. Bisweilen vereinigen sie sich mit dem Cirro-Cumulus, oder beide zeigen sich abwechselnd in derselben Wolke, und die verschiedenen Evolutionen hierbei geben ein interessantes Schauspiel. Man kann bestimmen, welche Wendung das Wetter nehmen wird, wenn man bemerkt, welche von den beiden Modificationen am Ende über die andere siegt. Der Cirro-Stratus ist diejenige Modification der Wolken, in welcher Höfe, Ringe um Sonne und Mond, Nebensonnen und Nebenmonde, u. s. w.,

Abb. 14

am häufigsten und am vollständigsten entstehn; daher kommt es, daß man diese Erscheinungen, und besonders die Höfe, für Vorboten des schlimmen Wetters hält.

In dieser Hinsicht verdient diese Modification eine vorzügliche Aufmerksamkeit. Man weiß nichts besonderes über den Zusammenhang der beiden letzten Wolkengattungen mit dem Gange des Barometers, u. s. w., als daß beide entgegen gesetzten Anzeigen dieses Instruments entsprechen. Bei der ersten steigt, und bei der andern fällt es. (Abb. 14)

Vom Cumulo-Stratus.

Die verschiedenen vorher gehenden Modificationen treten zuweilen eine in die Stelle der andern, oder sind an einigen Stellen zugleich vorhanden. In dem Falle dagegen, von dem hier die Rede ist, befinden sich die Wolken von gleicher Beschaffenheit größten Theils in derselben Horizontalebene, und die, welche höher stehen, zeigen sich in den Zwischenräumen der niedrigern, oder die letztern bilden einen dunkeln Grund für die höhern hellern Wolken. Wenn der Cumulus schnell zunimmt, bildet sich oft um seinen Gipfel ein Cirro-Stratus, der auf ihm ruht, wie auf einem Berge, wobei

Abb. 15

noch eine Zeit lang das erste Gewölk durchscheint. Der Cirro-Stratus verdichtet und entwickelt sich, während der obere Theil des Cumulus sich ausdehnt und in jenen eindringt: dabei bleibt die Grundfläche, wie vorher, und die convexen Auswüchse verändern ihre Lage, bis sie endlich an den Seiten und unterwärts hervor ragen. Seltener geht diese Entwickelung am Cumulus allein vor, und bildet der obere Theil desselben den Cirro-Stratus, der auf ihm ruht.

In beiden Fällen entsteht eine große, dichte und hohe Wolke, die einem Erdschwamme mit sehr kurzem und dickem Stängel gleicht. Wenn indeß der ganze Himmel diese Modification annimmt, sind diese besondern Erscheinungen minder deutlich. Der Cumulus erhebt sich in den Zwischenräumen der obern Wolken, und das Ganze hat von ferne das Ansehen schneebedeckter Gebirge, welche dunklere Ketten hier und da durchschneiden, und an welchen man Seen, Felsen, Thürme, u. s. w., sieht. Ein deutlicher Cumulo-Stratus bildet sich in der Zwischenzeit von der ersten Gestaltung des flockigen Cumulus zum Anfange des Regens, während die untere Luftschicht noch zu trocken ist; er entsteht auch bei der Annäherung der Gewitterstürme, seine Form gelangt nicht zu völliger Bestimmtheit in den Zwischenzeiten der Regengüsse, des Schnees oder der Schloßen.

Der Cumulo-Stratus findet gewöhnlich nur bei den mittlern Temperaturen der Luft Statt; aber auch hier bleibt dem Beobachter noch ein weites Feld. (Abb. 15)

Vom Nimbus, oder Cumulo-Cirro-Stratus.

Die Wolken können sich bei jeder der vorher beschriebenen Modificationen in derselben Höhe oder in zwei verschiedenen oder mehrern Höhen, so vermehren, daß sie den Himmel völlig verdunkeln, und scheinbar so dicht werden, daß ein ungeübter Beobachter auf nahen Regen schließen würde. Indeß ist es wahrscheinlich, daß die Wolken in diesen Zuständen keinen Regen geben werden, wie das die Beobachtung lehrt, und wie es aus ihrer hier geschilderten Entstehungsart begreiflich ist.

Man hat bemerkt, daß, ehe es zum Regnen kömmt, die Wolken stets eine Veränderung erleiden, die mit merkwürdigen Erscheinungen verbunden ist, und verdient, daß eine besondere Modification aus ihr gemacht werde.

Diese Erscheinungen lassen sich indeß nur unvollkommen wahrnehmen, wenn gerade der Regen auf den Beobachter herab fällt; man bemerkt alsdann nur, ehe die untern und dichtern Wolken sich völlig nähern, oder durch ihre Zwischenräume hindurch *höher hinauf* einen leichten Schleier oder etwas Trübes. Wenn diese Erscheinung viel markirter geworden ist, so dehnen die untern Wolken sich aus, vereinigen sich dann in allen Punkten, und ordnen sich zu einer gleichförmigen Schicht. Es fängt an zu regnen, und die untern Wolken, welche von der Windseite herkommen, bewegen sich unter dieser Schicht weg, und verlieren sich darin eine nach der andern. Wenn keine mehr sich nähern, oder wenn die Schicht sich bricht, so läßt sich, wie bekannt, eine Abnahme oder das Ende des Regens erwarten. Oft zeigt sich alsdann, (und das scheint noch niemand bemerkt zu haben,) unmittelbar darauf eine beträchtliche

Abb. 16: Nimbus. Aus: Luke Howard, *On the Modification of Clouds*, 1804 (mit frdl. Genehmigung der British Library, BL 1393.k.16.(1)).

Vermehrung der ganzen Wolkenmasse, und zugleich nimmt die *Dunkelheit* ab, weil das neu entstehende Arrangement mehr Licht durchläßt. Wenn nämlich der Regen aufhört, erheben sich die untern Wolken, welche, nachdem sie gebrochen sind, noch bestehen, zu Cumulus, und die obere Schicht nimmt die verschiedenen Gestaltungen des Cirro-Stratus an, geht auch bisweilen in den Cirro-Cumulus über ...

Obgleich der Nimbus seinem Ansehen nach nicht zu den schönsten Wolken gehört, so erscheint er doch auf das prächtigste von seinem Trabanten, dem Regenbogen, geschmückt, den man nur dann in seinem höchsten Glanze sieht, wenn die einförmige finstere Farbe dieser Modification ihm zum Grunde dient.[12] (Abb. 16)

Von der Regenwolke ging Howard über zur Diskussion der Entstehung des Regens und des Regenvorgangs selbst. Diesem Thema widmete er in der Folge viel Aufmerksamkeit, und er verfeinerte später seine Definition des Nimbus dahingehend, daß sie seinen weiterentwickelten Gedanken über den Regen entsprachen, wobei er einräumte, daß die Bildung von zwei voneinander unterschiedenen Schichten »nicht die einzige Möglichkeit ist, durch die Regen aus den Wolken entstehen kann«.[13] Er hatte recht. Der meiste Regen, vor allem Dauerregen oder Nieselregen, fällt aus Bändern von schichtartigen – stratiformen – Wolken, kurze Sommerschauer dagegen fallen aus den isolierten haufenartigen – cumuliformen – Wolken.

Niederschlag bildet sich überwiegend in den kälteren Teilen der Wolke, wo die Temperatur um den oder unter dem Gefrierpunkt liegt und wo kleine Eiskristalle und winzige unterkühlte Wassertröpfchen gemischt sind. Diese instabilen Tröpfchen gefrieren, wenn sie in Kontakt mit Eispartikeln kommen, und wachsen dann als Eiskristalle weiter, nicht als flüssige Tropfen. Solche Kristalle fallen durch die Wolken, sobald sie schwer genug sind, und wachsen dabei weiter durch die Vereinigung mit anderen Tröpfchen oder Eiskristallen, auf die sie auf dem Weg nach unten treffen. Während sich an der Oberfläche Eis aufbaut, so daß sie schwerer werden und schneller fallen, bauen sich diese Kristalle zu Schneeflocken zusammen. Wolken sind, wie schon Descartes richtig angenommen hatte, voller Schnee, und die meisten Niederschläge fangen als Schnee an. Erst die Temperatur der Luft, durch die sie dann fallen, bestimmt die Form, in der sie auf der Erde ankommen. Wenn die Luft kalt genug ist oder wenn die Flocken schnell genug fallen, landet der Niederschlag tatsächlich als Schnee. Regen dagegen besteht überwiegend aus geschmolzenen Schneeflocken, die sich auf dem Abstieg durch wärmere Luft vereint haben zu Tropfen unterschiedlicher Größe, vom feinsten Sprühregen aus Schichten grauer Stratuswolken (mit einem Tropfendurchmesser von 0,2 mm) bis zu strömendem Regen aus großen Cumulonimbuswolken (mit Tropfendurchmessern bis zu 5 mm), massigen Gebilden, die bis zu einer halben Million Tonnen Wasser enthalten können. Die Regentropfen selbst können, bevor sie den Boden erreichen, sich mehrere Male vereinen und wieder zerfallen oder sogar vollständig verdunsten. (Ein Regenschauer, der den Boden nicht erreicht, bekam im 20. Jahrhundert die Zusatzbenennung »virga«, nach dem lateinischen Wort für Rute.)

Hagelkörner haben eine etwas andere Lebensgeschichte; sie werden von warmen Aufwinden geformt, die fallende Eispartikel wieder hinauftragen in die kälteren Regionen der Wolke, wo sie durch Kollision und Gefrieren zu immer größeren und schwereren Körnern werden. Je stärker diese Aufwindböen sind, desto häufiger machen die Eiskügelchen die Reise hinauf in die frostige Kälte der Wolken, und desto größer sind die Hagelkörner, die schließlich ungehindert zu Boden fallen. Je nach den Konvektionsverhältnissen, je nach Heftigkeit der Aufwinde, kann Hagel gefährliche Größen erreichen. Der schwerste Hagelstein, der je gemessen wurde, fiel 1986 in Bangladesch während eines Unwetters, das 92 Menschenleben kostete. Dieser Hagelstein wog gut ein Kilogramm.

Howard fuhr also fort, seine Wolkenklassifikation zu verfeinern und zu verbessern und lieferte dazu Beschreibungen; in einer Vortragsserie in Tottenham 1817 (die aber erst zwanzig Jahre später veröffentlicht wurde) reorganisierte er seine sieben Wolkentypen und setzte die Höhe als beherrschendes Merkmal ein. Vielleicht hatte er inzwischen Lamarck gelesen und den Wert seiner Zuordnung zu Höhen erkannt:

Die sieben Modifikationen der Wolken sind:

    1. Cirrus; die höchste und leichteste.

    2. Cirrocumulus; dazwischenliegend.

    3. Cirrostratus; dazwischenliegend.

    4. Cumulus; abgesondert halbkugelig.

    5. Cumulostratus; unregelmäßig haufenförmig.

    6. Nimbus; Regenwolke.

    7. Stratus; leichter oder dichter Nebel.[14]

Als Quäker teilte Luke Howard Linnés tief religiöse Überzeugung, daß Taxonomie nur »ehrfürchtiges Ordnen der

Schöpfung Gottes« sein sollte, eine Auffassung, die sich auch darin zeigt, daß in seiner Klassifikation der Wolken nichts mechanistisch oder lebenverleugnend ist.[15] Er versuchte, die Natur zu preisen, nicht, sie einzuzwängen. Zwar bot er eine physikalische Darstellung von der Entstehung und Erscheinung atmosphärischen Dampfes an, aber sie ist getragen von der Ehrfurcht vor der Natur. Und das war das Geniale an Luke Howards Betrachtungsweise: Indem er die Veränderlichkeit von Wolken anerkannte, ihr unberechenbares und wechselhaftes Leben, beließ er der luftigen Natur all ihre bekannten und sinnlichen Reize, die er nicht einer rigiden Taxonomie opferte. Die physische Schönheit der Wolken blieb in seinem System erhalten, ebenso ihre Dynamik, die sie immer wieder geheimnisvoll erscheinen lassen.

Dabei legte aber die Wissenschaft der Dissenter auch Nachdruck auf die praktische Nützlichkeit, für die Howard durchaus empfänglich war. Er hatte, vielleicht für einen Quäker eine Spur zu unbescheiden, vorausgesagt, »die Modifikationen des Autors werden so, wie sie vorkommen, in meteorologischen Verzeichnissen notiert werden, ein Verfahren, das der Wissenschaft einen erheblichen Fortschritt verschaffen könnte«; deshalb entwickelte Howard für die schnelle Aufzeichnung ein System von Symbolen, die ebenfalls in veränderter Form heute noch in Gebrauch sind: (Abb. 17)

\	Cirrus
∩	Cumulus
_	Stratus
\∩	Cirro-cumulus
_	Cirro-stratus
∩_	Cumulo-stratus
\∩_	Cumulo-cirro-stratus, oder Nimbus

Abb. 17: Howards Wolkensymbole.

Sie sollten »Platz und Schreibarbeit« sparen, und Howard vertraute darauf, daß »Lettern für den Druck leicht hergestellt werden können. Solche Vorteile sind nicht zu verachten, wenn täglich oder gar mehrmals am Tag Beobachtungen aufgezeichnet werden sollen. Man muß sie nur in die Spalte mit der Überschrift *Wolken* eintragen.«[16] Dieses eine Mal wurde die Anregung sofort aufgenommen, und das *Philosophical Magazine* und andere brachten bald Wettertabellen mit einer sorgfältig zusammengestellten Spalte »Wolken«, in der die neuen, schnell akzeptierten Termini von Howard verwendet wurden.

Seine Wolken waren angekommen, und im Gegensatz zu denen von Lamarck sollten sie auch bleiben.

Kapitel 8
Wachsender Einfluß

> Die zarten Farben und flüchtigen
> Formen der Wolken gewähren
> Menschen, die sie mit Maleraugen
> anzuschauen verstehen, die Freude
> an dem, was ich ein neues Gefühl
> nennen möchte, jenen nicht bekannt,
> welche keinen angeborenen oder
> erworbenen Gefallen an solchen
> Studien haben.
>
> *Charlotte Smith, 1804*[1]

Ende des Sommers 1803 hatte Luke Howards Essay über die Modifikationen der Wolken seinen Platz im öffentlichen Bewußtsein gefunden; er wurde weiter gelesen und diskutiert, wo immer neue Ideen ernst genommen wurden. Dem Erscheinen des Essays war schon sein Ruf vorausgegangen, verbreitet von den Mitgliedern der Gesellschaft vom Plough Court, deren vielfältige Verbindungen in der wissenschaftlichen Welt dafür sorgten, daß der Inhalt in den Monaten vor der eigentlichen Veröffentlichung bereits mündlich weitergegeben wurde. Im Gegensatz zu den Bemühungen des unglücklichen Lamarck, dessen Wolken-Publikum einen Kaiser gefeiert hatte, der nicht interessiert war und Vetomacht hatte, gingen Howards Worte an eine erwartungsvolle Öffentlichkeit, ein Publikum, das bereits auf etwas Außergewöhnliches wartete und hoffte.

Wenn man bedenkt, daß die Möglichkeit der unmittelbaren Übertragung durch Telegraphie noch ein halbes Jahrhundert entfernt war, verblüfft die Geschwindigkeit, mit der sich die Ereignisse verbreiteten. Dies weist auf einige der bemerkenswerten Mechanismen der Ausbreitung intellektueller Inhalte am Beginn des 19. Jahrhunderts hin. Die Menschen lasen, empfahlen, diskutierten

Zeitschriften, Bücher, Ideen und Dinge, gaben sie weiter und brachten sie in Umlauf mit einer Begeisterung, die für die ganze Zeit typisch war. Wichtige oder bedeutende Veröffentlichungen wurden schnell erneut herausgegeben, nachgedruckt, kopiert oder auswendig gelernt von einer Gruppe unersättlicher Verbraucher. Und am unersättlichsten waren sie hinter Worten her: Ob geschrieben, gedruckt oder gesprochen, Worte bestimmten das Tempo der Kultur und des kulturellen Wandels, und Howards neue Sprache wurde als Teil dieser Strömung schnell aufgenommen.

Nachdem der Essay im Juli, September und Oktober 1803 in Fortsetzungen im *Philosophical Magazine* erschienen war, wurde er noch einmal als Sonderdruck veröffentlicht. Howard verschenkte viele davon an seine Freunde und Mit-Askesianer, die sie bei Wanderungen außerhalb der Stadt als Führer zu dem sich ihnen öffnenden Himmel benutzten. Da die gedruckten Exemplare der Schrift häufig bei der Forschung im Freien benutzt wurden, haben sich nur wenige Exemplare erhalten. Aber zumindest eines ist aufbewahrt in der Bibliothek des Andachtshauses der Quäker in London, wo sie mit anderen Abhandlungen zu einem Band gebunden ist. Sie hat eindeutig Regen abbekommen; vermutlich wurde im Freien daraus vorgelesen, als sie genau so benutzt wurde, wie es sich der Autor vorgestellt hatte.

Die 32seitige Schrift (die im Laufe des Jahrhunderts mehrmals wieder aufgelegt wurde) ging unter wissenschaftlich Interessierten und Quäkern von Hand zu Hand und fand über Arthur Aikin von der Askesian Society bald auch den Weg zum *Annual Review*. Der *Annual Review* war ein Rezensionsblatt, das Aikin 1802 ins Leben gerufen hatte; es sollte die Redaktionen der Monatsmagazine von dem zunehmenden Druck entlasten. Wenn man bedenkt, daß *On the Modifications of Clouds* eine der kürzesten unter den fast 600 in der Ausgabe für 1804 rezensierten Neuerscheinungen war, wurde der Essay erstaunlich ausführlich besprochen; der anonyme Rezensent rechtfertigte die große Aufmerksamkeit in der »ziemlich umfangreichen Kritik dieser kurzen Abhandlung, weil wir sie für eine wichtige Arbeit über ein wichtiges Thema halten«.[2]

Dem Rezensenten zufolge würde der Essay jeden ansprechen, der »das erhabene Schauspiel einer Mondnacht« gesehen hat und berührt war davon, »wie sehr die Schönheit des Anblicks gelegentlich gesteigert wurde von den dicken runden Wolkenmassen, die oft über den Himmel gleiten und – mit Milton – ›turn forth the silver linings of the night‹ (›die Silberränder der Nacht hervorheben‹)«.[3] Die Kritik war überwiegend positiv und stellenweise geradezu überschwenglich (schließlich wurde sogar Milton bemüht), und urteilte, daß »der von Mr. Howard beschrittene Weg« die bisher aussichtsreichste Methode zur Entwicklung der Meteorologie sei.[4] Nachdem er die neue Nomenklatur komplett zitiert hatte, behandelte der Kritiker die Definitionen ausführlicher und trug ein, zwei Einwände vor. Darunter die gewissermaßen Lamarckische Vorstellung, daß sieben Familien von Wolkenmodifikationen unmöglich den ganzen Bereich der identifizierbaren »Spezies« von Wolken (ein Ausdruck, den Howard selbst nie benutzte) abdecken könne. Außerdem meldete der Rezensent Zweifel an bei dem Gedanken, daß »Nimbus« als eigene Kategorie gewertet werden könnte, weil Regen ja auch aus einer Reihe anderer Modifikationen fallen könne. Dies war in der Tat ein Problem, mit dem sich Howard später noch beschäftigen sollte.

Ein besonderer Einwand richtete sich jedoch gegen Howards Wahl der Sprache; dies wurde später noch öfter moniert. Daß Howard »keine schlichten englischen Namen benutzt hatte in einer Wissenschaft, deren weitere Vervollkommnung in erheblichem Maße von den Beobachtungen auch der Ungebildeten abhängen« würde, war ein ernstzunehmender Vorwurf; er wurde auch anderswo wieder aufgegriffen, mit (wie wir sehen werden) potentiell verhängnisvollen Ergebnissen.[5] Howard mußte sich zu seinem Ärger immer wieder gegen den Vorwurf des Obskurantismus verteidigen. Nach seiner Ansicht war Latein die gegebene Sprache für eine Klassifikation, und der *Annual Review* hatte unrecht mit seiner Forderung, englische Termini zu erfinden. Aber obwohl er mit der Sprache nicht zufrieden war, dem Kritiker – der durchaus zu den Hörern im Plough Court gehört haben könnte – war klar, daß der Schlüssel zum Studium der Wolken gefunden worden war. Er mochte nur den Klang des formellen wissenschaftlichen Lateins nicht.

Die Nachricht von Howards Essay verbreitete sich schnell, und andere Publikationsorgane, von allgemeinen Enzyklopädien bis zu Spezialzeitschriften, brachten ihre eigenen Versionen heraus. Eine Zusammenfassung unter dem Stichwort »Wolke« wurde von Howard selbst 1807 geschrieben und in Band 8 von Abraham Reeses 39bändiger *Cyclopaedia, or Universal Dictionary of Arts, Sciences, and Literature* abgedruckt; Howard steuerte auch die Artikel zu »Regen«, »Tau«, »Penn« und »Quäker« bei.[6] Er schrieb inzwischen ziemlich viel, das Schreiben nahm sogar einen großen Teil seines weiteren Arbeitslebens in Anspruch. Daneben überwachte er die Herstellung von Druckplatten für einen neuen Satz von Wolken-Illustrationen, die er bei dem Londoner Landschaftsmaler Edward Kennion in Auftrag gegeben hatte, zum Preis von (nach seinem Rechnungsbuch) 3 Pfund, 11 Shilling.

Etwas früher, im Januar 1807, war eine neue allgemeine Zeitschrift gestartet worden, herausgegeben von dem führenden Journalisten unter den Dissenters, John Aikin (1747-1822), dem Vater des Askesianers Arthur Aikin vom *Annual Review*. In einer Werbung für die neue Zeitschrift mit dem Titel *The Athenaeum: a Magazine of Literary and Miscellaneous Information* wurde der weitgefächerte literarische, kommerzielle und wissenschaftliche Inhalt umrissen und versprochen, daß neben Listen von Bankrotten, Getreidepreisen und »ausländischen Währungen« auch ein meteorologisches Register mitgeteilt werde, und zwar »von einem Beobachter, der besonders angesehen ist wegen seiner präzisen und scharfsinnigen Bemerkungen zu den Phänomenen der Atmosphäre«.[7] Luke Howard war gewiß sehr zufrieden mit der Beschreibung (vielleicht hat er sie auch selbst geschrieben), denn natürlich war er selbst mit dieser Beschreibung gemeint.

Howards Berufung zum meteorologischen Korrespondenten wurde zweifellos erleichtert durch seine Verbindung zu Arthur Aikin, dem Sohn des Besitzers. Aikin junior war ein umgänglicher junger Mann, der 1797 im Alter von 24 Jahren ein geologisches Reisebuch veröffentlicht hatte, das sehr gut aufgenommen worden war.[8] In den zehn Jahren seither war er Vortragsredner für Chemie und chemische Produkte gewesen, Besitzer einer Rezensionszeitschrift, Mitbegründer der Geological Society und ein großer Beweger und Anreger im wissenschaftlichen London. So war er in der glücklichen Lage, für seine Freunde Verbindungen herstellen zu können. Sie alle waren, obwohl sie keine Universität besucht hatten, wissenschaftlich aktive Menschen, mit Energie, Verstand und Ambitionen. Aus der kleinen Gruppe von Amateuren bei den Askesianern wurden Professionelle.

Als Verfasser meteorologischer Beiträge hatte Howard jetzt allmonatlich ein Forum für seine Gedanken und seine neue Nomenklatur (»den ganzen Tag wunderschönes Schauspiel von Cirruswolken«, lautet ein Eintrag vom August 1807), und er nahm die Gelegenheit wahr, die Übernahme der Termini durch andere Korrespondenten zu fördern, deren meteorologische Beiträge er für die Aufnahme in seine Kolumne redigierte.[9] Ein J. S. Stockton zum Beispiel aus Malton, Yorkshire, beschrieb im April 1809 selbstsicher, »auf die hellen und dunklen Cirro-Stratus folgten gleichermaßen Wind und Regen, und der Cirro-Cumulus zeigte sich ziemlich häufig in den schönen Pausen dazwischen«.[10] Howard hatte Mühe deutlich zu machen, daß die Namen für Wolken, die er aus dem Lateinischen abgeleitet hatte, »nur sieben an der Zahl, und sehr leicht zu behalten« seien, zusammengenommen bildeten sie jedoch eine lebendige Sprache, die zu lernen und richtig anzuwenden sich lohne.[11]

Als die Zeitschrift *Athenaeum* 1809 wegen finanzieller Schwierigkeiten eingestellt wurde, lieferte Howard seine meteorologischen Tabellen an eine Reihe anderer Publikationen. Die meisten druckten die erste Hälfte seines Essays nach, um ihre Leser mit dem nötigen Wissen auszurüsten, damit sie mit der ausgedehnten Berichterstattung über das Wetter etwas anfangen konnten. William Nicholsons *Journal of Natural Philosophy* zum Beispiel (das, wie gesagt, zwei Jahre später von Alexander Tilloch übernommen wurde) druckte im September 1811 eine neue Version, umgeschrieben und mit einem neuen Titel »The Natural History of Clouds«, deutsch 1815 in den *Annalen der Physik* erschienen unter dem Titel »Versuch einer Naturgeschichte und Physik der Wolken. Frei bearbeitet von Gilbert«.[12] In seinem Leitartikel dazu sprach Nicholson warm von der Abhandlung und ihrem Autor, der »der Öffentlichkeit lange bekannt und von ihr geschätzt« sei, sowie von »dem Gefühl, daß ich wie andere Förderer der Wissenschaften ihm für seine Forschungen zu Dank verpflichtet bin«.[13] Etwas weniger freundlich sprach er von dem Abdruckhonorar, das er an Alexander Tilloch zahlen mußte.

Da viele Zeitschriften den Essay nachdruckten, gab es in diesem Jahr viel Anerkennung für Howard. Die Startnummer von Thomas Thomsons *Annals of Philosophy* zum Beispiel enthielt einen Überblick über Luke Howards Termini, und in jeder monatlichen Ausgabe brachten sie einen meteorologischen Bericht, zusammengestellt von Howard selbst, einschließlich leuchtender Schilderungen von Wolkenerscheinungen: »Der Himmel war gegen Sonnenuntergang überzogen von Cirrus- und Cirrostratuswolken, wunderschön gefärbt mit Flammenfarben, rot und violett«, schrieb er – wer hätte dem strahlenden Glanz solcher Wolkensprache widerstanden?[14]

Die Gewohnheit, täglich Wetterbeobachtungen durchzuführen, verließ Luke Howard nie, vor allem, da dies jetzt auch einträglich geworden war (sein Vater, der 1812 gestorben war, dürfte sich gefreut haben). Ein Jahrzehnt später wurden die Aufzeichnungen – sozusagen Howards gesammelter Journalismus – in Buchform veröffentlicht unter dem Titel *The Climate of London*. Die 700 Seiten wurden in zwei Teilen in dem Quäker-Verlag Phillips aus der Lombard Street veröffentlicht, der erste Band 1818, der zweite erst 1820.[15] Das Werk bestätigte die Stärke von Howards wachsendem Ruhm, und als der zweite Band in den Läden auslag, war *The Climate of London* bereits als grundlegender Klassiker eines neuen Zweiges der Wissenschaft, der Lokalklimatologie, begrüßt worden, und die Zeitschriften schlossen sich diesem Urteil begeistert an.[16]

The Climate of London war ein aussagekräftiger Titel, der die neue Vorstellung hervorrief, daß sich eine Stadt durch ihr Klima definiert.[17]

Die Wolken-Nomenklatur wurde in *The Climate of London* besonders herausgestellt und die Definitionen in einem Glossar am Schluß des Buches zusammengefaßt. Als 1833 eine zweite, stark erweiterte Auflage erschien, wurde der Essay über die Wolken, inzwischen ein berühmter Text, als dramatische Eröffnung an den Anfang gestellt.

Die Wolkendefinitionen tauchten überall auf, und ihr Autor begann neben den vielen anderen Manifestationen des Ruhms, die nun Farbe in sein Leben brachten, auch bewundernde Briefe zu bekommen. Sie waren durchweg schmeichelhaft, und Howard war oft verlegen, wenn er sich in seinen Antworten für das Lob bedanken mußte. Einer dieser Briefe war regelrecht ergreifend, denn der Schreiber war seit 40 Jahren blind. John Gough aus Kendal hatte als Kind durch die Pocken sein Augenlicht verloren, aber er konnte sich offenbar an die Gestalten und Formen der Wolken, die er gesehen hatte, erinnern, vor allem jetzt, wo sich jemand die Mühe gemacht hatte, sie zu beschreiben und zu benennen. In seinem Brief vom

30. März 1805 erklärte er, er sei beglückt von den Erinnerungen, die sie ihm gebracht hätten:
Sir,
Ihre Beobachtungen zur Struktur und Klassifikation
der Wolken sind sehr klug; wahrscheinlich wird ein
Mensch, der mehr über den Gegenstand sagen kann &
mit größerer Angemessenheit als ich, sie auch für richtig halten. Ja, ich wage zu sagen, daß Ihre Definitionen
von Cirrus, Cumulus & Stratus mitsamt denen der Zwischenmodificationen und der zusammengesetzten Modificationen so deutlich & wahrscheinlich gleichzeitig
so anschaulich sind, daß ein vernünftiger Meteorologe
es nicht versäumen wird, das Wiederauftauchen dieser
Erscheinungen mit einem System von Abkürzungen in
seinem Journal zu notieren; & wenn ich mich nicht
vollkommen täusche, ist Ihr System der Aufzeichnungen das beste, das zu diesem Zweck ersonnen werden
kann.[18]
Howard antwortete dem »Respected Friend« ausführlich
und entbot »herzlichen Dank« für den schmeichelhaften
Brief, dann fuhr er fort und machte eine aufschlußreiche
Bemerkung über seine Arbeit: »Als ich 1802 meine Gedanken über die Wolken zusammenstellte, war ich sehr in
Verlegenheit …, weil ich ihre Erscheinung mit den her-
kömmlichen Prinzipien der Meteorologie in Übereinstimmung zu bringen versuchte.«[19] Das, sagte er, erkläre seine
allzu starke Abhängigkeit von John Daltons Theorien zum
Regen; die hatte Gough in dem Rest seines ersten Briefes
auch in Frage gestellt. Howard war froh festzustellen, daß
andere mit ihm übereinstimmten, und ihr fortdauernder
Briefwechsel sollte ihm eine große Hilfe bei den späteren
Verbesserungen seines Essays sein.
Er war auch glücklich, die Achtung dieses Mannes zu
haben, denn Gough selbst war ein bekannter Botaniker,
der sich das gesamte Linnésche System durch Berührung
und Ertasten beigebracht hatte. Er war außerdem ein begabter Mathematiker und Zoologe. Vielleicht wäre er auch

ein großer Musiker geworden, wenn ihm nicht sein Vater, ein strenger Quäker vom Schlage eines Ollive Sims, das Spielen auf der Geige untersagt hätte, die ihm ein wandernder Fiedler geschenkt hatte. Seine intellektuellen Fähigkeiten brachten ihm die Bewunderung seiner Zeitgenossen ein; Coleridge schickte seine Kinder aus Keswick zu ihm, damit »dieser in jeder Weise liebenswürdige und schätzenswerte John Gough aus Kendal« sie unterrichtete.[20] Auch Wordsworth fühlte sich zu Versen veranlaßt durch die Leistungen des Blinden aus Kendal. »Geleitet von der Wissenschaft, erklomm das Genie die himmlischen Höhen«, begann seine Beschreibung Goughs in der *Excursion*:

> … the whole countenance alive with thought,
> Fancy and unterstanding: while the voice
> Discoursed of natural or moral truth
> With eloquence, and such authentic power,
> That, in his presence, humbler knowledge stood
> Abashed, and tender pity overawed.[21]

Als 1823 die Meteorological Society gegründet wurde, sorgte Howard dafür, daß der allererste Text, der der Gruppe vorgetragen wurde, der von dem ehrenwerten Gough eingereichte über »Frühlingswinde« war.

Aber trotz dieser Beispiele für die rasche Akzeptanz seines Systems – das breite Publikum war nicht immer bereit, die neue Klassifikation zu übernehmen. 1809 etwa war das *Gentleman's Magazine* dem Beispiel des *Athenaeum* gefolgt und hatte Howards Terminologie für seine eigene meteorologische Berichterstattung übernommen. Aber 1810 erhielten die Herausgeber einen Brief, in dem sich jemand über die Benutzung des neuen und ungewohnten Latein beschwerte. Die Namen hätten englisch lauten sollen, beklagte sich der unbekannte Briefschreiber, »denn einige der Wörter, die Fachausdrücke sind, findet man nicht in einem normalen Lexikon«. Es war eine Wiederholung des Einwandes im *Annual Review*.[22] Zeitschriftenleser lieben hitzige Diskussionen, vor allem beim Thema Wetter, und es folgte eine Flut von Briefen zu diesem Gegenstand. In einem wurde darauf hingewiesen, daß ja die Termini durchaus in Abraham Rees' bekannter *Cyclopaedia* erschienen seien – obwohl, wie der Schreiber gleich dazu feststellte, »neun von zehn Lesern Ihrer Zeitschrift dieses Werk nicht besitzen«.[23]

Verblüfft über die Diskussion beschloß das *Gentleman's Magazine*, eine Erklärung zur Nomenklatur der Wolken zu bringen; sie erschien in der Dezember-Nummer 1810 und abermals in erweiterter Form im August 1811, mitsamt einer Seite Bildtafeln nach Illustrationen, die Howard selbst geliefert hatte. Er wollte zur Beilegung des Streits beitragen. Wie der erweiterte Artikel im *Gentleman's Magazine* nahelegte, sollte die Klassifikation nicht nur von den wetterkundigen Journalisten benutzt werden, sondern auch von der lesenden Öffentlichkeit, die sicher von Zeit zu Zeit an »die geeigneten Fachausdrücke« für Wolken erinnert werden müßte.[24]

Diese Notwendigkeit besteht auch heute noch. In einer Tagebucheintragung vom 20. Juli 1990 schrieb der konservative Minister Alan Clark über eine »sich auftürmende Gewitterwolke von Alto-Cumulus, Vorbote der Veränderung nicht nur des Wetters, sondern des Klimas«.[25] Ganz abgesehen von der politischen Metapher verwandte er eine falsche Bezeichnung; er meinte natürlich Cumulonimbus.

Vielen von Howards Zeitgenossen erging es ebenso. Die Wiederholung der Wolkennamen reichte einfach nicht aus, um sie im Gedächtnis zu verankern; diese sieben Namen, so »leicht zu behalten«, erwiesen sich als schwer zu lernen. Sein wissenschaftliches Latein hatte für die meisten keinerlei Verbindung mit dem gesprochenen Englisch seiner Zeit.

So kam es, daß der junge Korrespondent für Meteorologie beim *Gentleman's Magazine*, der schon viel getan hatte, um Howards Arbeit zu verbreiten, sich entschloß, die Klagenden zu beruhigen:

Als ich einige Künstler, die im Begriff waren, durch Wales und andere bergige Gebiete zu reisen, bat, nach den Veränderungen und den unterschiedlichen Formen des Wetters Ausschau zu halten, die sich an solchen Orten zeigen, und sie zu zeichnen, sagten sie mir, sie könnten die Fachausdrücke nicht behalten, die aus lateinischen oder griechischen Wörtern abgeleitet wären, die sie nicht verstünden; und sie wünschten, daß den meteorologischen Phänomenen Namen gegeben würden, die aus unserer eigenen Sprache gebildet wären. Von dieser Bemerkung überrascht, habe ich die folgende Namensliste entwickelt:

CURL-CLOUD (Lockenwolke) Der alte lateinische Name von Mr. Howard lautet Cirrus, eine Haarlocke; Cirrulus ist die Verkleinerung.

STACKEN-CLOUD (Haufenwolke) oder Cumulus, von dem Verbum *to stack*, aufhäufen.

FALL-CLOUD (Fallwolke) oder Stratus, weil aus ihr abends das Fallen oder Absinken flüssiger Teile geschieht.

SONDER-CLOUD (gesonderte Wolke) oder Cirrocumulus ist eine abgesonderte Wolke, bestehend aus voneinander getrennten Wolkenballen. Das Kennzeichen dieser Wolke ist, daß sich viele kleine Wolken auf einer Bank sammeln, aber ohne sich zu berühren.

WANE-CLOUD (Abnehmewolke) oder Cirrostratus, wegen des abnehmenden oder schwindenden Charakters dieser Wolke in all ihren Formen.

TWAIN-CLOUD (Zweierwolke) oder Cumulostratus, entsteht oft durch Verflechtung und Vereinigung von zwei Wolken.

RAIN-CLOUD (Regenwolke) oder Nimbus, spricht für sich. So haben wir auch *Sturmwolken*, *Donnerwolken* etc.[26]

Das war für Howard außerordentlich problematisch. Thomas Forster, der enthusiastische Autor dieser närrischen Übersetzung, war jahrelang sein Anhänger und Freund gewesen und hatte sich als sehr hilfreich bei der Durchsetzung der lateinischen Termini erwiesen. Dem jungen Mann fehlte ein bißchen die Bescheidenheit und Zurückhaltung der Quäker (tatsächlich konvertierte er später, bei einer Studienreise nach Italien, zum Katholizismus), aber er war ein eifriger Propagandist für die Wolken à la Howard gewesen. Er hatte seine eigene meteorologische Kolumne in einer ganzen Reihe von Zeitschriften untergebracht, unter anderem bei Nicholson und Tilloch sowie im *Gentleman's Magazine*, und hatte damit eine kleine aber nicht unbedeutende Rolle beim Aufbau von Luke Howards Ruhm gespielt.

Doch es scheint, als hätte er dann einen Teil des Ruhms für sich selbst gewollt. 1810 hatte er angefangen, Verbesserungen für die Nomenklatur zu ersinnen, »einige spezifische Namen, gedacht um bestimmte Formen, Erscheinungen oder Arten der Anordnung« als von den grundlegenden Modifikationen selbst verschieden, hinzuzufügen. Es war der Beginn eines langen Prozesses, in dem Howards ursprünglichen Klassen weitere Arten und Varianten hinzugefügt wurden, ein Stadium, durch das jede Klassifikation hindurch muß. Howard dürfte mit diesen ersten Zusatznamen ganz zufrieden gewesen sein, vor allem weil sie lateinisch waren. Diese Termini, die Forster 1810 und 1811 veröffentlichte, waren, mit seinen Erklärungen in Klammern, die folgenden:

Comoides (»weil sie wie eine ausgedehnte Locke
erscheinen«)
Linearis (»gerade Linien«)
Filiformis (»ein wirres Bündel von Fäden«)
Reticularis (»ein schönes Netz aus hellen, schrägen
Balken oder Streifen«)
Striatus (»aus langen parallelen Balken
zusammengesetzt«)

Undulatus (»sanft wellenförmig«)
Myoides (»vermittelt die Vorstellung von Muskelfasern«)
Planus (»ein großes, durchgehendes Tuch«)
Petroides (»felsig und bergig«)
Tuberculatus (»viele rundliche Knollen«)
Floccosus (»in lockere Flocken unterteilt«).[27]

Insgesamt hatte diese Sammlung von Sekundärnamen kaum Folgen und wurde von der meteorologischen Gemeinschaft größtenteils übergangen, obwohl eine Reihe von heutigen Bezeichnungen ihnen ähneln (s. Anhang S. 283 ff.). Wegen dieses Mißerfolgs, den er den Schwierigkeiten mit der Sprache zuschrieb, begann dann Thomas Forster seine Übersetzungen der lateinischen Namen Howards.

Forster stellte einen Sammelband seiner meteorologischen Artikel zusammen, der 1813 mit dem Titel *Researches about Atmospheric Phaenomena* erschien. Er war einerseits als Reaktion auf die neueren Errungenschaften Howards geschrieben, denn der größte Teil des Buches war der Klassifikation atmosphärischer Erscheinungen gewidmet. Forsters Ziel war es, die Reichweite der Nomenklatur der Wolken auszudehnen, so daß sie auch andere Phänomene wie Halos, Nebensonnen und Koronen einschlössen, die er alle in offener Nachahmung Howards zu klassifizieren versuchte. Howard stand auch im Zentrum des lobenden Eröffnungskapitels »Von Mr. Howards Theorie der Entstehung und der Modifikationen der Wolken«.[28] Dieses Kapitel war zum einen Teil eine Huldigung Howards, zum anderen ein Nachdruck seines Essays; ihm voraus ging eine Einleitung, die verblüffende Vermutungen zur Meteorologie-Geschichte enthielt. Forster zeichnete eine Entwicklungslinie, die beim Frühmenschen begann, den der schwärmerische junge Autor als in ehrfürchtige Betrachtung der atmosphärischen Wunder der Schöpfung versunken darstellte. Er beschrieb die ägyptischen und syrischen Entdeckungen; der Faden wurde dann weitergeführt über Aristoteles und Theophrast (der laut Forster »alle volkstümlichen Wetterregeln sammelte«), über die *Phainomena* des Aratos und die Werke des Plinius, Vergil, Lukrez und Seneca, dann durch den langen, stillen Korridor des finsteren Mittelalters bis zur Ära der aufgeklärten Menschen der Neuzeit, Saussure und Deluc und schließlich zum Gipfel der Erleuchtung, wo Forster den stillen, frommen Engländer Luke Howard sah.[29] Es war eine der großen wissenschaftlichen Elogen jener Zeit, und Forsters Bericht fängt ein wenig von dem aufregenden Wissenschaftsleben des frühen 19. Jahrhunderts ein: volkstümlich, verherrlichend und gegenwartsorientiert.

Das war alles schön und gut, höchstens vielleicht ein bißchen peinlich für Howard – aber dann kam die Geschichte mit Forsters Übersetzung der Termini ins Englische. Forster hoffte sie weithin verbreitet zu sehen; schließlich hätten alle Tiere, Pflanzen, Minerale auf der Erde einen einheimischen und einen lateinischen Namen, argumentierte er, wieso mußte es bei einer Wolke anders sein? Er wiederholte die früheren Klagen, daß niemand die »richtigen Fachbezeichnungen« immer parat haben könne. Forster trat an die Herausgeber der *Encyclopaedia Britannica* heran und gewann ihre Zustimmung zu den neuen Übersetzungen. Sie versprachen sogar, sie in die für die frühen zwanziger Jahre geplanten Ergänzungsbände zur sechsten Auflage aufzunehmen.[30] Damit würden die Übersetzungen den angemessenen Platz erhalten.

Als Howard hörte, daß Übersetzungen seiner Termini im berühmtesten Konversationslexikon der Welt erscheinen sollten, war er entsetzt. Er mußte etwas unternehmen, um deren Wirkung zu beschränken. Seine Reaktion erfolgte in Form eines Appells an die Leser in der Einleitung zu *The Climate of London*. Er drängte sie nachdrücklich, den vorgeschlagenen Ausdrücken Widerstand zu leisten:

Ich erwähne sie, um bei dieser Gelegenheit zu sagen, daß ich sie nicht übernehmen werde. Die Namen für die Wolken, die ich aus dem Lateinischen abgeleitet habe, sind nur sieben an der Zahl und sehr leicht zu behalten:

Sie waren gedacht als *arbiträre Termini* für die *Struktur* der Wolken, und die Bedeutung jedes einzelnen wurde sorgfältig festgelegt durch eine Definition. Der Beobachter, der sich einmal zum Meister derselben gemacht hatte, war nach einiger Übung in der Lage, diesen Terminus korrekt auf ein Objekt mit allen Spielarten seiner Gestalt, Farbe oder Position anzuwenden. Die neuen Namen sind, wenn sie für einen neuen Satz arbiträrer Termini gedacht sind, überflüssig: Wenn sie bezwecken, in sich eine Erklärung auf Englisch zu vermitteln, dann scheitern sie darin, weil sie nur auf gewisse Teile oder Umstände der Definition anwendbar sind; man muß aber das *Ganze* im Blick haben, wenn man das Objekt mit Erfolg studieren will. Zum Beispiel die erste der Modifikationen – der Terminus *Cirrus* nimmt schnell eine abstrakte Bedeutung an, die ebenso anwendbar ist auf gerade wie auf gekrümmte Formen des Objekts. Der Name *Curl-Cloud* dagegen wird nicht ohne einige Gewalttätigkeit gegenüber seiner *sichtbaren* Bedeutung die allgemeinere Bedeutung annehmen; er ist daher eher geeignet, den Lernenden irrezuführen, statt seinen Fortschritt zu fördern.

Das waren die Worte eines Wissenschaftlers, der die Notwendigkeit erkannt hatte, die Zukunft seines eigenen Beitrags zu sichern. Er wußte, daß ein konkurrierendes System, selbst in der Form einer Übersetzung, die Überlebenschancen seiner Errungenschaft ernsthaft schmälern würde. Und ein solches Verhalten hatte er von einem Freund nicht erwartet. Er hatte bereits Lamarcks verfehlten Versuch überlebt, nun war er entschlossen, auch diesen zu überstehen. Aber es gab noch einen dringenderen Grund zum Widerstand: Die Übernahme einer einheimischen Wolkensprache würde dem weiteren Verständnis für ein so offensichtlich globales Phänomen entgegenwirken:

Aber der wichtigste Einwand gegen englische oder irgendwelche anderen einheimischen Ausdrücke bleibt noch zu nennen. Sie nehmen der Nomenklatur ihren jetzigen Vorteil, daß sie nämlich so weit wie möglich eine universale Sprache festlegt, mit deren Hilfe die Intelligenz aller Länder einander ihre Vorstellungen mitteilen kann, ohne daß eine Übersetzung notwendig wäre. Und je mehr die Kommunikation erleichtert wird, weil wir einmütig gleichen Formen, Bezeichnungen und Maßen für unsere Beobachtungen zustimmen, desto eher kommen wir zu einem Wissen über die Phänomene der Atmosphäre in allen Teilen der Welt und bringen diese Wissenschaft zu einem gewissen Grad der Vollkommenheit.[31]

Die Zukunft der weltweiten Meteorologie würde von einem gemeinsamen Wortschatz abhängen, und da die Sprache dafür kaum das Englische sein konnte, fand Howard diese holprigen Übertragungen wenig hilfreich und sehr unwillkommen, auch wenn sie das Werk eines geschätzten Freundes waren.

Aber dieser Freund reagierte auf die allgemeine Zurückweisung damit, daß er in die Defensive ging und seine Übersetzungen (in direktem Gegensatz zu Howards Wünschen) in die dritte Auflage seiner *Researches about Atmospheric Phaenomena* sowie in einen sonderbar uneinheitlichen Almanach aufnahm, den er 1824 veröffentlichte, bald nach seiner Konversion zum Katholizismus.[32] Diese spätere Arbeit war deshalb bemerkenswert, weil sie die englischen Wolkennamen jetzt ohne jeden Hinweis auf die lateinischen Namen verbreitete. Forster warb also offen für eine konkurrierende Typologie der Wolken, und bezeichnende Passagen wie »Die Veränderung von Curlcloud zu Wanecloud, und überhaupt das Vorherrschen letzterer zu jeder Zeit, muß als ein Anzeichen für bevorstehende Niederschläge gesehen werden«, oder »Wir haben kleine Stackenclouds innerhalb von wenigen Minuten entstehen und verschwinden sehen, während sich Curlclouds bilden, ihre Gestalt zu Feldern von Sonderclouds ändern und wieder verschwinden«, bestätigten

Howards Befürchtung, daß er seinen jungen Freund zu offenem Widerstand gereizt hatte.[33]

Inzwischen erschien die längst erwartete Ergänzung zur *Encyclopaedia Britannica*, und von da aus begannen sich Thomas Forsters Übersetzungen auszubreiten, wenn auch langsam. Howard war in einer unangenehmen Lage, aber er entschied sich dafür, die englischen Fassungen nicht weiter anzugreifen. Hätte er das nämlich getan, wären sie vielleicht viel bekannter geworden, als sie es dann wurden. Wenn andere sie aufgriffen, dann immer mit einer gewissen Vorsicht: Admiral Smyth zum Beispiel nahm sie in sein *Sailor's Word-Book* auf, schien aber geneigt, dem originalen Latein den Vorzug zu geben.[34] Auch Thomas Milner gab in seiner *Gallery of Nature* diplomatisch beide Fassungen wieder und bemerkte: »Mr. Luke Howards sinnreiches System wird nun überall übernommen; wir geben es kurz wieder und setzen Mr. Forsters englische Namen neben die lateinische Nomenklatur des ersteren.«[35] Andere wurden deutlicher in ihrer Verteidigung der Howardschen Terminologie. Henry Stephens von der Royal Society of Edinburgh zum Beispiel lehnte Forsters Beitrag zum Thema, nachdem er ihn geprüft hatte, rundweg ab und schloß: »Wir müssen die Nomenklatur nehmen, die der eigentliche und kluge Urheber der Klassifikation der Wolken, Mr. Luke Howard aus London, vorgegeben hat.«[36]

Howards Terminologie war die einzige Möglichkeit, Wolken eindeutig zu benennen, das wurde nach und nach Mehrheitsmeinung. Sie wurde dadurch bestätigt, daß Forsters sonderbare Übersetzungen nicht mehr in die folgende Auflage der *Encyclopaedia Britannica* aufgenommen wurden. Sie hatten schlicht den Bedürfnissen nicht genügt. Statt aufzuklären, hatte die konkurrierende Terminologie nur weitere Verwirrung unter den Benutzern gestiftet. Wenn es schon schwer genug war, einen Satz von Ausdrücken zu behalten, war es unmöglich mit zweien umzugehen, und obwohl die lateinische Fassung in manchen Ohren zunächst fremd klang, war sie präziser und hatte deutlich die größere Autorität.

Widerwillig gestand Forster schließlich seine Niederlage ein, und die ganze Episode endete als wenig mehr denn ein kurioser Umweg in der Geschichte der Klassifikation. Er und Howard legten bei den ersten Sitzungen der neu gegründeten Meteorological Society of London ihre Meinungsverschiedenheiten bald bei.[37]

Howards ursprünglicher Essay erschien inzwischen in Übersetzungen in anderen europäischen wissenschaftlichen Zeitschriften. Der Schweizer Naturforscher Marc Auguste Pictet fertigte eine Übersetzung für seine Genfer Zeitschrift *Bibliothèque Britannique* an, die er 1796 gegründet hatte, um kontinentale Leser über die neuesten Forschungen in Großbritannien auf dem laufenden zu halten. Seine und seiner Zeitschrift Bedeutung nahmen während der französischen Revolutionskriege und der Napoleonischen Kriege zu, weil sie zum Wohl der internationalen Wissenschaft Wege der Kommunikation offenhielten. Pictet hatte Luke Howard 1802 bei einem Besuch in London kurz vor dessen Vortrag über die Wolken aufgesucht und war von seinem Gastgeber in dem Observatorium im Obergeschoß des Hauses in Plaistow freundlich empfangen worden. Von da könne, so Pictet, »keine sichtbare Veränderung in der Atmosphäre einem aufmerksamen Beobachter entgehen«, und er war sehr beeindruckt, nicht nur von dem Blick, sondern auch von Howards behaglicher Verbindung von häuslichem und wissenschaftlichem Leben. Als die Übersetzung 1804 erschien, wurde sie als Beweis für die »persévérance et sagacité« des von Wolken besessenen jungen englischen Wissenschaftlers gewertet.[38]

Im folgenden Jahr wurde die Genfer Übersetzung ins Deutsche übertragen von Ludwig Wilhelm Gilbert, Professor für Physik an der Universität Halle, zur Veröffentlichung in seiner wissenschaftlichen Monatszeitschrift *Annalen der Physik*.[39] Wie Pictets Publikation beschaffte sich Gilberts Zeitschrift die Mehrzahl ihrer Artikel von englischen Wissenschaftlern; sie waren eine Gruppe für sich, die von ihren Zeitgenossen als die innovativsten Forscher der Welt angesehen wurden, vor allem seit die von der Französischen Revolution und dem folgenden Aufstieg Napoleons ausgelösten Ereignisse die gewachsene Struktur des intellektuellen Lebens auf dem Kontinent zerstört hatten.

Zehn Jahre später publizierte Gilbert eine Sondernummer zur Meteorologie in den *Annalen der Physik*, und im Zentrum stand die umfangreichere Version von Howards Essay: »Versuch einer Naturgeschichte und Physik der Wolken.« Diese Version war eine Übersetzung des 1811 in Nicholsons *Journal* erschienenen Artikels »The Natural History of Clouds«, der dritten Fassung des Originals von 1803. Die Sondernummer der *Annalen* befaßte sich mit der Bewertung der Wirkung von Luke Howards Beiträgen zur Wolkenphysik insgesamt, besonders seiner Theorien der Elektrizität, sowie mit den Vorteilen für die Beschreibung, die seine Termini boten. Eine Serie von Artikeln, einer auch von Thomas Forster, zeugte von der anhaltenden Bedeutung der Meteorologie Luke Howards.

Inzwischen wurde Howard als größter lebender Vertreter dieser Wissenschaft angesehen, als die Autorität, weithin gedruckt und zitiert, wo immer das Thema diskutiert wurde. Vor allem sollte diese bahnbrechende Errungenschaft für immer mit seinem Namen verbunden sein. Aber neben den Huldigungen für den Engländer, die ihn doch immer noch in Verlegenheit versetzten, kam erneut das Problem der Übersetzung auf.

Im späten 18. Jahrhundert war man in den meisten europäischen Ländern vom Gebrauch des Lateinischen für wissenschaftliche Abhandlungen abgekommen, und Übersetzungen in die Landessprachen waren ein bedeutendes Element bei der Verbreitung neuer Ideen geworden. Latein blieb die Weltsprache der wissenschaftlichen Klassifikation selbst, aber darüber hinaus wurden Texte fast ausschließlich in den lebenden einheimischen Sprachen verfaßt. Da die Mehrheit der deutschen Leser wenig oder kein Latein beherrschte, wie Professor Gilbert deutlich machte, würden sich selbst ein paar einzelne Termini wie Cirrus und Stratus vielleicht als zu schwer zu behalten erweisen. Denn es war nur eine winzige gebildete Minderheit mit dem Lateinischen und Griechischen vertraut. Damals wie jetzt wurden tote Sprachen nicht überall gelesen oder verstanden, auch nicht von Menschen mit einer ordentlichen Allgemeinbildung. Und so versuchte Gilbert, genau wie es Thomas Forster gerade in England begonnen hatte nationalsprachliche Entsprechungen für Howards Ausdrücke zu finden. Cirrus zum Beispiel wurde als »*Lokken- oder Feder-Wolke*«, Cumulus als »*Haufen-Wolke*«, Stratus als »*Nebel-Schicht*« übersetzt.[40] Im Gegensatz zu Forster brachte Gilbert jedoch auch Vorbehalte gegenüber dem Wert volkstümlicher Übersetzungen zum Ausdruck und gab den Versuch, angemessene deutsche Wörter zu finden, bald auf. Besonders die Bezeichnung Cirrostratus hatte sich als schwierig erwiesen; das überzeugte ihn von der Vergeblichkeit seiner Bemühungen.

Sein berühmter Landsmann Johann Wolfgang von Goethe stimmte darin völlig mit ihm überein und schrieb von den lateinischen Namen, man solle »sie in alle Sprachen aufnehmen, man soll sie nicht übersetzen, weil man dadurch die erste Absicht des Erfinders und Begründers zerstört«. Und dann unternahm Goethe eine energische Verteidigung der Terminologie Luke Howards:

»Wenn ich Stratus höre, so weiß ich daß wir in der wissenschaftlichen Wolkengestaltung versieren und man unterhält sich darüber nur mit Wissenden. Eben so erleichtert eine solche beibehaltene Terminologie den Verkehr mit fremden Nationen. Auch bedenke man daß durch diesen patriotischen Purismus der Stil um nichts besser werde: denn da man ohnehin weiß daß in solchen Aufsätzen diesmal nur von Wolken die Rede sei, so klingt es nicht gut Haufenwolke etc. zu sagen und das Allgemeine beim Besondern immer zu wiederholen. In andern wissenschaftlichen Beschreibungen ist dies ausdrücklich verboten.«[41]

Goethe hatte gesprochen, die Sache war entschieden, und die Nomenklatur blieb in ganz Europa lateinisch, zum Ärger von Thomas Forster und zum Ärger ganz besonders von Jean Baptiste Lamarck, dessen eigene Versuche einer Klassifizierung so formlos abgeschmettert worden waren. Er konnte jetzt nur noch aus der Ferne zusehen, wie sich Luke Howards Fachausdrücke ungehindert in Europa ausbreiteten.

Außerhalb Europas brauchten die Meteorologen etwas länger, ehe sie die neuen Termini übernahmen. Berichterstatter in Nordamerika zum Beispiel blieben die zwanziger Jahre hindurch in ihren Aufzeichnungen bei Beschreibungen wie »auseinandergezogene helle Wolken« oder »streifige Wolkenmassen«.[42] Die amerikanische Meteorologie war in der Frühzeit verständlicherweise mehr mit der Bestimmung praktischer Auswirkungen des Klimas auf die Fischerei und die Landwirtschaft befaßt als mit Feinheiten des Ausdrucks. Aber als dann um 1830 Howards Termini durch die erste *Encyclopaedia Americana* eingeführt wurden, gab es, wie zuvor in Westeuropa, kein Halten mehr.

Die Artikel dieser ersten amerikanischen Enzyklopädie beruhten großenteils auf direkten Übersetzungen eines deutschen Konversationslexikons, das kurz zuvor in Europa großen Anklang gefunden hatte, wobei die Wolkennamen selbst, die im deutschen Text lateinisch standen, en bloc ins Amerikanische übernommen worden waren. Howard hatte den richtigen Instinkt bewiesen, als er von Anfang an behauptet hatte, daß nur eine lateinische Nomenklatur die Reise durch verschiedene Sprachen würde überleben können.

Die Namen für die Wolken fanden schnell Anklang bei den amerikanischen Verfassern von Wetterbeobachtungen. General Martin Field aus Fayetteville zum Beispiel hatte schon seit einigen Jahren Beiträge für das *American Journal of Science and Arts* geschrieben, bevor er 1833 erstmals die Howardschen Termini benutzte. In einem frühen Artikel beschrieb er, wie er an einem sonnigen Augustvormittag gegen 10 Uhr in Vermont im Freien gelaufen sei: »Helle *Cumulous*-Wolken von sehr schmächtiger Gestalt stiegen von Nordwesten bis Südwesten auf. Als diese Wolken eine Höhe von 20° über dem Horizont erreicht hatten, bildeten sich nahezu gleichzeitig *Strata*-Wolken, die sich flach auf die Cumulous legten und sie bedeckten, und sogleich nahmen sie die Form von Pilzen an.«[43] Die falschen Schreibweisen bei Field könnten darauf hindeuten, daß er die neuen Namen und Beschreibungen nur gesprochen gehört und sie nicht gedruckt gesehen hatte. Vielleicht hatte er sie sogar bei einem Vortrag gehört, oder ein Kollege hatte sie ihm erklärt. Trotz der Fülle von gedruckten Quellen war das gesprochene Wort immer noch das wichtigste Medium beim intellektuellen Austausch, vor allem in den ländlichen Regionen der jungen Vereinigten Staaten von Amerika.

Andere, exzentrischere Formen amerikanischer Wetterklassifikation waren einstweilen auch noch im Gebrauch. Für einen großen Teil davon war der in der Türkei geborene Botaniker Constantine Samuel Rafinesque verantwortlich. Rafinesque war 1802 im Alter von 19 Jahren erstmals nach Amerika gekommen, um das Land zu bereisen und zu erforschen; danach hatte er wieder einige Jahre in Europa verbracht und war schließlich für immer in die Neue Welt zurückgekehrt. Seine Interessen waren sehr vielfältig, aber seine größte Neigung richtete sich auf die botanische Klassifizierung, und in seinem kurzen, aber ereignisreichen Leben erfand er mehrere tausend Namen und Verbesserungen. Er war ein brillanter Lehrer und wurde auf Vermittlung eines hochgestellten Freundes Professor für Naturwissenschaften an der Transylvania University in Lexington, Kentucky. Von da aus reiste er bei seinen Forschungen weit umher.

Leider entwickelte er im Lauf der Zeit einen Ruf als Spinner: »Er gewöhnte sich nie ganz an das Verhalten und die Denkweise normaler Menschen«, schloß das *Dictionary of American Biography*, »und erwarb nie die geordneten Methoden und die Geisteshaltung des ausgebildeten Wissenschaftlers. Ein großer Teil seines persönlichen Leidens und der Erfolglosigkeit seiner Arbeit läßt sich auf unüberwindliche Naivität zurückführen.« Sicher, zu der Zeit, als seine letzte und seltsamste Veröffentlichung in Vorbereitung war, *The Amenities of Nature* von 1840, waren nur noch wenige bereit, ihn ernst zu nehmen. Wenn man sich das Buch ansieht, weiß man warum. Rafinesque versuchte darin eine gründliche Neuklassifizierung der gesamten Naturwissenschaften. Die Zeit sei reif, Ordnung in die wimmelnden Massen wissenschaftlicher Informationen zu bringen, behauptete er; alle Klassifikationen müßten revidiert werden. Diese Aufgabe sei ihm allein zugefallen. Sein Entschluß war so beeindruckend wie sein Ego. Unter den Dutzenden neuer Klassen und Unterteilungen der Wissenschaft, die er vorschlug, sind die folgenden hier von Interesse:

ATMOLOGIE, Wissenschaft von der Atmosphäre.

1. *Aerologie*, Wissenschaft von der Luft – *Aerognosie*, Physik der Luft – *Aerographie*, Beschreibung etc.

2. *Meteorologie*, Wissenschaft von den Meteoren – *Anemologie* von den Winden – *Nephologie* von den Wolken – *Jetologie* von den Niederschlägen – *Phosologie* von leuchtenden Meteoren – *Sterologie* von massiven Meteoren etc.[44]

Ein anderes seiner Projekte war, einem Nekrolog zufolge, eine Klassifikation »im naturhistorischen Stil« von »*zwölf neuen Spezies von Donner und Blitz*«, jeweils nach der Erscheinungsform geordnet und beschrieben.[45]

So phantasievoll sie auch waren, Rafinesques Neudefinitionen trafen wie Lamarcks *Annuaires* am Anfang des Jahrhunderts und Forsters Übersetzungen anderthalb Jahrzehnte danach auf nichts als Unverständnis bei seinen

Kollegen. Rafinesque, dessen geistige Gesundheit gegen Ende seines Lebens zweifelhaft wurde, sollte ein weiteres Opfer der Wissenschaft von der Atmosphäre sein. Schließlich war das 19. Jahrhundert dasjenige, das globale Standardisierung weit über sprachliche Kapricen stellte.

1840, im Jahr von Rafinesques Tod, wurden jedoch bereits von einer wachsenden Zahl von Naturwissenschaftlern vollständige und genaue Tabellen geführt. So etwa von dem großen Unwetterforscher Elias Loomis vom Western Reserve College, Ohio. Loomis schloß sich den europäischen Kollegen an und lehnte die Verwendung des Nimbus als einer eigenständigen Wolkenkategorie ab:[46] (Abb. 18)

Monate	9 Uhr						15 Uhr					
	Cirrus	Cumulus	Stratus	Cirro-cumulus	Cirro-stratus	Cumulo-stratus	Cirrus	Cumulus	Stratus	Cirro-cumulus	Cirro-stratus	Cumulo-stratus
März	10	3	26	5	7	11	8	11	21	8	5	11
April	6	12	32	2	8	6	5	14	25	6	6	10
Mai	5	7	17	3	8	19	4	14	11	5	6	23
Juni	11	15	21	7	9	10	10	32	15	7	6	10
Juli	13	28	16	13	3	4	6	47	11	10	4	8
August	12	31	15	11	5	8	7	51	11	8	3	7
September	7	16	14	5	8	14	3	21	7	7	5	25
Oktober	4	13	28	6	11	18	7	18	29	2	7	12
November	4	7	36	3	7	20	5	10	31	7	10	18
Dezember		3	66	1	5	9	2	3	56	1	9	12
Januar	3	2	57	2	10	13	3	3	51	5	10	16
Februar	9	2	37	5	12	13	7	2	33	7	12	12

Abb. 18: Amerikanische Bewölkung 1840,
aus: *American Journal of Science and Arts*, 1841.

1857 übernahm die elf Jahre zuvor gegründete Smithsonian Institution in Washington die Aufgabe, ein offizielles »Register of Meteorological Observation« herzustellen.

Es handelte sich um ein großes Formblatt, das in Spalten aufgeteilt war; Anweisungen zum Ausfüllen waren auf die Rückseite gedruckt. Die Wolkenspalte war in zwei Hälften unterteilt: »Bewegung der höheren Wolken« und »Art der Wolken«. In letztere sollten die folgenden Abkürzungen eingetragen werden: »*St.* Stratus; *Cu.* Cumulus; *Cir.* Cirrus; *Nim.* Nimbus; *Cir.St.* Cirro-Stratus; *Cu.St.* Cumulo-Stratus; *Cir.Cu.* Cirro-Cumulus.«[47]

Als dann 1870 das United States Weather Bureau eingerichtet wurde, waren die amerikanischen Überlegungen zur Meteorologie längst mit den Bräuchen der übrigen Welt in Übereinstimmung gebracht worden.

Kapitel 9
Ruhm

Fame is, alas! a tinsel shred
Bound on the temples of the dead,
Full dearly bought with peace of mind
To envy and to care resign'd.

Luke Howard, 1808[1]

Es wurden viele Fassungen von Luke Howards Essay über die Wolken gedruckt und nachgedruckt in den Jahren gleich nach seinem ersten Erscheinen, aber nicht immer wurden Genehmigungen eingeholt, und nicht immer wurde Honorar gezahlt. Literarische Piraterie war weit verbreitet im 18. und 19. Jahrhundert, vor allem, wenn es um einen bekannten Text ging, und Verfasser und Verleger waren ständig in Prozesse um Lizenzgebühren verwickelt. Alexander Pope war einmal so weit gegangen, dem Raubdrucker Edmund Curll eine fast tödliche Dosis Gift zu verabreichen, weil er es gewagt hatte, einige von Popes satirischen *Court Poems* ungenehmigt nachzudrucken. Ihre Fehde tobte dann noch dreißig Jahre, immer wieder neu entfacht durch hetzerische Schmähschriften. Und auf jeden Autor, der, wie Pope, materielle Entschädigung für das Unrecht und den Einkommensverlust forderte, kamen Dutzende andere, die ihnen gern nachgeeifert hätten; Edmund Curll machte allerdings nie wieder den Fehler, ein Getränk aus der Hand eines Dichters anzunehmen.

Aber so sehr es einzelne Autoren auch verletzt haben mag, Raubdrucke waren eines von vielen Mitteln zur erfolgreichen Verbreitung geistiger Güter. Allerdings führte der Raubdruck gelegentlich dazu, daß der eigentliche Urheber in Vergessenheit geriet, da sein Name nicht mehr genannt wurde. Ob man sie als Täter oder als Opfer erlebt, solange es unerlaubten Nachdruck und Plagiat gibt, werden vielfach nicht die richtigen Namen mit den richtigen Vorstellungen in Verbindung gebracht.

Sogar der sanfte John Claridge, selbsternannter Sprecher des Schäfers von Banbury, war um des Profits willen zu einer Reihe von Täuschungen fähig. Über John Claridge ist wenig bekannt, und was bekannt ist, ist mit ziemlicher Sicherheit nicht richtig. Er behauptete zum Beispiel, daß 40 Jahre lang »in frischer Luft und unter dem weitgespannten Firmament« gemachte Beobachtungen die Basis für seinen Bestseller *Shepherd of Banbury's Rules To judge of the Changes of the Weather* geliefert hätten, der erstmals 1744 veröffentlicht und noch viele Male nachgedruckt wurde.[2] Der Schäfer, so beteuerte er, nutzte »die Sonne, den Mond, die Sterne, die Wolken, die Winde, die Nebel, die Bäume, die Blumen, die Kräuter und fast jedes Tier, das er kannte«, als »Werkzeug wahren Wissens«, und das Buch, das Wissenschaft mit Bauernweisheiten vermischte, erwies sich zwei Jahrhunderte lang als ein Favorit beim Publikum.[3] Der fiktive Schäfer drang ins allgemeine Bewußtsein ein als ein Symbol für schlichte rustikale Weisheit und Voraussicht. Auch Luke Howard gab zu: »Dennoch sind die jetzigen Physiker keine bessere Wetter-Propheten als die früheren, und stehen in der Kunst, die Witterung vorherzusagen, noch immer den Schäfern, den Landleuten und den Schiffern nach, die, ohne sich um die Ursachen zu kümmern, durch Tradition und Erfahrung gelernt haben, gewisse Erscheinungen des Himmels mit gewissen herannahenden Wetter-Veränderungen in Verbindung zu setzen ...«[4] Ihre Kenntnis des Wetters, einschließlich des Wissens von Claridges »Schäfer«, wurde wegen ihrer bäuerlich-schlichten Authentizität verehrt.

Im Mai 1748 erschien allerdings im *Gentleman's Magazine* ein Leserbrief, der darauf hinwies, daß der Schäfer von Banbury, wer immer er war, jedenfalls nicht der war, der er zu sein schien. Claridge, so wurde deutlich, hatte das meiste von seinem »überlieferten Wissen« nicht aus der

Weisheit des aufmerksamen Schäfers, sondern aus einem früheren Buch bezogen:

Mr. Urban,

A Rational Account of the Weather, by the Rev. Mr Pointer, wurde 1738 veröffentlicht, und *The Shepherd of Banbury's Rules, &c. by* John Claridge 1744.

Die Beobachtungen des Schäfers in letzterer Abhandlung, so wird da behauptet, seien auf nicht weniger als 40 Jahre Erfahrung gegründet, aber beim Vergleich dieser mit denen im ersteren Bericht sehe ich, daß fast alle Beobachtungen *verbatim* von dort übernommen worden sind.[5]

Dieser Behauptung des anonymen Briefschreibers (der oder die sich nur als »Stalbrigensis« bezeichnete), folgten 26 Beispiele des Plagiats aus Pointers Buch, mit dem Ziel, John Claridges Anleihen bloßzustellen:

Wolken klein und rund, wie ein Apfelschimmel, bei Nordwind – gutes Wetter für 2 oder 3 Tage. *Shepherd.*

Wolken, die wie Wolleflocken erscheinen und über den Himmel verteilt sind, sind ein weiteres Zeichen für gutes Wetter. Pointer.

Groß wie Felsen – starke Schauer. *Shepherd.*

Wolken, die wie Felsen oder Türme erscheinen, bezeichnen starke Schauer. Pointer.

Wenn kleine Wolken wachsen, viel Regen. *Shepherd.*

Wenn kleine Wolken innerhalb von ein oder zwei Stunden immer größer werden, bedeuten sie viel Regen. Pointer.

Wenn große Wolken abnehmen – schönes Wetter. *Shepherd.*

Wenn große Wolken sich trennen, zerfallen und immer kleiner werden, bedeutet das schönes Wetter. Pointer.[6]

Und so ging es noch zwei anklagende Seiten lang weiter, John Pointers früheres Buch war geplündert worden als Steinbruch für Material, das als hart erarbeitetes Wissen vorgestellt wurde. Der Schäfer war nichts als eine geschickte Erfindung, die die Anleihen bei Pointer verbergen sollte.

Die Enthüllung trug jedoch wenig dazu bei, den Verkauf oder den häufigen Nachdruck des Buches von Claridge zu beeinträchtigen. Tatsächlich zeigte die Episode nur, wie lebendig der Markt für Bücher über Wetter und Wolken bereits Mitte des 18. Jahrhunderts war. Und am Ende des Jahrhunderts war dieser Markt unverhältnismäßig stark gewachsen.

Leser hatten in den Straßen von London eine große Auswahl von Läden, in denen sie schmökern und ein Exemplar jener Publikationen kaufen konnten, in denen Luke Howards Text erschienen war. Bei Cadell and Davies am Strand zum Beispiel, oder bei Longman & Rees auf der Paternoster Row, oder Vernor & Hood's am Poultry, oder in Hardings etwas exklusiverem Etablissement in Nr. 36 St James's Street. Das Titelblatt des *Philosophical Magazine* führte neun anerkannte Fachhändler im Zentrum von London an, dazu zwei in Schottland und einen in Dublin. Der Name eines Hamburger Buchhändlers (»W. Remnant«) war für Leser auf dem europäischen Kontinent angegeben. Und die anderen Bücher und Periodika, die Auszüge aus Howards Essay brachten, konnte man außer in diesen noch in Dutzenden anderer Buch- und Papierläden überall in der drucknärrischen Stadt erwerben: bei Debretts oder Hatchards am Piccadilly, Bells an der Oxford Street, Richardson's in Cornhill oder – am besten und größten – in James Lackingtons imposantem »Musentempel« am Finsbury Square. Lackington's war eine berühmte Buchhandlung und nach allem, was man hört, der Traum jedes Büchernarren. Sie quoll über von Druckwerken: gebundenen und ungebundenen Büchern, Essays, Zeitschriften, Liederbögen und Papierwaren, und Howard hatte seinen kleinen, aber bedeutsamen Teil dazu beigesteuert. Jeder konnte seinen Essay über die Wolken lesen, jetzt, da er gedruckt in die Welt hinausgegangen war, jeder konnte die Worte hören, jetzt, da er sie laut gesprochen hatte.

Der Nachteil bei alldem war der Ruhm. Howard wurde

bald als wissenschaftliche Prominenz gefeiert, mit Schmeicheleien und Beifall hofiert, und er begegnete dieser un-
erwarteten Veränderung seines Lebens mit einer gewissen Beklommenheit. Natürlich freute er sich über seinen
Erfolg und war froh über seinen nachhaltigen Beitrag
zur Wissenschaft, aber die persönliche Anerkennung, die
damit einherging, machte ihn doch sehr verlegen. Diese
Weltlichkeit paßte nicht recht zu seinen starken Überzeu-
gungen als Quäker, und 1808 schrieb er ein melancholi-
sches, halb mystisches Gedicht mit dem Titel *My Ledger*
(*Mein Hauptbuch*), in dem er, in den am Anfang dieses
Kapitels zitierten Zeilen, über die Natur des Ruhms nachdachte: »Ruhm ist, ach, nur Flitterkram, an Totentempel
gebunden ...«

Es war nicht ungewöhnlich, daß Wissenschaftler ihre
Gedanken in Verse faßten. Erasmus Darwin, Gilbert White
und Humphry Davy hatten es in früheren Jahrzehnten
ständig getan; andere, wie Thomas Lovell Beddoes und
James Clerk Maxwell würden es in späteren Jahren tun.
Manche von diesen Gedichten sind großartig, die meisten
allerdings weniger. Davy zum Beispiel hatte mit einem
gewissen Pathos von Wissenschaftlern als den »Söhnen der
Natur« gesprochen, die »das friedliche Reich der milden
Philosophie« erkundeten, bis Verzückung ihre Seelen füll-
te, und Maxwell hatte übellaunige Einwände gegen neue
Theorien in Verse gefaßt. »Heil dir, Unsinn!« schrieb er:

> From thee the wise their wisdom learn,
> From thee they cull those truths of science,
> Which into thee again they turn.
> What combinations of ideas,
> Nonsense alone can wisely form!
> What sage has half the power that she has,
> To take the towers of Truth by storm?[7]

Mit dem beginnenden Ruhm ging für Howard eine auch
schmerzliche Epoche seines Lebens zu Ende: Die Teilha-
berschaft an William Allens Unternehmen wurde aufge-

löst, eines seiner Kinder war gestorben. Der Verlust ihrer Tochter Mariabella, nach der Mutter benannt, traf die junge Familie besonders hart. Sie war im Alter von 18 Monaten am Keuchhusten gestorben; die Beerdigung in Barking war ein schrecklicher Tag und erinnerte Luke Howard an die Trauer seines Vaters Robert Howard über den Tod seiner Söhne Anfang der neunziger Jahre. Wie kann ein Mensch von seinem Kind Abschied nehmen?

Es war eine Zeit großer emotionaler Umwälzungen für die Familie. Bella fuhr zur Erholung eine Weile zu Verwandten, und auch Luke suchte vorübergehend Zuflucht vor den sich häufenden Belastungen: Im Sommer 1807 machten er und William Allen einen Wanderurlaub im Lake District in Nordengland, teils um über ihre Pläne für die Zukunft zu sprechen, teils als wohlverdiente Ruhepause und Erholung. Allen war gerade zum Fellow der Royal Society gewählt worden und hatte großen Erfolg als wissenschaftlicher Vortragsredner, mit ausverkauften Darbietungen in der Royal Institution und regelmäßigen Vortragsreihen im Guy's Hospital in Southwark. Wie Howard versuchte er sich abzugrenzen; in nächtlichen Eintragungen in sein Tagebuch ermahnte er sich selbst, »auf der Hut gegen die Schmeicheleien und den Applaus der Welt« zu bleiben, und betete darum, er möge »bewahrt werden vor maßloser Liebe zur Wissenschaft«.[8] Die Versuchungen des Ruhms und das wachsende Ansehen waren Herausforderungen für ihre bescheidenen Quäkerseelen, vor allem für den verwitweten William Allen, der jeden Abend einem erwartungsvollen Publikum gegenübertreten mußte. Nach seinen früheren Erfahrungen mit Halluzinogenen scheint Allen den Versuchungen später abermals erlegen zu sein. Seine Krisen, sein mangelndes Selbstvertrauen und Depressionen, sicherlich teilweise durch den Erfolg heraufbeschworen, waren nur zu real; er hielt sie in seinen persönlichen Tagebüchern genau fest. Sie zeugen von einem erstaunlicherweise nicht abnehmenden, sondern wachsenden Lampenfieber:

3. Dezember 1801: »Um sieben hielt ich meinen ersten Vortrag zur Chemie. Es ging über alle Erwartungen gut, aber ich war sehr niedergeschlagen, bevor ich anfing.«

13. Februar 1802: »Stand früh auf – mußte mich auf die Versuche im Krankenhaus vorbereiten – fühlte mich quälend niedergeschlagen und ängstlich – es begann und endete mit lautem Applaus.«

21. Oktober 1802: »Erste Vorlesung im Krankenhaus in dieser Saison ... Ich bin sehr ängstlich und voller Furcht.«[9]

Als die beiden Freunde erst einmal beschlossen hatten, daß sie sich eine Zeitlang von London entfernen sollten, konnten sie der Lockung der Seen im Sommer nicht widerstehen. Sie machten sich leichten Herzens und mit einem Gefühl bevorstehender Abenteuer auf die Reise nach Norden. In der reizvollen Landschaft von Bergen und Seen würden sie die Auflösung ihrer Geschäftsverbindung besprechen.

Die Trennung hatte ihren Ursprung im Jahr 1805, als Howard die Fabrikation von Plaistow in eine größere Anlage im nahegelegenen Stratford verlegt hatte, wobei aber er und seine Familie weiter in Plaistow wohnten. Es war klar, daß der Wert dieses Labors den der ursprünglichen Plough Court Pharmacy erheblich überflügelt hatte, daß aber seine weitere Expansion durch die Verbindung behindert wurde. Allen erklärte sich einverstanden, selbst eine neue, kleinere Fabrik näher am Hauptquartier in der Lombard Street zu gründen, während Howard seine Fabrikation in größerem Maßstab weiterführen würde – in einem gesonderten Unternehmen und unter seinem eigenen Namen. So wurde bei sommerlichen Wanderungen im Lake District Allen & Howard in aller Freundschaft beendet und Luke Howard & Co in Stratford geboren.

Die Beliebtheit dieser Seenlandschaft als Ferienziel war in den vorausgegangenen drei Jahrzehnten gewachsen; ein äußerer Impuls war durch die napoleonische Kontinentalsperre dazugekommen. Die »Lake Poets« William

Wordsworth und Samuel Taylor Coleridge gehörten zu denen, die sich als erste über die wachsende Zahl von »bleichgesichtigen und gähnenden Touristen« in der Region beklagten. 1805 war sogar einer von ihnen nahe dem Gipfel des Helvellyn zu Tode gestürzt; seine Leiche wurde erst drei Monate später entdeckt. Der arme Charles Gough (nicht verwandt mit dem blinden John) war der erste Mensch, der auf der Suche nach dem Malerischen gestorben war. Wordsworth und Walter Scott schrieben beide Elegien zu seiner Erinnerung, und sein Hund lebt in der Legende fort.[10]

Um 1807 beklagten sich umgekehrt die Sommerfrischler darüber, daß im Sommer zu wenig Betten in den Gasthäusern zur Verfügung stünden. Aber da es eine blühende alte Quäkergemeinde in der Gegend gab, dürften Allen und Howard sogar in der Hochsaison keine Schwierigkeiten gehabt haben, eine Unterkunft zu finden. Es hatte auch gewisse materielle Vorteile, wenn man einem spirituellen Netzwerk angehörte.

Als sie sich erst einmal in ihrer Unterkunft in Keswick eingerichtet hatten, taten sie ihren Tagebüchern zufolge das, was die meisten wissenschaftlich Interessierten im 19. Jahrhundert dort in den Ferien getan haben dürften: Sie standen früh auf, um zu wandern, erkletterten die höchsten Berge, um den Blick zu genießen, picknickten oben auf den Höhen und maßen den veränderten Luftdruck mit ihren tragbaren Barometern. Bei der Ausarbeitung ihrer Beobachtungen und dem Vergleich mit veröffentlichten früheren Messungen hatten die beiden »sehr zufriedenstellende Beweise für die Genauigkeit ihrer Berechnungen«.[11]

Luke Howards Westmorland-Tagebuch, ein kleines, in Kalbsleder gebundenes Notizbuch, wird heute in einem Schutzkarton in den Londoner Metropolitan Archives aufbewahrt; es ist voll von Eintragungen der Barometer- und Thermometerstände, die er in einer der aufregendsten Landschaften Europas aufgezeichnet hat. Sein Bericht über die Besteigung des (951 m hohen) Helvellyn ist einer der Höhepunkte in dem Büchlein. Der Aufstieg dauerte mehrere Stunden, aber nachdem die beiden ihre parallelen Messungen vorgenommen und den klaren Fernblick auf Berge und Seen genossen hatten, die sich in strahlendem Sonnenschein vor ihnen ausbreiteten, begann sich plötzlich das Wetter mit einer Geschwindigkeit zu ändern, die für den Lake District typisch ist. Der heitere Morgen wandelte sich und bot ihnen statt dessen »einen schönen und für Meteorologen wirklich erfreulichen Blick auf große Cumuli, die sich mit den Bergen verwoben, die Täler heraufglitten und mit ihren runden Kuppen unter unseren Füßen an uns vorübersegelten, während die oberen Teile sich mit Botenwolken vermischten, die Regen auf uns herniederschütteten«.[12] (Botenwolken, Stratus fractus, sind kleine, dunklere Begleitwolken, die unter einer regenführenden Struktur hängen. Sie waren von Seeleuten, Bauern und Müllern immer schon als »Botenwolken« bezeichnet worden, und die Botschaft, die sie brachten, hieß Regen.) Wie für John Evelyn die Innenansicht einer alpinen Wolke war dies eines der besonderen Erlebnisse bei Howards Reise, aber im Gegensatz zu Evelyn hatte Howard eine Sprache dafür – die Terminologie, die er selbst entwickelt hatte –, mit der er erfassen und beschreiben konnte, was er gesehen hatte.

Sie waren bis auf die Haut durchnäßt und gönnten sich zur Regeneration einen kräftigen Schluck Brandy, dann begannen sie den schlüpfrigen Abstieg. Howard holte sich etliche blaue Flecken bei Stürzen, aber »ohne das Barometer zu beschädigen, das ich immer um die Hüfte geschlungen hatte ... beim Abstieg hielt ich es vorn, hinten beim Aufstieg«. Trotz der Erinnerung an den Tod von Charles Gough auf derselben abgetretenen Wegstrecke drehten sich Howards Befürchtungen nur um »die Gefahr für mein Barometer«. Sonst konnte nichts seine Lust auf meteorologische Abenteuer verringern, und der Aufstieg zum Skiddaw einige Tage danach löste dieselbe Begeisterung aus, als er sich weit oberhalb der schwindelerregenden »Region der Wolken« befand. Nie hatte er sich, das wurde ihm jetzt richtig klar, den fernen Gefährten seiner Jugend so von Angesicht zu Angesicht gegenübergesehen; die Ausblicke auf diesen Ausflügen hatten seinen Horizont erweitert, ihm die Wolken nähergebracht und sie majestätischer erscheinen lassen als je zuvor.

Wissenschaftlich inspirierter Zeitvertreib dieser Art war zu jener Zeit, wie gesagt, äußerst populär, und geologische, botanische und klimatische Phänomene stellten einen besonderen Anreiz bei der Zunahme von Landschaftsreisen dar. Diese waren natürlich auch Zielscheibe für Satiriker. In James Plumptres komischer Oper *The Lakers* von 1798 zum Beispiel stieg eine Gruppe von Amateurwissenschaftlern auf einen Berg, geleitet von einem »Führer und Botaniker, der wohlvertraut war mit den indigenen Pflanzen der Berge, Felsen und Seen«; sie erklommen die Gipfel, um ihre mitgebrachten Lunchpakete inmitten einer Aussicht zu sich nehmen zu können, die »abgehoben war durch den purpurfarben flaumigen Ton der Wolken«.[13] Das ganze Werk – das ironisch »den Touristen allgemein« gewidmet war, hätte auch eine Beschreibung der Possen von Allen und Howard sein können, oder sogar der von Wordsworth und Coleridge, deren eigene Begeisterung für das Klima der Region sie auch bei strömendem Regen die Berge zu ersteigen trieb, wobei sie nur anhielten, um das Geschenk dieser »Diener des Allerhöchsten, der Wolken, Wasser, Sonne, Mond, Sterne etc.« zu preisen, deren Wechselhaftigkeit ihre romantischen Gefühle außerordentlich ansprach.[14] Ihre Wanderungen waren tatsächlich so einsam und in sich gekehrt wie die einer Wolke.

Die »Lakes« waren nicht nur Schauplatz für die beliebten wissenschaftlichen Unternehmungen, sondern auch eng verbunden mit einer Gruppe englischer Dichter, den *Lake Poets* oder *Lakists*, die sich durch ihr Interesse an neuen Denkweisen und neuen Klassifikationen auszeichneten, besonders an Klassifikationen der Gemütsbewegungen. Für sie standen die jüngsten Namen für die Wolken gleichberechtigt neben anderen Bezeichnungen, etwa »erhaben« oder »malerisch«, beide neuerdings auch Kategorien der visuellen Erfahrung. Diese neuen Epitheta waren an den Berghängen mit Blick über die Seen erprobt worden, von leidenschaftlichen Meteorologen wie Allen und Howard oder von in Bildern denkenden Dichtern wie Wordsworth und Coleridge, die sich sehr ernsthaft mit Taxonomien beschäftigten. Wie jeder Naturwissenschaftler jener Zeit (und Coleridge, ein Freund von Davy, betrachtete sich auf jeden Fall als wissenschaftlich Interessierten) hatten sie das Bedürfnis, Unbestimmtheiten in der Bedeutung, wo immer sie auftraten, zu beseitigen.

Das war nicht immer leicht: Dorothy Wordsworth hielt eine peinliche Begegnung zwischen Coleridge und einem mitreisenden Bewunderer der Landschaft an den Cora-Linn-Wasserfällen fest. Der Fremde bemerkte, dies sei »ein ›majestätischer‹ Wasserfall«:

»Coleridge war glücklich über die Treffsicherheit dieser Bezeichnung, vor allem, da er für sich selbst gerade die präzise Bedeutung der Wörter groß, majestätisch, erhaben etc. festgelegt hatte und das Thema am Tag zuvor ausführlich mit William besprochen hatte. ›Ja, Sir‹, sagt Coleridge, ›es ist ein majestätischer Wasserfall.‹ – ›Erhaben und schön‹, antwortete sein Freund. Der arme C. konnte nichts entgegnen.«[15]

Für Dichter wie Wordsworth und Coleridge waren visuelle Kategorien wichtige Instrumente zum Verständnis des Funktionierens der Welt. Den Mißbrauch solcher Kategorien zu erleben tat weh, das traf ins Herz ihres intellektuellen Strebens. Die geistigen Prozesse mußten den komplizierten natürlichen Prozessen sympathetisch angepaßt werden, und die Sprache war das bedeutendste Werkzeug, um eine solche Anpassung zu erreichen. Coleridge beschrieb einmal das Lakeland-Panorama als Bühne, auf der »Nebel und Wolken und Sonnenschein endlos

Abb. 19: Wolkenaquarell von Luke Howard, etwa 1807
(mit frdl. Genehmigung der Science and Society Picture Library).

Kombinationen herstellen, als ob Himmel und Erde ständig
miteinander sprächen«, und dieser Gedanke, daß wir gewissermaßen den großen Unterhaltungen der Natur lauschen, war für Howard so wichtig, wie er es für Coleridge
gewesen war.[16] Solche Haltung der Natur gegenüber trug
erheblich zum Erfolg der Wolkenklassifikation bei. Sprache
war für die Romantiker etwas, das man nicht leichtfertig
mißbrauchen durfte. Was Coleridges Freund gesagt hatte,
war, wie Forsters Übersetzungen, nur ein schwerfälliger
Beitrag im Vergleich zur Kraft der Originale.

Howard malte mit Wasserfarben die Sommerwolken,
wie sie sich über den Bergen und den Seen bildeten, und
muß sich zunehmend der Qualitäten der Sprache bewußt
geworden sein, die er der Welt geschenkt hatte. Sie hatte
die Unzweideutigkeit, die Coleridge und andere gesucht
hatten, ließ aber der Phantasie weiterhin genügend Spiel-
raum und ließ auch Veränderungen zu. (Abb. 19)

Das entsprach dem romantischen Bewußtsein. Einige
von Howards romantischen Zeitgenossen wurden näm-

lich ungeduldig mit dem, was sie als lebensverneinende Gepflogenheiten der europäischen wissenschaftlichen Aufklärung ansahen. Eine geräuschvolle, wenn auch marginale Reaktion gegen das Gewicht, das die Wissenschaft dem Materiellen bei der Enträtselung der natürlichen Abläufe zuerkannte, braute sich zusammen. Die Schrecken *Frankensteins* warteten bereits und würden in Kürze der wachsenden antiwissenschaftlichen Bewegung Namen und symbolische Darstellung verleihen. »Meine Herrschaft ist noch nicht zu Ende!«, verhöhnt das namenlose Monster seinen Erzeuger. »Vorwärts also, mein Feind. Der Kampf ums Leben steht uns noch bevor.«[17]

Diese Besorgnisse wurden nie besser ausgedrückt als an einem denkwürdigen Abend im Dezember 1817, als William Wordsworth, John Keats, Charles Lamb und Thomas Monkhouse (Wordsworths angeheirateter Vetter und inoffizieller Agent) im Haus des Historienmalers Benjamin Robert Haydon in Lisson Grove North 22 in London miteinander zu Abend aßen. Haydon war zu der Zeit mit einem Gemälde beschäftigt, das sein vielleicht bekanntestes werden sollte, dem *Einzug Christi in Jerusalem*. Darauf waren im Zentrum der Zuschauermenge drei neuzeitliche »Genies« porträtiert: Wordsworth, Newton und Voltaire. Wie Haydon selbst sagte, ergaben die drei berühmten Häupter einen »wundervollen Kontrast«, und er wollte diesem gemalten Pantheon noch weitere Köpfe hinzufügen.[18] Seine Gäste jedoch waren eher beunruhigt als angetan von dieser Zusammenstellung. Haydons Tagebuch zufolge brach im Laufe des Abends unter den fünf Freunden eine Diskussion aus über die imaginativen Ansprüche von Wissenschaft und Dichtung, personifiziert in den drei Porträtierten. Das Finale wurde von dem angeregten Charles Lamb herbeigeführt:

»Lamb ist immer schnell beschwipst, und beschwipst war er in kürzester Zeit, zu unserem großen Vergnügen. Er griff mich an, weil ich Newton aufgenommen hatte, ›einen Typ, der an nichts glaubte, wenn es nicht so klar war wie die drei Seiten eines Dreiecks‹. Er und Keats waren sich einig, daß er die Poesie des Regenbogens zerstört hatte, als er ihn auf ein Prisma reduziert hatte. Es war nicht möglich, ihnen zu widerstehen, und wir tranken auf ›Newtons Gesundheit und die Verwirrung der Mathematik!‹ ... Es war ein Abend, der des Elisabethanischen Zeitalters würdig gewesen wäre.«[19]

Lambs leidenschaftliche Ablehnung einer instrumentellen Auffassung der Natur war eine ungewöhnliche Haltung für einen Intellektuellen im frühen 19. Jahrhundert, selbst wenn er bezecht war, und die Eindringlichkeit dieser Aussage machte einen starken Eindruck auf den zweiundzwanzigjährigen Keats.

Keats hatte sich damals bereits von der medizinischen Laufbahn abgewandt und soeben seinen ersten Band Gedichte veröffentlicht. Trotz der kühlen Aufnahme durch die Kritik hatte der Autor begonnen, für sich selbst den faszinierenden Gedanken von der Dichtung als einer lebenslangen Berufung zu entwickeln. Ein solches Leben mußte die Ablehnung alles dessen einschließen, was er als nichtpoetisch und nicht lebensbejahend betrachtete, oder was den Wert des besonderen intuitiven Wissens der Poesie bedrohte. Das war weit weg von dem Glauben an die wissenschaftliche Aufklärung, der die vorangehenden Generationen gekennzeichnet hatte. Aber für Keats war Wahrheit ein Schimmer von ungetrübtem Licht, nicht die gebrochenen Strahlen aus Newtons Prisma. Wahrheit hatte ihren Ursprung darin, daß man sich »in Unsicherheit, Geheimnissen, Zweifeln befand, ohne das nervöse Greifen nach Fakten und Vernunft«.[20] Wie ließen sich solche Ideen, die weit von dem entfernt waren, was sie als Pedanterie und Kurzsichtigkeit der Physik ansahen, noch mit Wissenschaft vereinen?

Diese Gedanken hatte der junge Dichter im Kopf, und er war bereit, die von Lamb bei der Diskussion vertretene antiwissenschaftliche Position zu übernehmen. Das Dinner erwies sich als ein bedeutsames, entscheidendes Moment für Keats, und in den Tagen unmittelbar nach dieser Auseinandersetzung (mit dem Toast gegen alles Empirische) begann er seine Verteidigung des Regenbogens in den Zeilen zu entwickeln, die die bekanntesten aus dem Gedicht *Lamia* werden sollten:

> Do not all charms fly
> At the mere touch of cold philosophy?
> There was an awful rainbow once in heaven:
> We know her woof, her texture; she is given
> In the dull catalogue of common things.
> Philosophy will clip an Angel's wings,
> Conquer all mysteries by rule and line,
> Empty the haunted air, and gnomèd mine –
> Unweave a rainbow, as it erewhile made
> The tender-personed Lamia melt into a shade.[21]

Die Weigerung, den Newtonschen Auffassungen von der Natur, die der Dichter als »kalte Philosophie« verdammte, einen geistigen Wert zuzuerkennen, hörte man zu jener Zeit nicht oft. Tatsächlich hatten die vorangehenden Generationen von Dichtern die Natur im Lichte des Newtonschen Prismas eher verklärt und enthüllt gesehen. Richard Blackmores »Creation« von 1712, Mark Akensides »Hymn to Science« von 1739 oder – am besten bekannt – James Thomsons »Poem Sacred to the Memory of Sir Isaac Newton« von 1727 brachten alle Verehrung gegenüber den neuen Einsichten der Wissenschaft zum Ausdruck:

Selbst das Licht, das alle Ding' entdekt,
schien annoch unentdekt, bis seine schimmerndere Seele
das ganze blinkende Kleid des Tages entfädelte;
und aus dem weisenden ununterscheidbaren Glanz,
versammelnd jeden Stral in seine Art,
vor dem entzükten Auge das prächtige Gefolge
der Stamm-Farben heraus führte.
Zuerst zwar sprang das flammende Roth
voll Lebens hervor. Zunächst das lohfarbene Orange:

Und gleich darauf delicioses Gelb: An dessen Seite fielen
die freundlichen Heiterkeiten des allerfrischenden Grüns:
Das reine Blau, das herbstliche Himmel schwillt,
spielete alsdann, und dann von betrübterer Farbe
rang sich das vertiefte Indico hervor, wie wenn
der lästigbebrämte Abend mit Kälte niederfällt:
Indeß die lezten Glimmer des gebrochenen Lichtes
im erblödenden Violet wegstarben.[22]

Hier waren Wissenschaft und Dichtung noch im Gespräch
miteinander gewesen, nicht im Widerspruch, und eine
unterstützte der anderen phantastischen Reiz. Aber eben
dieses Gespräch wurde durch die Haltung von Keats und
seinem Kreis unterbrochen.

Der neue Gedanke, daß Dichtung einen höheren kulturellen Wert besitze als die Wissenschaft, sollte die Grenzen
der Empirie aufzeigen. Kreativität und Intuition wurden
jetzt gefördert, im Gegensatz zu den zweckgebundenen
Messungen der Wissenschaftler. Dichtung war eine Berufung, der sich »literarische« Seelen hingaben, während
Wissenschaft ein Amt war, das man mied. Obwohl diese Einstellung ein Zerrbild der wahren Geistesgeschichte
hervorbrachte, die späteren Generationen der Romantiker betrachteten die empirische Tätigkeit der Naturwissenschaftler als im besten Falle bieder, im schlimmsten
Falle als sterbenslangweilig und ungehobelt. Keats' Bild
von dem Regenbogen, der von dem kühlen Kopf und ver-
schlossenen Herzen der Wissenschaft zerlegt wurde und
zerrissen in einem entweihten Himmel flatterte, wurde
zum Symbol für die Unfähigkeit des wissenschaftlichen
Verstandes, Schönheit wahrzunehmen oder gar von ihr
berührt zu sein. Und Schönheit war für Keats Wahrheit.

Aber Howard und seine Wolken blieben, so unerreich-
bar wie sie schienen, davon unberührt. Ihm schrieb man
statt dessen die Erschaffung eines Systems zu, das seinen
Benutzern die notwendige Präzision bot und doch Spiel-
raum für herrliche Veränderungen ließ. Er bestätigte die

Abb. 20: Luke Howard. Porträt von
John Opie, um 1807 (mit frdl. Genehmigung
der Royal Meterorological Society).

Meteorologie als kontemplative Wissenschaft, und Keats
wollte sie eigentlich gar nicht als Wissenschaft gelten lassen. Howard hatte der Welt eine lebensbejahende Sprache
gegeben, die die Poesie der Natur feierte. Und er hatte, als
er dieses Geschenk machte, dazu beigetragen, den romantischen Geist seiner Zeit neu zu bestimmen.

Nach seiner Rückkehr aus den anregenden Ferien im
Lake District überredete man ihn, John Opie (1761-1807),
einem führenden Gesellschaftsmaler, zu einem Porträt zu
sitzen; danach dichtete er seine romantische Ode als Reaktion auf diese neue Ehrung. (Abb. 20)

Der Name Luke Howard gehörte jetzt in die glitzernde
Welt des Ruhms. Wie bei Humphry Davy, der gestanden
hatte, er höre »die Stimme des Ruhms in meinem Ohr flüstern«[23], hatte sich auch bei Howard das tägliche Leben
vollkommen verändert, seit der Zeit der Drogerie in der
Fleet Street. Er war jetzt der »akkurate« Mr. Howard, der
»bekannte Meteorologe«, der »geniale Schöpfer der Klas-

sifikation der Wolken«. Und damit war er einer der bekanntesten Darsteller auf der wissenschaftlichen Bühne Englands geworden. Jeder wollte ihn kennenlernen, und es könnte sein, daß er »an dem warmen Abend des 22. Juli 1813« der Schriftstellerin Jane Austen einen Besuch gemacht hat.

»Als er durch Chawton kam, kurz vor Alton, muß er an Austens Haus vorbeigekommen sein, mit einem Eßzimmerfenster zur Straße, aus dem eine Frau blickte, die ihm in der Art peinlich genauer Beobachtung gleich war. Ob sie sich an jenem Tag gesehen haben, wissen wir nicht, aber es ist möglich. Howard war eine Zelebrität mit Verbindungen zu den Familien Lloyd und Barclay, Quäkern und Bankern. Es gab Barclays in Alton, und Austens Bruder war ein Banker. Nach dieser Zeit jedenfalls scheinen Austens Briefe voll zu sein vom Thema Wetter.«[24]

Ein Treffen zwischen Austen und Howard ist eine unwiderstehliche Vorstellung, für die es bedauerlicherweise keine Beweise gibt. Aber sicher ist, daß Luke Howard aus Plaistow, der Sohn eines Blechschmieds aus Clerkenwell, wenn auch widerstrebend, jemand geworden war, mit dem man rechnen mußte. Und das Vorbild seiner Leistung, so leuchtend und brillant, sollte bald inspirierend auf andere wirken. Sir Francis Beaufort zum Beispiel, der Erfinder der nach ihm benannten Skala der Windstärken, verdankte dem jungen Luke Howard viel, obwohl der Admiral sehr viel länger kämpfen mußte, ehe seine Klassifikationen akzeptiert waren.

Kapitel 10
Die Beaufortskala

Ehre sei Beaufort, der zu Beginn
unseres Jahrhunderts seine prägnante
Methode einer Näherungsbewertung
in einer Skala mit Zahlen statt
vagen Worten einführte und nutzte.
Durch die Freundlichkeit seiner Familie haben wir sie jetzt vor uns liegen,
im Logbuch von HMS »Woolwich«, in
seiner eigenen Handschrift und mit
dem Datum 1805.

Robert FitzRoy, 1863[1]

Während die junge Generation von Dichtern und Ma-
lern ihren Anspruch auf das Reich der Imagination auszu-
weiten begann, machten die Wissenschaften in der realen
Welt immer größere Fortschritte. Mit der Expansion der
Marine und der Handelsflotte und mit ihrem Bedürfnis
nach gültigen Regeln für die Beschreibung dessen, was
die Menschen sahen, breitete sich die Meteorologie rasch
vom Land aufs Meer aus. Dort wurden ihre Methoden in
Gischt und Salzluft von neuem erprobt, denn Erfolge und
Mißerfolge der sich schnell entwickelnden Wissenschaft
beschäftigten nun auch das Denken jener unerschrockenen Reisenden, die an die Küsten ferner Meere segelten.

Der 21 Jahre alte Schiffsführer William Scoresby Junior
zum Beispiel fuhr im Sommer 1810 auf dem Walfänger
Resolution nach Grönland; auf dieser Reise segelte er in
die Geschichtsbücher als erster wirklich meteorologisch
orientierter Seefahrer der Neuzeit. Scoresby, seit frühe-
ster Jugend Walfänger, war ein Anhänger der Nomenklatur Luke Howards geworden, als er in der Bibliothek der
Universität von Edinburgh auf ein Exemplar des *Philosophical Magazine* gestoßen war. Dort suchte er zwischen den
Walfangreisen Zuflucht in den Kursen für Chemie und

Physik der großen schottischen Naturwissenschaftler John
Playfair und Robert Jameson. Die Professoren waren ihrer-
seits entzückt, einen richtigen hartgesottenen Grönland-
Walfänger in ihren Seminaren zu haben; stundenlang
konnten sie den Beschreibungen des jungen Mannes von
den arktischen Eisfeldern lauschen, wo »die majestätisch
eintönige Bewegung«, wie er später formulierte, einen
mächtigen Eindruck auf sein sich entwickelndes wissenschaftliches Denken machte.[2] Die Professoren drängten
Scoresby, von seiner Begeisterung und wissenschaftlichen
Begabung ermutigt, genauere meteorologische, geologische und ozeanographische Beobachtungen anzustellen,
die man nach seiner Rückkehr diskutieren könne. Das tat
Scoresby nur zu gern.

Scoresby hielt sich bei seiner ersten Reise als Kapitän der
Resolution 1810 im Logbuch ganz an Howards Wolkenklassifikation und fand sie so nützlich, daß er bei seiner Rückkehr die Tabellen veröffentlichte, zur Veranschaulichung
für seine Freunde und Kollegen, für die sie bereits zur
vertrauten Sprache zu werden begonnen hatte.[3] In einer
späteren Veröffentlichung schrieb er in einer Reaktion auf
den großartigen Anblick des Himmels:

Arktische Wolken bestehen im allgemeinen aus einem
dichten Stratum von Dunkelheit, zusammengesetzt aus
unregelmäßigen kompakten Flecken, die die ganze
Weite des Himmels überziehen. Cirrus, Cirrocumulus
und Cirrostratus, nach Howards Nomenklatur, sind gelegentlich deutlich unterschieden; Nimbus bildet sich
teilweise, aber nie ganz; und die Großartigkeit von Cu-
mulus- oder Donnerwolken ist nie zu sehen, außer an
Land … Die am häufigsten auf See auszumachende
definierbare Wolke ist eine spezielle Modifikation, die
gewissermaßen Cirrostratus ähnelt und aus großen
Wolkenfetzen besteht, die in horizontalen Strata angeordnet sind und an einem Rand jedes Stratums von der
Sonne beleuchtet werden.[4]

Es war die erste seemännische Nutzung der neuen Nomenklatur, und es ist passend, daß beide, ihr Verfechter wie ihr Urheber, junge und lebendige Enthusiasten waren, erpicht darauf, die Welt aus erster Hand zu erfahren. Scoresby war wie Howard von einem starken Vater dominiert worden, und er hatte wie jener etwas in der Wissenschaft von der Meteorologie gesucht und gefunden, das er sich zu eigen machte.

Die Neigung William Scoresbys des Jüngeren zur Erkundung der Arktis, zur Forschung auf dem Gebiet der Meteorologie, der Zoologie und des Magnetismus war intensiv und langlebig genug, ihm die Freundschaft und Bewunderung von Sir Joseph Banks einzutragen sowie die Mitgliedschaft in den Royal Societies von London und Edinburgh. 1813 erfand er den *Marine Diver*, einen Apparat zur Messung der Tiefseetemperaturen, und bewies damit als erster, daß die Polarmeere in der Tiefe wärmer sind als in höheren Schichten. Er schloß auch als erster, daß die Veränderungen der Farbe des Meeres vor allem auf Plankton zurückzuführen seien.[5] Alles in allem schien er auf dem besten Weg zu einer großen wissenschaftlichen Karriere.

Aber obwohl Scoresby soviel Erfahrung, Engagement und offensichtliche Fähigkeiten mitbrachte, sollten seine Hoffnungen enttäuscht werden. Für 1818 war eine Expedition in die Arktis geplant, die die Nordwestpassage nach Asien erkunden sollte. Schirmherr und Sponsor war John Barrow von der Admiralität. Die Idee selbst stammte aus einem Brief, den Scoresby an seinen Gönner, Sir Joseph Banks, geschrieben hatte. Als aber Scoresby zu einem Einstellungsgespräch nach London reiste, sah er sich mit dem Ehrgeiz und der Böswilligkeit von Barrow konfrontiert, der ihm herablassend klarmachte, daß ein so junger Walfänger wie William Scoresby Junior seine Hoffnungen bestenfalls auf eine Anstellung als Steuermann setzen konnte, keineswegs aber als Kommandant der Unternehmung. Nachdem er dieses Urteil abgegeben hatte, »drehte sich Barrow ohne eine Antwort abzuwarten um und verließ den Raum«.[6] Wütend ob dieser Behandlung kehrte Scoresby zu seinem Schiff zurück und schrieb von da aus an Banks und prophezeite (richtig, wie sich herausstellte), daß die Expedition ohne ihn nie in höhere Breiten vorstoßen würde. Banks verwendete sich zugunsten Scoresbys beim Ersten Lord der Admiralität, doch trafen seine Bemühungen auf die Gegenmaßnahmen des intrigierenden Barrow. Und während Barrow Scoresbys Ernennung hintertrieb, hatte er schon dessen Pläne für die Arktisexpedition gestohlen und ließ sie bald darauf als seine eigenen veröffentlichen. Als also Scoresby, der Walfänger, wenig später nach Spitzbergen und in die Grönlandsee segelte, fuhr er allein, ärgerlich und enttäuscht; aber sein Forscherdrang war ungebrochen.

Auch auf diesen späteren, selbstfinanzierten Reisen wandte Scoresby das Howardsche System weiter an und rühmte, wo immer sich die Möglichkeit bot, seine Brauchbarkeit und Präzision. Er wies aber auch darauf hin, daß es an anderer Stelle mit der Sprache der meteorologischen Beschreibung noch nicht zum besten stand. Als Seemann mußte er die Segel genauso im Auge haben wie die Wolkenstrukturen über sich. Aber die Winde hatten im Gegensatz zu den Wolken noch keinen Howard gefunden, und Scoresby war nicht der einzige, der darüber klagte, daß er nichts ähnlich Präzises bei den Eintragungen über das Wetter schreiben konnte, wenn er am Ende eines Tages die Ereignisse im Logbuch notierte:

»Bei den Phänomenen der Winde jedoch, die ich jetzt beschreiben will, kann ich nicht so genau sein. Nur über ihre Besonderheiten und Richtung lassen sich korrekte Vorstellungen vermitteln, aber über ihre relative Kraft, die auf Vermutungen gegründet ist, kann ich mich nur in der Ausdrucksweise der Seeleute äußern, die, wie man zugeben muß, ein wenig unbestimmt ist.«[7]

Unbestimmt, in der Tat. Die am weitesten verbreiteten Definitionen jener Zeit waren dargestellt in William Falconers *Universal Dictionary of the Marine*, einem Buch, das seit seinem ersten Erscheinen 1769 für unentbehrlich gehalten wurde. Falconers Liste, »wenn der Wind sanft bläst, wird das eine Brise genannt; wenn er stärker bläst, wird er Wind genannt oder starker Wind, und wenn er mit Heftigkeit bläst, wird er Sturm oder Unwetter genannt«, bot wenig Möglichkeiten zur Verbesserung.[8] Es gab keine Gradeinteilungen bei Falconers lakonischen Beschreibungen, keine vereinbarten Definitionen; dennoch schien seine Skala noch die bestmögliche zu sein, und generell bezog man sich an Bord von Hochseeschiffen darauf. Auch Scoresbys eigener Vorschlag mit 15 Stufen war nicht viel besser: »*Calm, inclinable to calm, light air, gentle breeze, moderate breeze, brisk breeze, fresh breeze, strong breeze, brisk gale, fresh gale, strong gale, hard gale, very hard gale, excessive hard gale, hurricane.*« (»Windstille, zur Windstille tendierend, leichter Zug, schwache Brise, mäßige Brise, scharfe Brise, frische Brise, starker Wind, scharfer Wind, frischer Wind, stürmischer Wind, Sturm, starker Sturm, außerordentlich starker Sturm, Orkan«.)[9]

Es gab mehr als einen Grund, sich über den Wind Gedanken zu machen, denn es bestand nicht nur ein unmittelbares Bedürfnis nach Beschreibung, die der eigenen Sicherheit diente, sondern auch die Notwendigkeit, historische Aufzeichnungen zu verstehen. Auf diesen Mangel hatte bereits Daniel Defoe in seinem Bericht über den Sturm von 1703 hingewiesen. Wie sollen wir, meinte er, wenn wir nicht einmal festgelegte Termini für die Gegenwart haben, Wetterbeschreibungen aus der Vergangenheit verstehen?

So kommt es, daß Winde, die in jenen Tagen als Stürme gegolten haben würden, nur *Frischer Wind* oder *Starkes Wehen* genannt werden. Wenn es stark genug weht, um einen Seemann aus südlichen Ländern zu erschrecken, lachen wir darüber: und wenn die deutlichen Bezeichnungen unserer Seeleute festgehalten würden, erklärte das, was wir meinen.

Stark Calm (völlig windstill)
Calm Weather (stilles Wetter)
Little Wind (wenig Wind)
A fine Breeze (eine sanfte Brise)
A small Gale (ein kleiner Wind)
A fresh Gale (ein frischer Wind)
A Top-sail Gale (ein Marssegelwind)
Blows fresh (weht frisch)
A hard Gale of Wind (ein stürmischer Wind)
A Fret of Wind (ein unangenehmer Wind)
A Storm (ein Sturm)
A Tempest (ein Orkan)

Die Hälfte dieser Teerjacken-Ausdrücke, nehme ich an, würde in jenen Tagen für einen Sturm durchgegangen sein, und was unsere Seeleute einen Marssegelwind nennen, hätte die Schiffsführer jener Zeiten in die Häfen getrieben ... Wenn unser *Stürmischer Wind* weht, würden sie vom Orkan gesprochen haben, und bei dem *Unangenehmen Wind* hätten sie nur noch gebetet.[10]

Das war also die historische Dimension der problematischen Sprache des Windes. Wie bei den früheren Wolkensprachen zeigten sich die Nachteile der beschreibenden Terminologie immer wieder, besonders bei Berichten über Stürme auf See. Was das eine Jahrhundert für einen fürchterlichen Sturm hielt, würde ein anderes vielleicht als nicht mehr denn einen kräftigen Wind abtun. Wo gab es eine Möglichkeit für objektive Messungen, wenn man sich über die einfachsten Ausdrücke nicht einig war? Und wie sollten Warnsignale frühzeitig erkannt werden, wenn die Formulierungen solchen Schwankungen unterworfen waren?

Die Elemente bedurften eindeutig der weiteren sprachlichen Kontrolle, und Luke Howards gefeierte Eroberung der Wolken durch seine phantasievolle Sprache hatte bereits die bevorstehende Eroberung jener anderen alten Unberührbaren, der segelfüllenden, schiffevernichtenden Winde, angekündigt. Es gab doch offensichtlich eine Parallele zwischen den beiden Problemen. Howard hatte gezeigt, wie eine beschreibende Lösung sogar für den schwierigsten – weil absolut nicht greifbaren – Gegenstand entwickelt werden konnte. Scoresby war sicher, daß nach solchen Grundsätzen eine vergleichbare Lösung für die Beschreibung auch der Winde zu finden nur eine Frage der Zeit sein würde, und er hatte recht. Es war wirklich nur eine Frage der Zeit, und als der junge Schiffskommandant Francis Beaufort (1774-1857) im Januar 1806 über eine Windskala nachzudenken begann, während er im Hafen von Portsmouth auf seinen Einsatzbefehl wartete, zweifelte er sicher ebensowenig, denn das jüngste Beispiel von Luke Howards internationalem Erfolg muß ihn ermutigt haben.

Wie jedem Seemann vor ihm war Francis Beaufort die Notwendigkeit einer festgelegten Meßmethode für die Kraft des Windes klar. Frühere Definitionen, wie sie William Falconer angegeben hatte, oder die numerische Vierpunktskala, die die Royal Society von London und die Mannheimer Societas einst eingeführt hatten, waren unzureichend. Robert Hooke hatte in seine »Method for Making a History of the Weather« eine Vierpunktskala für die Messung der »Richtung und der Stärke des Windes« aufgenommen (Vgl. Abb. 7). Die Richtungsänderungen waren eine Quelle ständiger Überraschung, und ein Teil des Problems lag in dem unvollkommenen Verständnis der Zeit für die Ursachen und Wirkungen des Windes selbst. Es war bekannt, daß es eine Verbindung zwischen Wetter und Luftdruck gab, aber die Dynamik dieser Beziehung begann man gerade erst zu erfassen.

Winde, ob global oder lokal, entstehen, wenn Luftpakete sich bewegen, um Temperatur- und Druckunterschiede auszugleichen, die von der ungleichmäßigen Verteilung des Sonnenlichts auf der Erde hervorgerufen werden. Diese Ursachen waren Mitte des 18. Jahrhunderts von dem englischen Physiker George Hadley (1686-1768) beschrieben worden, aber was man noch nicht verstanden hatte, war, daß die Bewegungen globaler Winde durch die Erdrotation beeinflußt werden, die die wandernde Luft von ihrer Bewegungsrichtung ablenkt. Diese Corioliskraft, benannt nach ihrem Entdecker, dem französischen Meteorologen Gustave Gaspard de Coriolis (1792-1843), nimmt zu den Polen hin ständig zu, wo, mit den Worten William Falconers, »ein *vorherrschender* Wind auf einem großen Gebiet der Erde fast das ganze Jahr aus der gleichen Richtung bläst«.[11]

Konvektionszellen und lokale Windsysteme entstehen durch Temperatur- und Druckunterschiede, wie sie zwischen See und Land oder verschiedenen Luftschichten auftreten. Da sich das Land schneller erwärmt als das Wasser, ist die Luft dort während des Tages wärmer und bewirkt, daß die kühlere Luft vom Meer aufs Land strömt, um die dort aufsteigende Luft zu ersetzen. Nachts ist es umgekehrt, denn das Land kühlt auch schneller ab als die Oberfläche des Wassers, über der jetzt die relativ wärmere Luft aufsteigt. Ähnliche Prozesse laufen in Tälern und an Berghängen ab und veranlassen den Wind, abends die Richtung zu wechseln.

Die Naturkunde hielt zuverlässige Beschreibungen für den richtigen Weg zu einem verbesserten Verständnis der Phänomene, und so suchten viele, wie im Fall der Wolken, nach einer objektiven, erläuternden Klassifikation der Windkräfte. Francis Beaufort war geschickt genug und hatte Glück.

Beaufort notierte seine neue Windklassifikation in einer Tagebucheintragung vom 13. Januar 1806, die er schrieb, während er ungeduldig darauf wartete, daß sein Schiff, die *Woolwich*, Befehl bekäme, zu einer Geleitfahrt im Atlantik die Anker zu lichten. Einst war die *Woolwich* ein Kriegsschiff gewesen, war aber inzwischen demütigenderweise in ein Versorgungsschiff umgewandelt worden. Beaufort, im Alter von 31 Jahren bereits ein Veteran mit langjähriger Erfahrung, identifizierte sich völlig mit dieser Herabstufung. Die Klagen in seinem Tagebuch zeigen seine große Enttäuschung: »Ein Versorgungsschiff! Lieber Himmel! Habe ich für ein Kommando über ein Versorgungsschiff mein Blut vergossen, die Blüte meiner Jahre geopfert, ermüdenden Dienst in fremdem Klima geleistet, meine besten Stunden auf Fachstudien verschwendet … Für ein Versorgungsschiff, für die Ehre, neue Anker in die Ferne und alte Anker heimzuschippern! Für ein Schiff, das vollgestopfter ist als ein Paketboot nach Dover und schlechter bemannt als ein Yankeefrachter.« Die *Woolwich* sei ein Schiff, schloß er, nachdem er sich in Schmähungen erschöpft hatte, auf dem »weder Ehrgeiz befriedigt noch Beförderung oder Reichtümer erwartet werden können«.[12] Er empfand seine Herabsetzung zu ihrem Kommando als persönliche Demütigung.

Aber als sich Beaufort erst einmal beruhigt hatte, gelang es ihm, die Sache gelassener anzugehen und sich, während er ohne Auftrag an Bord des verabscheuten Schiffes ausharren mußte, einer seiner alten Leidenschaften zu widmen: der Wissenschaft vom Wetter auf See. Es war ein Thema, das nach seiner Ansicht »hingebungsvolle Erforschung« verdiente, und er hatte sich bereits penibel genaue Notizen über die Auswirkungen des Wetters auf dem Meer gemacht.[13] Er registrierte Bewölkung, Temperatur, Sicht und Niederschläge, doch es war das Phänomen Wind, dem seine besondere Aufmerksamkeit galt. Er war entschlossen, Wind sowohl faßbar als auch quantifizierbar zu machen, und er umriß diesen Beschluß in einer historischen Eintragung in seinem privaten Tagebuch, nicht im Logbuch seines Schiffes. Der Eintragung gingen Worte voraus, die aus der Enttäuschung entstanden waren: »Ab jetzt werde ich die Stärke des Windes nach der folgenden Skala schätzen, da nichts eine ungenauere Vorstellung von Wind und Wetter vermittelt als die alten Ausdrücke gemäßigt und bewölkt etc.«[14] Unbestimmtheit war der Feind aller maritimen Aufzeichnungen, aber bald sollte sie einen mächtigen Gegner in Francis Beaufort von der *Woolwich* bekommen. Seine erste numerierte Skala bestand aus einer

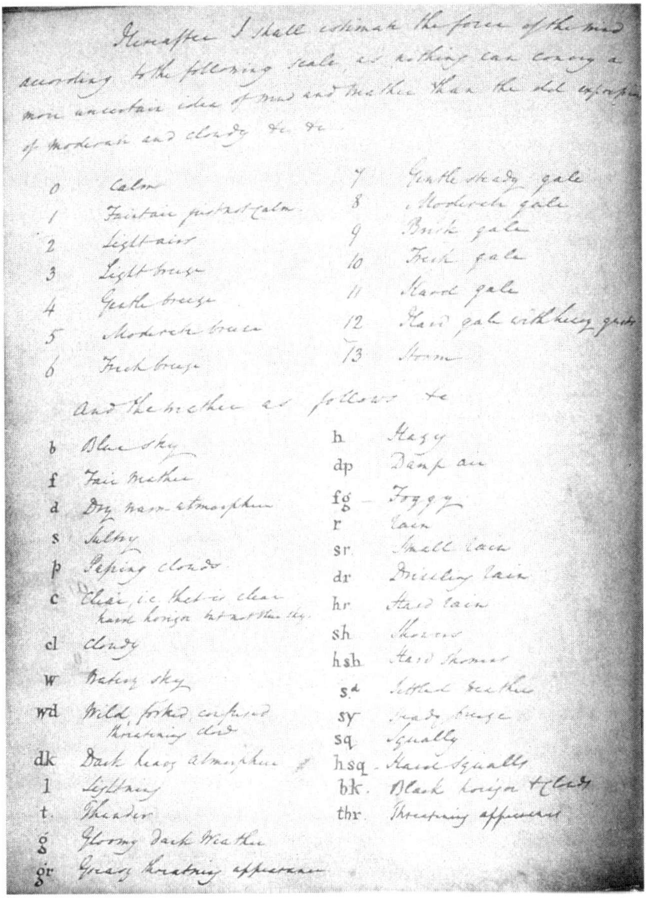
Hereafter I shall estimate the force of the wind according to the following scale, as nothing can convey a more uncertain idea of wind and weather than the old expressions of moderate and cloudy &c &c

0	Calm	7	Gentle steady gale
1	Faint air just not calm	8	Moderate gale
2	Light air	9	Brisk gale
3	Light breeze	10	Fresh gale
4	Gentle breeze	11	Hard gale
5	Moderate breeze	12	Hard gale with heavy gusts
6	Fresh breeze	13	Storm

And the weather as follows &c

b	Blue sky	h	Hazy
f	Fair weather	dp	Damp air
d	Dry warm atmosphere	fg	Foggy
s	Sultry	r	Rain
p	Passing clouds	sr	Small rain
c	Clear, i.e. that is clear hazy horizon but not blue sky	dr	Drizzling rain
cl	Cloudy	hr	Hard rain
w	Watery sky	sh	Showers
wd	Wild forked confused threatening cloud	hsh	Hard showers
dk	Dark heavy atmosphere	sd	Settled weather
l	Lightning	sy	Steady breeze
t	Thunder	sq	Squally
g	Gloomy dark weather	hsq	Hard squalls
gr	Gray threatening appearance	bk	Black horizon & clouds
		thr	Threatening appearance

Abb. 21: Die erste Beaufortskala von 1806
(Copyright Crown).

aufsteigenden Stufenfolge von 14 Kategorien der Windstärke von »Windstill« bis »Sturm« über »Leichte Brise«, »Frische Brise« und »Mäßiger Wind«:[15] (Abb. 21)

Es folgte eine Auswahl von Buchstaben, die für alle Wetterbedingungen, die in seinem Logbuch verzeichnet

werden würden, ein Kürzel vorsahen: cl für »cloudy«
(bewölkt), h für »hazy« (dunstig), thr für »threatening
appearances« (bedrohliche Erscheinungen) und so weiter.

Das war aber gewissermaßen noch nicht viel mehr
als eine Neuformulierung bereits existierender Windskalen. Jedenfalls war es dem nicht gewachsen, was für den
Gebrauch an Land von einem gewissen Mr. Rouse aus Lei-
cestershire entwickelt worden war, einem Freund des berühmten Leuchtturmkonstrukteurs John Smeaton (1724-
1792). Smeaton war weltweit bekannt durch den Bau des
dritten (und größten) Leuchtturms von Eddystone, der
zwischen 1756 und 1759 auf dem Riff vor Plymouth errichtet worden war. Die Elemente hatten die beiden höl-
zernen Vorläufer vernichtet; der erste wurde im Sturm
von 1703 hinweggefegt, der zweite 1755 vom Feuer zerstört. Bei Smeatons Leuchtturm erreichten sie dieses Ziel
schließlich ebenfalls: 1877 wurde er abmontiert, weil er
irreparabel beschädigt war. Weniger berühmt als der
Leuchtturm von Eddystone jedoch, und auch Francis
Beaufort noch nicht bekannt, war ein Vortrag über die
Kraft von Wasser und Wind, den Smeaton im Mai 1759 vor
der Royal Society of London gehalten hatte. Darin wurde
das Verhalten von Windmühlenflügeln beschrieben, und
eingeschlossen war Rouses Tabelle der Windgeschwindig-
keiten, klassifiziert nach ihrer »gewöhnlichen Benennung«: (Abb. 22)

Bemerkenswert an dieser Skala war, daß der senkrechte
Druck des Windes auf die Windmühlenflügel eine objektive Möglichkeit bot, die Stärke des Windes zu berechnen
und in vereinbarter Weise zu benennen. Sie zeigte außerdem, daß ein im übrigen nicht geeichter Gegenstand wie
eine Windmühle sich als präzises meteorologisches Instru-
ment nutzen ließ.

Smeatons Überlegungen erregten Aufsehen innerhalb
der wissenschaftlichen Kreise und brachten ihm 1759 die

Windgeschwindigkeit		Senkrecht auf eine Fläche von einem Fuß wirkende Kraft in Pfund Avoirdupois	Gebräuchliche Benennung der Windstärken
Meilen pro Stunde	Fuß pro Sekunde		
1	1,47	,005	Kaum wahrnehmbar.
2	2,93	,020	} Gerade wahrnehmbar.
3	4,40	,044	
4	5,87	,079	} Schwache angenehme Brise.
5	7,33	,123	
10	14,67	,492	} Angenehm frischer Wind.
15	22,00	1,107	
20	29,34	1,968	} Sehr frisch.
25	36,67	3,075	
30	44,01	4,429	} Hohe Winde.
35	51,34	6,027	
40	58,68	7,873	} Sehr hoch.
45	66,01	9,963	
50	73,35	12,300	Ein Sturm.
60	88,02	17,715	Ein starker Sturm.
80	117,36	31,490	Ein Orkan.
100	146,70	49,200	Ein Orkan, der Bäume entwurzelt und Gebäude fortträgt etc.
1	2	3	

Abb. 22: Die Smeaton-Rouse-Skala von 1759,
aus: *Philosophical Transactions of the Royal Society*, 1760.

Goldmedaille der Royal Society ein. Ein Sonderdruck fand weite Verbreitung, erlebte mehrere Auflagen und wurde 1810 sogar ins Französische übersetzt. So wurde die Smeaton-Rouse-Windskala, obwohl sie aufs Festland bezogen war, auch Alexander Dalrymple (1737-1808) bekannt, dem ersten Hydrographen der britischen Marine. Nach Dalrymples Ansicht bot sie wertvolles Anschauungsmaterial für die Verbesserung der Meeresmeteorologie, und er beschloß, sie oder etwas Ähnliches für die Verwendung auf See zu adaptieren. Er hatte auch eigene Vorstellungen, wie das zu bewerkstelligen wäre.

Dalrymple hatte sein Leben den Fahrten auf dem Meer und dem Nachdenken über das Meer gewidmet und war ein eifriger Sammler von gemalten und gezeichneten Seestücken. So hatte er eine schöne Sammlung mit »vielen Arbeiten vieler Meister und Maler verschiedener Zeiten« zusammengetragen, die er sowohl wegen ihrer meteorologischen Bedeutung als auch wegen ihrer maritimen Thematik liebte. Er war der Ansicht, wie er später in seinem Testament schrieb, daß es »sehr nützlich sein könnte, eine Reihe von Seestücken gedruckt zu sehen, um alle Grade und Abstufungen des Windes von der Stille bis zum Sturm darzustellen, wie sie so schön in den Bildern meiner Sammlung ausgedrückt sind«, und er vermachte seine Schätze der Admiralität in der Hoffnung, daß sie »der Öffentlichkeit von Nutzen« sein würden.[16] Smeatons Arbeit unterstützte Dalrymples Vorstellung vom Zusammenhang zwischen meteorologischen Bedingungen an Land und auf See, so daß er eine Tabelle entwarf, die »die genannten Abstufungen des Windes aus Logbüchern mit Mr. Smeatons Skala von der Arbeit der Windmühlen miteinander verglich«; leider ist dieses Dokument nie gefunden worden.[17] Ein Zeichner soll auch angestellt worden sein, um die Seestücke zu eben diesem Zweck zu kopieren, aber Dalrymples plötzliche Entlassung aus seinem Amt beendete alle diese Pläne. Man weiß nichts über die Gründe für diesen Hinauswurf, außer, daß er irgendwie bei seinen Vorgesetzten Ärger erregt hatte. Spätere Gerüchte schoben alles auf seinen ungezügelten »Übereifer«. Dalrymple war immer sehr empfindlich gewesen, und der Schock der Entlassung erwies sich als zu heftig für sein sensibles Gemüt. Er starb drei Wochen später, am 19. Juni 1808, als gedemütigter, gebrochener Mann.

Alle seine Arbeiten über die Abstufungen des Windes

könnten vergessen sein, hätte es nicht 1815 eine auf den neuesten Stand gebrachte Neuauflage von William Falconers *Universal Dictionary of the Marine* gegeben, die »modernisiert und stark erweitert«, von William Burney aus Gosport herausgegeben wurde. Burney war einer von Luke Howards treuesten Anhängern und hatte als einer der ersten Wetterberichterstatter die neue Nomenklatur der Wolken in seine Zeitschriftenbeiträge aufgenommen. Er war offenbar auch auf der Suche nach einer neuen Klassifikation der Winde, denn in seiner Neufassung von Falconers Nachschlagewerk liest man unter dem Stichwort »Brise«:

»Mr. Dalrymple, der verstorbene Hydrograph der Right Honourable the Lords Commissioners of the Admiralty and East India Company, hat den Wind in der folgenden Einteilung wissenschaftlich geordnet:

    1. Faint Air (Kaum Luftzug).
    2. Light Air (Leichter Zug).
    3. Light Breeze (Leichte Brise).
    4. Gentle Breeze (Schwache Brise).
    5. Fresh Breeze (Frische Brise).
    6. Gentle Gale (Schwacher Wind).
    7. Moderate Gale (Mäßiger Wind).
    8. Brisk Gale (Scharfer Wind).
    9. Fresh Gale (Frischer Wind).
   10. Strong Gale (Starker Wind).
   11. Hard Gale (Harter Wind).
   12. Storm (Sturm).«[18]

Das war zwar kaum die »wissenschaftliche« Aufschlüsselung, die gefordert war, aber immerhin ein klarer Ausdruck des weithin empfundenen Verlangens nach einer objektiven, numerierten, aufsteigenden Skala des Windes, wie sie auch Francis Beaufort beschäftigt hatte. Aber sie konnte offensichtlich noch verbessert werden dadurch, daß der Wind an sich mit seiner Wirkung auf einen Gegenstand in Beziehung gesetzt wurde. Dieser Gedanke hatte seinen Weg von Rouse zu Smeaton und von Smeaton zu

Alexander Dalrymple gemacht. Er sollte bald von Beaufort wieder aufgegriffen und verfeinert werden.

Dalrymple hatte sich mit dem ehrgeizigen jungen Kapitän angefreundet, der seinerseits geschmeichelt war, Einladungen zum Essen im Royal Society Club zu bekommen, damit man in bequemer und ersprießlicher Umgebung miteinander über den Stand der maritimen Meteorologie diskutieren konnte. Dalrymple lauschte Beauforts Bericht über seine Überlegungen zu einer Skala der Windstärken und lieferte dafür eine eigene Beschreibung des so sehr bewunderten Beispiels von Smeaton und Rouse. Er ermunterte Beaufort, sich intensiver damit zu beschäftigen, denn er wußte, daß die Schablone, die es bot, genau das war, was Beaufort für die Verbesserung der Anwendbarkeit seiner Skala brauchte.

Der Gedanke war ganz einfach: Der Wert der Smeaton-Rouse-Messungen hatte in der Art und Weise gelegen, die Stärke des Windes durch den senkrechten Druck, den er auf die Flügel einer Windmühle ausübte, objektiv festzustellen. Beaufort übertrug auf Dalrymples Ermunterung hin diese Idee auf die Segel eines Schiffes auf dem Meer. Ausgerüstet mit der Kenntnis des typischen Verhaltens eines »Kriegsschiffes in guter Verfassung« (wie es die *Woolwich* einst gewesen war) konnten jetzt die drei Elemente der Skala – die Ziffer, die landläufige Bezeichnung und die Beschreibung seiner Wirkung auf das Schiff – kombiniert werden zur ersten objektiven Messung der Stärke des Windes auf See.

Es war eine nahezu perfekte Lösung des Problems, dessen war sich Beaufort sofort bewußt. Er verlor keine Zeit, schrieb seine ursprüngliche 14-Punkte-Skala neu und reduzierte sie dabei leicht: (Abb. 23)

Es war eine Verbesserung, erreicht durch die einfache Verschiebung der Gewichtung. Nach dem Beispiel der Windmühlenskala versuchte die überarbeitete Beaufortskala nicht mehr, das Verhalten eines einzelnen Windes zu beschreiben, sondern statt dessen das Gesamtverhalten der Segel bei einem vollgetakelten Schiff. Weil Schiffe, wie Windmühlen, auf eine Weise vergleichbar waren, wie es Worte nicht waren, war das ein großartiger begrifflicher Fortschritt. Dank der früheren Bemühungen von Smeaton und Rouse und der Ermunterung durch Alexander Dalrymple war Beaufort der Durchbruch gelungen.

Die neue Windskala mußte sich jedoch erst noch durchsetzen, und das dauerte in diesem Fall weit länger als bei Howards Klassifikation der Wolken. 1829 wurde Beaufort zum Hydrographen der Marine ernannt, nahm also die alte Position seines Freundes und Ratgebers Dalrymple ein, und erst da hatte er genügend Einfluß, um die offizielle Einführung seiner Skala zu betreiben. Inoffiziell hatte er mit dieser Arbeit schon früher begonnen, indem er an einzelne Kommandanten von Vermessungsschiffen Memoranden schickte. Robert FitzRoy, Kommandant der Brigg *Beagle*, war einer der Empfänger; er bekam von Beaufort genaue Instruktionen zur Führung des Logbuches:

»… Der Stand von Wind und Wetter wird natürlich festgehalten, aber es sollte eine verständliche Skala übernommen werden, die die Stärke des ersteren angibt, statt der unbestimmten Termini ›frisch‹, ›gemäßigt‹ etc., bei deren Verwendung nie zwei Menschen derselben Meinung sind, und eine präzisere Methode, den Zustand des Wetters anzugeben, sollte ebenfalls angewandt werden. Die auf dem beigefügten Blatt abgedruckten Vorschläge werden für den obigen Zweck empfohlen.«[19]

Das beigefügte Blatt enthielt natürlich die überarbeitete Beaufortskala, wie auf den folgenden Seiten gezeigt.

Es ist FitzRoy hoch anzurechnen, daß er sich sofort von der Skala überzeugen ließ. Ebenso hatte er sich überzeugen lassen, den jungen Charles Darwin auf eine Reise mitzunehmen, die heute legendär ist. Beaufort hatte den Vermittler der Admiralität zwischen den zwei Männern ge-

0 Windstille

1 Leichter Zug   Oder gerade ausreichend zum Steuern.

2 Leichte Brise	Oder Wind, bei dem ein Kriegsschiff in gutem Zustand unter vollen Segeln bei ruhigem Wasser ... macht:	1-2 Knoten
3 Schwache Brise		3-4 Knoten
4 Mäßige Brise		5-6 Knoten

5 Frische Brise	Oder Wind, bei dem das Schiff scharf beim Wind gerade noch führen kann:	Oberbramsegel etc.
6 Starker Wind		Topp- und Bramsegel mit 1 gestecketen Reff.
7 Steifer Wind		Toppsegel, Klüver etc. mit 2 gesteckten Reffs.
8 Stürmischer Wind		Toppsegel etc. mit 3 gesteckten Reffs.
9 Sturm		Gereffte Toppsegel und Untersegel.

10 Schwerer Sturm   Oder Wind, bei dem es kaum gereffte Groß-
                         bramsegel und gereffte Toppsegel führen
                         kann.

11 Orkanartiger   Oder Wind, der das Schiff zum Sturmstag-
     Sturm   segel zwingt.

12 Orkan   Oder Wind, dem kein Tuch standhält.

Wenn die obige Norm allgemein übernommen würde, könnte die Beschaffenheit des Windes regelmäßig stündlich in einer schmalen Spalte
im Logbuch notiert werden.

b Blue Set; whether clear or hazy atmosphere (Blauer Himmel, klar oder leicht dunstig.)

c Clouds; detached passing clouds. (Einzeln ziehende Wolken.)

d Drizzling Rain. (Nieselregen.)

f Foggy – f̣ Thick fog (Neblig bzw. dicker Nebel.)

g Gloomy dark weather. (Trübes dunkles Wetter.)

h Hail. (Hagel.)

l Lightning. (Blitze.)

m Misty hazy atmosphere. (Dunstig-diesige Atmosphäre.)

o Overcast; or the whole sky covered with thick clouds (Bewölkt; der Himmel dick voller Wolken.)

p Passing temporary showers. (Durchziehende kurze Schauer.)

q Squally. (Böige Winde.)

r Rain; continued rain. (Regen; anhaltender Regen.)

s Snow. (Schnee.)

t Thunder. (Donner, Gewitter.)

u Ugly threatening appearances. (Unangenehme, bedrohliche Erscheinungen.)

v Visible clear atmosphere. (Gute Sicht, klare Luft.)

w Wet Dew. (Taunässen.)

Ein Punkt unter einem der Buchstaben zeigt die außergewöhnliche Stärke an.

Durch Kombination dieser Buchstaben können alle normalen Erscheinungen des Wetters leicht und kurz ausgedrückt werden. Beispiele: **Bcm:** Blauer Himmel mit ziehenden Wolken und leichtem Dunst. **Gv:** Trübes dunkles Wetter, aber ferne Objekte sind bemerkenswert gut sichtbar. **Qpdlt:** Heftige Böen mit kurzen Schauern oder Nieselregen, dazu Blitze und heftiges Donnern.

Abb. 23: Die zweite Beaufortskala,
aus: *Nautical Magazine*, 1832.

spielt, und Darwin pries ihn dafür überschwenglich im Vorwort seines Reiseberichts. Der 22jährige Darwin teilte die Kabine von FitzRoy auf jener Reise, die ihn von Plymouth bis zu den Galapagosinseln und von da in die allgemeine Gedankenwelt führen sollte. Und die neue Windskala wurde auf dieser Reise immer unentbehrlicher.

Die Verbindung war nicht durchweg glücklich. Nach Darwins Autobiographie war »FitzRoys Temperament ... ein Unglück für ihn. Das zeigte sich nicht nur an seiner Leidenschaftlichkeit, sondern auch in Anfällen nachtragender Unversöhnlichkeit gegenüber Menschen, von denen er sich beleidigt fühlte«, und sehr häufig gehörte Darwin zu ihnen. Er hat über zahlreiche Streitereien an Bord berichtet, die »in einem Fall bis an die Grenze der Geisteskrankheit gingen« und ihre fünf gemeinsamen Jahre auf See auszeichneten.[20] Trotz aller Spannungen war diese Reise an Bord der *Beagle*, mit den Worten von Beauforts Biographen, eine der bedeutendsten Episoden in der Wissenschafts- und Geistesgeschichte[21], auch wenn FitzRoy als militanter Antievolutionist später die Verbindung zu Darwin ganz und gar bedauern sollte. Darwin hatte seinerseits »immer Angst ..., ihn unabsichtlich zu beleidigen«, und er beklagte sich später über FitzRoys Entrüstung nach der Veröffentlichung seiner *Entstehung der Arten*. Beaufort kann kaum eine Vorstellung von den Folgen gehabt haben, die seine Empfehlung Darwins für die Reise haben würde, und noch weniger von dem Einfluß seiner Skala auf den reizbaren FitzRoy selbst. Denn FitzRoys Leidenschaft für die Meteorologie blieb bestehen, auch als er wieder an Land war, bis zu seiner Ernennung zum Leiter der meteorologischen Abteilung des Handelsministeriums, der Behörde, die schließlich das Meteorologische Amt bilden sollte. Seine unermüdliche Energie – soweit er sie nicht für Streitereien mit seinen Feinden verausgabte, die er gelegentlich sogar zum Duell forderte – konzentrierte sich auf Wettervorhersagen. Seine Voraussagen waren jedoch genausowenig zutreffend wie seinerzeit die von Lamarck, und die Gewohnheit, sie an nicht weniger als acht Tageszeitungen zu schicken, führte nur dazu, daß ihre Schwächen einem größeren Publikum deutlich wurden. Er erntete viel Spott für seine gescheiterten Bemühungen, und das mißfiel der Regierung, die auf den guten Namen des Handelsministeriums nichts kommen lassen wollte. FitzRoy wurde gerügt, sanft zwar, aber für ihn ging die Demütigung schon zu weit. Wie schon Dalrymple zuvor geriet er aus dem seelischen Gleichgewicht, das immer anfällig gewesen war, und die Kombination von Überarbeitung, fehlender Unterstützung und dem Gelächter der Presse ließ ihn schnell in Depressionen verfallen. Er beging Selbstmord; am 30. April 1865 schnitt er sich mit dem Rasiermesser die Kehle durch.

In seinem Amt in Whitehall setzten derweil Beaufort und sein Stellvertreter, Leutnant Alexander Bridport Becher, ihren Feldzug zugunsten seiner Skala fort. Sie schrieben einen Artikel für das neu gestartete *Nautical Magazine*, der mit einer vernichtenden Beschreibung zum Stand der zu der Zeit gebräuchlichen Logbücher begann und sich dann für die neue Methode stark machte:

›Frische Brise und bewölkt‹ in krakeligen Buchstaben nimmt mit provozierender Deutlichkeit unermeßlich viel Platz ein, unter Ausschluß wichtigerer Bemerkungen.

…

Die vorangehenden Beobachtungen boten sich an bei der Suche nach einer Methode, die Details von Wind und Wetter mit Hilfe von Zahlen und Buchstaben auszudrücken. Diese Methode, von Kapitän Beaufort entwickelt, dem derzeitigen Hydrographen der Admiralität, ist das Ergebnis langer Erfahrung und stellt eine präzise Möglichkeit dar, den Inhalt ganzer geschriebener Sätze eindeutig auszudrücken.[22]

Beaufort hatte sich schon lange für die Marineaufzeichnungen interessiert, und es war klar, daß der Kampf gegen die Unbestimmtheit noch längst nicht gewonnen war. Er hatte außerdem angefangen, nach weiteren Möglichkeiten zu suchen, wie man die Sprache für die Elemente, die man an Bord benutzte, vereinheitlichen konnte. Zu diesem Zweck wurde seine Liste von Kürzeln auf 17 Buchstaben reduziert, mit denen man das Wetter beschreiben konnte; ein Punkt unter einem davon sollte eine »außerordentliche Stärke« der Bedingungen bezeichnen.[23] Beaufort hatte im Lauf der Jahre schon Dutzende von Symbolen benutzt, darunter auch solche, die bestimmte Typen von Wolken kennzeichneten (etwa »Ci« für Cirrus, wie es heute noch üblich ist).

Obwohl eine ganze Reihe von Schiffskommandanten schon bald die Beaufortskala benutzte, übernahm die Admiralität sie erst 1838 offiziell als obligatorisch für alle Schiffe der Navy. Beaufort war überzeugt, daß daraus an sich schon wertvolles Material für die meteorologische Forschung entstehen würde. Jedes Jahr lieferten tausend Schiffe je ein halbes Dutzend Logbücher ans Marineministerium, aber erst jetzt wurden die Inhalte vergleichbar. Beaufort hatte ganz allein einen Stapel von 6000 Beweisstücken pro Jahr in brauchbare meteorologische Information verwandelt. Er war stolz darauf, daß sich seine Arbeiten schließlich durchgesetzt hatten, wie zuvor die von Luke Howard.

Zunächst jedoch hatte die Benutzung vielleicht mehr mit Disziplin zu tun als mit Wetter. Die Beaufortskala geht vom Verhalten eines vollgetakelten Schiffes aus, sie kann also erweitert auch benutzt werden, um festzustellen, wie sich Kapitän und Besatzung verhalten haben. Die Stärken 5-9 auf der zweiten Skala Beauforts beziehen sich auf ein »Kriegsschiff in guter Verfassung«, das »auf der Jagd« ist, nämlich erpicht darauf, mit einem gegnerischen Schiff den Kampf aufzunehmen. Wie Howard bei seiner Klassifikation der Wolken hatte Beaufort seine Skala vor dem Hintergrund von Krieg und Blockade entworfen. Das hatte den Forderungen nach seemännischer Genauigkeit weiteren Nachdruck verliehen. Ein Kapitän, der dem Feind gestattet hatte, ihm zu entkommen, gleichgültig, ob er zuwenig oder zuviel Segel gesetzt hatte, bekam sehr schnell Ärger. Zuviel Segel bedeutete unvernünftigen Enthusiasmus, zuwenig zeigte mangelnde Kampfeslust. Ersteres konnte einem höchstens einen Verweis eintragen, letzteres bedeutete Kriegsgericht und die Wahrscheinlichkeit sofortiger Entlassung für den Kapitän, dessen Verteidigung sich bis dahin oft auf die ablenkende Stärke des Windes berufen hatte. Das ging jetzt nicht mehr. Beauforts Windskala beschrieb den Status des Schiffes unter Segeln sehr genau, und damit präzise die Kraft des vorherrschenden Windes; das war für die Ankläger der Navy so nützlich, als sei sie nur entworfen worden, um den Gerichten reale Beweise zu liefern.[24] Die bisherige Unbestimmtheit wurde durch Tabellen als zulässige Zeugnisse ersetzt, meteorologische Logbücher verwandelten sich in gerichtliche Beweisstücke.

Andere Länder benutzten in den folgenden zwei Jahrzehnten noch andere Windskalen, aber bei der ersten Internationalen Meteorologischen Konferenz in Brüssel 1853 wurde die Beaufortskala allgemein angenommen. Diese Konferenz von Brüssel war von englischen und amerikanischen Vertretern gemeinsam einberufen worden, um über die Standards in der maritimen Meteorologie zu diskutieren. Als der britische Vertreter, Frederick William Beechey, die Beaufortskala vorgestellt hatte, erhielt sie die einmütige Zustimmung des Forums. Später sprach sich das Ständige Komitee des Ersten Internationalen Meteorologischen Kongresses in Utrecht dafür aus, die Skala auch für die Benutzung in internationalen Mitteilungen zu übernehmen. Damit war sie für immer als Teil der globalen Wettersprache etabliert. Bram Stoker beschrieb in einem Roman einmal die Entwicklung des Wetters so: »Der Wind kam aus Südwesten, und zwar in der sanften Windstärke 2, als leichte Brise.« Damit nutzte er bereits die neu eingeführte Sprache.[25]

Wie Luke Howards Klassifikation der Wolken ist die Beaufortskala der Windstärken mit nur geringfügigen Veränderungen durch die Meteorologische Weltorganisation (eine 1951 gegründete Fachorganisation der Vereinten Nationen in Genf) bis heute in Gebrauch geblieben. Die Formulierungen sind aus Seewetterberichten in aller Welt bekannt und lauten jetzt:

Windge-schwin-digkeit (in km/h)	Beaufort-Grad	Auswirkungen des Windes auf See	im Binnenland	Bezeichnung
1	0	Spiegelglatte See	Windstille, Rauch steigt gerade auf	still
1-5	1	Kleine Kräusel-wellen	Windrichtung an-gezeigt durch Zug des Rauches	leiser Zug
6-11	2	Kleine Wellen	Wind am Gesicht fühlbar	leichte Brise
12-19	3	Kämme beginnen sich zu brechen	Blätter und dünne Zweige bewegen sich, Wind streckt einen Wimpel	schwache Brise
20-28	4	Wellen noch klein, werden aber länger	Bewegt Zweige und dünnere Äste	mäßige Brise
29-38	5	Mäßige Wellen	Kleine Laubbäume schwanken	frische Brise
39-49	6	Bildung großer Wellen beginnt	Starke Äste in Bewegung	starker Wind
50-61	7	See türmt sich, beim Brechen ent-steht Schaum	Ganze Bäume in Bewegung	steifer Wind
62-74	8	Mäßig hohe Wel-lenberge mit Käm-men von beträchtli-cher Länge	Bricht Zweige von den Bäumen	stürmischer Wind
75-88	9	Hohe Wellenberge, dichte Schaum-streifen	Kleinere Schäden an Häusern	Sturm

Windge-schwin-digkeit (in km/h)	Beaufort-Grad	Auswirkungen des Windes auf See	im Binnenland	Bezeichnung
89-102	10	Sehr hohe Wellen-berge mit langen, überbrechenden Kämmen	Entwurzelt Bäume	schwerer Sturm
103-117	11	Außergewöhnlich hohe Wellenberge	Verbreitete Sturm-schäden	orkanartiger Sturm
118-133	12	Luft mit Schaum und Gischt angefüllt	Schwerste Ver-wüstungen	Orkan

Darüber hinaus haben aber die schlimmsten Winde der Erde jetzt noch eigene Skalen, nachdem Antarktisforscher die Beauforteinteilungen bis zur Stärke 18 erweitert haben, um die Blizzards unterbringen zu können, die um den Pol heulen.[26] Für Tornados und Hurrikane gibt es zusätzlich die Fujita- und Torroskalen, die weit über die Grenzen der Beaufortskala hinausgehen. Und auch ein Blizzard der Windstärke 18 geht weit über die Alltagssprache und zum Glück über die Alltagserfahrung hinaus.

Das erste Jahrzehnt des 19. Jahrhunderts erwies sich als bedeutende Ära für die Entwicklung der meteorologischen Klarheit, denn die Winde folgten als Gegenstand der Neubestimmung den Wolken auf dem Fuß. So wie Coleridge in den Lakelands mühsam nach einer Sprache der Ästhetik gesucht hatte, so näherte man sich dem Charakter von Winden und Wolken durch Hinweise auf ihre Wirksamkeit. Nicht der Wind selbst, sondern seine sichtbare Kraft, nicht die Wolken selbst, sondern ihre Fähigkeit zur Veränderung wurden aufgespürt und vermessen.

Luke Howard und Francis Beaufort waren sich im Alter und im gesellschaftlichen Rang ähnlich, sie fanden vergleichbare Lösungen für vergleichbare Probleme, und das im Abstand von nur wenigen Jahren. Beide waren nicht

die ersten, die nach Lösungen suchten, aber bei beiden erwiesen sie sich als die besten für ihre Zeit, und beide haben
sich bis heute bewährt. Es scheint, als hätten in Konterad-
miral Sir Francis Beaufort die Winde endlich ihren Howard gefunden.

Kapitel 11
Goethe und Constable

> ... Drum danket mein beflügelt Lied
> Dem Manne der Wolken unterschied.
> *J. W. von Goethe*[1]

Luke Howards Ruf verbreitete sich weiter in der Welt, als seine Namen für die Wolken die Grenzen der eigentlichen Wissenschaft überschritten. Das zeigte sich deutlich eines Morgens im Dezember 1821, kurz nachdem er zum Fellow der Londoner Royal Society gewählt worden war. Er bekam einen Brief von einem unbekannten Angestellten im Außenministerium in der Downing Street. Mit einer Menge schmeichelhafter Bemerkungen informierte ihn der Brief, daß er einen glühenden Bewunderer in der größten Persönlichkeit der literarischen und wissenschaftlichen Welt seiner Zeit gefunden habe. Kein geringerer als Johann Wolfgang von Goethe sei begierig, Einzelheiten über Luke Howards Hintergrund und persönliches Leben zu erfahren. Ob er in der Lage sei, bei erster Gelegenheit darüber etwas zu sagen; Goethe und sein Kreis von wissenschaftlichen Freunden würden sehr erfreut und dankbar sein.

Howard war verblüfft und nahm sofort an, daß der Brief ein Schabernack sei. Wenn man ihn liest, kann man das verstehen.

> Außenministerium
> Downing Street
> 13. Dezember 1821

Sir,

Ihre philosophischen Arbeiten haben nicht nur in diesem Lande, sondern auch im Ausland soviel Aufmerksamkeit erregt, daß ich mich genötigt sehe, an Sie zu schreiben, obwohl ich Ihnen ein völlig Fremder bin.

Mr. de Goethe, einer der Minister des Großherzogs von

Sachsen-Weimar, besser bekannt als Dichter und Philosoph, ist so erfreut über Ihre Theorie, daß er im vergangenen Sommer einige elegante Verse zu ihrer Empfehlung veröffentlichte. Sie wurden im Original mit Übersetzung in Golds *London Magazine* für den letzten Juli aufgenommen. Ich bilde mir ein, daß sie Ihnen nicht mißfallen würden. Da er eindeutig die Führung unter den Dichtern Deutschlands innehat, finde ich auch in vielen anderen deutschen Gedichten Anspielungen auf Ihre Theorie.

In der gestrigen Post drückte Goethe in einem Brief an mich den großen Wunsch aus, soviel über Mr. Luke Howard zu wissen, wie ich in Erfahrung bringen kann; zweifellos entnimmt er aus dem Rang, den Sie in der Wissenschaft einnehmen, daß alle Einzelheiten Ihres Lebens in den gelehrten Kreisen durchaus bekannt sind. Das mag so sein; die Mitglieder der Royal und der Linnean Society etc. wären vielleicht in der Lage, mich mit dem zu versorgen, was Mr. de Goethe zufriedenstellen würde. Aber leider! Sir, bin ich nur ein Angestellter in diesem Ministerium und habe keine Verbindung zu jenen gelehrten Gesellschaften. Ich bin deshalb gezwungen, mir den Vorwurf der Kühnheit und Zudringlichkeit zuzuziehen, indem ich mich an Sie direkt wende mit der Bitte, daß Sie es sich gefallen lassen mögen, mir eine kurze Erinnerung mitzuteilen.

Mr. de Goethe veröffentlicht, obwohl er jetzt 72 oder 73 Jahre alt ist, weiterhin, und was er schreibt, wird von all seinen Landsmännern und -frauen von Bildung gelesen. Wenn ich das Glück haben sollte, Sie dazu bewegen zu können, daß Sie meiner Bitte willfahren, würde Goethe zweifellos stolz sein, Ihre Erinnerung in seine Zeitschrift aufzunehmen.

In der Hoffnung, daß unter solchen Umständen Sie mir die Freiheit vergeben, die ich mir genommen, habe ich die Ehre, Sir, zu verbleiben als

Ihr sehr ergebener und bescheidener Diener
John Chr. Huttner.[2]

Howard hatte keine Ahnung, was er mit dem Brief oder seinem Absender anfangen sollte. Er wußte, daß sein Essay übersetzt und in französischen und deutschen Zeitschriften erschienen war, und er wußte, daß er auf dem Kontinent ebensoviel Aufsehen erregt hatte wie in Großbritannien, trotzdem konnte er sich den Inhalt dieses Briefes nicht erklären. Er hatte angenommen, daß jeglicher direkte Kontakt, den er mit europäischen Meteorologen gehabt hatte, sich längst erschöpft hätte. Er war zwar 1816 einmal in Deutschland gewesen, aber nur als Angehöriger einer Gruppe von Quäkern, die das Geld verteilten, das sie zugunsten der Opfer der Napoleonischen Kriege gesammelt hatten. Die Reise hatte große Anerkennung gefunden, aber sie hatte ihm kaum Zeit gelassen, seine wissenschaftlichen Kontakte auszubauen. Soweit Howard wußte, hatte seine Nomenklatur mehr als sein Name in der deutschen Sprache Fuß gefaßt, und er war nur zu glücklich darüber: Es waren seine Wolken, nicht er selbst, für die er sich eingesetzt hatte. Es kam ihm deshalb auch nicht im entferntesten wahrscheinlich vor, daß eine so eindrucksvolle Persönlichkeit wie Herr von Goethe sich plötzlich nach Luke Howard erkundigen sollte.

Goethe (1749-1832) war berühmt als Dichter, Dramatiker, Romancier, Philosoph, Reisender, Künstler, Politiker und Naturwissenschaftler. Anfang der zwanziger Jahre, als der Brief bei Howard eintraf, hatte er seit fast einem halben Jahrhundert einen unvergleichlichen Einfluß auf die literarische Welt ausgeübt. Seine Arbeiten hatten zur Bedeutung der deutschen literarischen Kultur beigetragen, und obwohl in späteren Jahren seine Aufmerksamkeit sich zunehmend auf einerseits politische und andererseits wissenschaftliche Dinge richtete, blieb seine intellektuelle Reichweite außerordentlich bewundernswert. Als Sachverständiger für alle Werte der Kultur und Bildung galt er nicht nur (Carlyle zufolge) als der weiseste Mann seiner Zeit, sondern auch als einer der beschäftigtsten. Deshalb ist es ganz verständlich, wenn Howard annahm, daß der

Brief von »Huttner« ein Schwindel war. Vielleicht fand ein Freund oder ein Verwandter, daß der Ruhm seinen Sinn für Verhältnismäßigkeit beeinträchtigt hätte und daß ein getürktes Angebot von einem europäischen Giganten zu einer amüsant peinlichen Konfrontation führen würde. Was oder wer immer dahinterstand, er war entschlossen, den Spieß bei diesem boshaften Schwindel umzudrehen.

Aber als er bei seinen Erkundigungen keinen Schuldigen aufstöbern konnte, wandte er sich mit dem Problem der Echtheit des Briefes an seinen ältesten Freund William Allen. Wenn jemand der Geschichte auf den Grund kommen konnte, war er es, und Allen tat ihm den Gefallen gern. Er ging die Sache bezeichnenderweise ganz direkt an, und innerhalb kurzer Zeit kam die überraschende Antwort:

Stoke Newington, am 23. des 1. Mo. 1822

Lieber Luke,

Zwar hoffe ich Dich in fünf Tagen um 12 Uhr zu sehen und das Vergnügen Deiner Gesellschaft zum Essen zu haben, aber ich denke, ich sollte keine Zeit verlieren und dich informieren, daß ich gestern Huttner aufgesucht habe und feststellen konnte, daß die Sache kein Schabernack ist – Goethe in Weimar (glaube ich), einer ihrer berühmtesten Dichter, hat eine wunderbare Neigung, das Lob Deiner Theorie von den Wolken zu singen – Huttner scheint sein bescheidener Freund zu sein und Lieferant aller Neuigkeiten aus England – Er ist offenbar ein sehr achtbarer Mann, und ich bin froh, seine Bekanntschaft gemacht zu haben, denn er könnte uns nützlich sein und uns Informationen betreffend Teile des Kontinents liefern – Ich hoffe sehr, daß Du ihn aufsuchst, denn ihm liegt viel daran – Er ist sehr eingeschränkt in seinem Amt, das ein ziemlich untergeordnetes zu sein scheint, als Übersetzer in Lord Castlereaghs Ministerium, linkerhand an dem Platz in Downing Street – Er schien sehr erfreut, als ich ihm Grund zu der

Hoffnung gab, daß Du ihn aufsuchen würdest, sobald Du in die Gegend kämest – Ich glaube, es wäre gut, wenn Du seinem Freund durch ihn Dein Werk über die Meteorologie schenktest – Es würde sie in Deutschland aufrütteln und gut sein.

Ich verbleibe des lieben Luke
zärtlicher Freund
W. Allen[3]

William Allen hatte Hüttner in seinem winzigen Büro in der Downing Street einfach aufgesucht, und dort war ihm zu seiner Überraschung jedes Detail des Briefes als wahr bestätigt worden. Goethe war tatsächlich ein Bewunderer von Luke Howard, er hatte wirklich Gedichte über ihn geschrieben und wollte wirklich etwas von seiner Lebensgeschichte wissen. Seine Begegnung mit der Klassifikation der Wolken, so erklärte Hüttner, hatte Goethe große Freude gemacht, und eine Zeitlang hatte er kaum von etwas anderem gesprochen.

Das war keine Übertreibung. Goethe war immer empfänglich für atmosphärische Eindrücke und an ihrer Ursache und Entwicklung interessiert gewesen. In seiner allerersten Eintragung ins Reisetagebuch seiner Italienischen Reise am 3. September 1786 winkte er dem nebligen mitteleuropäischen Himmel ein zufriedenes Lebwohl: »Die obern Wolken streifig und wollig, die untern schwer. Mir schienen das gute Anzeichen. Ich hoffte, nach einem so schlimmen Sommer, einen guten Herbst zu genießen.«[4] Das Wetter hatte seinen Wunsch nach Flucht bestärkt, und ein paar Tage später bat er die Freunde um Verzeihung, »wenn wieder von Luft und Wolken die Rede ist … An den Tyroler Bergen standen die Wolken in ungeheuern Massen fest.«[5] Nach einem kalten feuchten Sommer beschäftigte ihn das Wetter offenbar sehr. Die Luftverunreinigungen der Vulkanausbrüche 1783 machten sich im Norden noch immer durch anhaltend kaltes Wetter bemerkbar, und Goethes Italienische Reise, unternommen als Erholungspause, blieb überschattet von der Beunruhigung über das Wetter. »Die Sonne brannte heftig, niemand traut dem schönen Wetter, und schreit über das Böse des vergehenden Jahres, man jammert, daß der große Gott gar keine Anstalt machen will.«[6] Wie so viele Reisende auf dem Weg in den warmen Süden war er auf der Suche nach der Sonne.

Zu seiner Überraschung entdeckte er jedoch, daß ihn Wolken zunehmend faszinierten. Wie John Evelyn in den Alpen 1644 und wie Howard selbst auf dem Gipfel des Helvellyn war er überwältigt von dem Schauspiel einer verdunstenden Stratuswolke im Gebirge. Aber im Gegensatz zu John Evelyn war er entschlossen, den Vorgang auch zu verstehen, und er begann seine neue Theorie über den Einfluß der Schwerkraft der Erde auf das Wetter zu entwickeln. Die Kraft seiner Formulierungen, muß man sagen, war jedoch größer als die seiner Beweisführung:

»Ich sah das Aufzehren einer solchen Wolke ganz deutlich: sie hing um den steilsten Gipfel, das Abendrot beschien sie. Langsam, langsam sonderten ihre Enden sich ab, einige Flocken wurden weggezogen und in die Höhe gehoben; diese verschwanden und so verschwand die ganze Masse nach und nach, und ward vor meinen Augen, wie ein Rocken, von einer unsichtbaren Hand ganz eigentlich abgesponnen.«[7]

Er entschuldigte sich abermals, daß er sich so lange mit dieser »Grille« der Theorie von der Anziehungskraft beschäftigte, fand aber, daß sie gerechtfertigt sei wegen der Ereignisse, die er beschrieb. Er schrieb die Veränderungen, die sich in der Atmosphäre zeigen, der »stillen, geheimen Wirkung« der Gebirge zu, sie bestimmten die »Elastizität« der Luft. Die Wolke, deren Tod er still beobachtet hatte, war, »durch innern Kampf elektrischer Kräfte bestimmt«, dem »Pulsieren« der Berge erlegen.[8]

Goethe liebte seine merkwürdig geozentrische Theorie der Wolkenbildung, aber später nach seiner Rückkehr nach Weimar dachte er nicht weiter über das Thema nach – jedenfalls bis er auf Luke Howards Essay von 1815 stieß. Goethe hatte seine Energie größtenteils auf andere Zweige der Literatur und der Wissenschaft gelenkt sowie auf die komplexen Ansprüche seines hohen Amtes. Er war Wirklicher Geheimer Rat des Großherzogs Carl August von Sachsen-Weimar, eines mächtigen und aufgeklärten Förderers der Künste und Wissenschaften. Unter Goethes Anleitung hatte der Herzog ein anhaltendes Interesse am intellektuellen Leben Großbritanniens entwickelt und eine bedeutende Sammlung mit englischen Büchern, Drucken und naturhistorischen Gegenständen zusammengetragen. Er hielt immer Ausschau nach den neuesten wissenschaftlichen Nachrichten aus England.

Als also 1815 Luke Howards überarbeiteter Essay über die Wolken in Gilberts deutscher Übersetzung in den *Annalen der Physik* erschien, lasen ihn der Großherzog und sein Geheimer Rat, und beide waren sofort gefesselt. Es war ein günstiger Zeitpunkt, denn Goethe war zunehmend mit seinen Forschungen zur Morphologie beschäftigt. Morphologie, die Wissenschaft von den Gestalten und Formen, war ein Terminus, den er geprägt hatte, um den Zusammenhang zwischen allen natürlichen Mustern und Formen auszudrücken. Nach seiner Ansicht konnte man erwarten, daß etwa Wolken dieselben formenden Kräfte erkennen ließen, wie sie für die Entstehung aller anderen Formen in der Natur verantwortlich waren, bei Wasserstrudeln, Schneeflocken oder den Mustern von fallenden Blättern. Das wurde von Howards Argumentation gestützt, und Goethe schien der Essay neues Licht auf eine Reihe seiner eigenen Überlegungen zu werfen.

Goethe ließ sich von der Kraft und Einfachheit des Konzepts inspirieren und meinte, Howard habe seine Forschungen mit seiner Terminologie befördert, »weil sie mir einen Faden darreichte, den ich bisher vermißt hatte«.[9] Er lehnte auch die Art von Wissenschaft ab, die auf die Daten von Instrumenten angewiesen war, und begrüßte deshalb Howards Klassifikation als »reine« und ungebundene Beobachtung: »Wie sehr mich die Howardsche Wolkenbestimmung angezogen, davon zeugt manches Blatt des wissenschaftlichen Bandes, wohin auch eigentlich diese Nachricht gehörte. Wie sehr mir die Formung des Formlosen, ein gesetzlicher Gestalten-Wechsel des Unbegrenzten erwünscht sein mußte folgt aus meinem ganzen Bestreben in Wissenschaft und Kunst.«[10]

Howards Theorie der Wolkenbildung förderte also die Entwicklung von Goethes eigenen Ansichten über die »Erscheinungsformen« der Natur und über das ganzheitliche Wesen der Dinge, und in seinem Essay »Wolkengestalt nach Howard« pries er die Leistungen und die Menschlichkeit des brillanten jungen englischen Meteorologen.[11] Aber das war nur der Anfang. Goethes Bewunderung und das Gefühl einer Dankesschuld Howards meteorologischen Theorien gegenüber führte ihn zu einer der außergewöhnlichsten Huldigungen, die je ein Wissenschaftler einem anderen gezollt hat.

In zunächst vier begeisterten Gedichten, die er schließlich unter dem Obertitel *Howard's Ehrengedächtnis* zusammenfaßte, versuchte Goethe die Stimmungen sowie auch die sachlichen Abläufe zu erfassen, die hinter den drei Wolkenfamilien stehen, und dazu die der Kombination, die damals Nimbus genannt wurde. Er machte jeweils eine der Formationen zum Thema:

Stratus

Wenn von dem stillen Wasserspiegel-Plan
Ein Nebel hebt den flachen Teppich an,
Der Mond, dem Wallen des Erscheins vereint,
Als ein Gespenst Gespenster bildend scheint,
Dann sind wir alle, das gestehn wir nur,
Erquickt', erfreute Kinder, o Natur.
Dann hebt sich's wohl am Berge, sammlend breit
An Streife Streifen, so umdüstert's weit
Die Mittelhöhe, beidem gleich geneigt,
Ob's fallend wässert, oder luftig steigt.

234

Kumulus

Und wenn darauf zu höhrer Atmosphäre
Der tüchtige Gehalt berufen wäre,
Steht Wolke hoch, zum herrrlichsten geballt,
Verkündet, festgebildet, Machtgewalt,
Und, was Ihr fürchtet und auch wohl erlebt,
Wie's oben drohet, so es unten bebt.

Zirrus

Doch immer höher steigt der edle Drang!
Erlösung ist ein himmlisch leichter Zwang.
Ein Aufgehäuftes, flockig löst sich's auf,
Wie Schäflein tripplend, leichtgekämmt zu Hauf.
So fließt zuletzt was unten leicht entstand
Dem *Vater* oben still in Schoß und Hand.

Nimbus

Nun laßt auch niederwärts, durch Erdgewalt
Herabgezogen was sich hoch geballt,
In Donnerwettern wütend sich ergehn,
Heerscharen gleich entrollen und verwehn! –
Der Erde tätig-leidendes Geschick! –
Doch mit dem Bilde hebet euren Blick:
Die Rede geht herab, denn sie beschreibt,
Der Geist will aufwärts, wo er ewig bleibt.[12]

In Goethes Augen hatte die Identifizierung und Benennung der Wolken die Beziehung des Menschen zur Natur verändert. Die Wolken waren in ein wissenschaftliches Bewußtsein aufgenommen worden, von wo aus sie weiter ausgreifen konnten in die Sphäre des reinen Geistes, wie in der letzten Zeile des »Nimbus« angesprochen. Die Bedeutung von Howards Klassifikation bestand für Goethe darin, daß sie die materiellen Kräfte der Wolkenbildung erklärte und dabei zugleich die immateriellen Kräfte poetischen Echos hörbar werden ließ. Und seine Gedichte sowie der ihnen vorausgehende Essay nahmen die Form genau solch einer Erwiderung an. Die Kunst konnte der Wissenschaft antworten; sie fand in ihr nicht nur eine Quelle von Inhalten, sondern auch eine Quelle echter Inspiration. Goethes Wolkengedichte als Reaktion auf eine anregende wissenschaftliche Einsicht kamen von Herzen und waren freudig und aufrichtig.

Die vier Wolkengedichte wurden 1817 erstmals veröffentlicht in einer der frühen Nummern von Goethes Zeitschrift *Zur Naturwissenschaft überhaupt*, als Abschluß seines anerkennenden Essays »Wolkengestalt nach Howard«. Sie zogen bald die Aufmerksamkeit der Leser auf sich, auch die des jungen deutschen Angestellten Johann Christian Hüttner, der als Übersetzer im Londoner Außenministerium arbeitete.

Hüttner war ein eifriger Bewunderer Goethes, und er konnte ihm in London sehr nützlich sein. Goethe hatte das Angebot zur Unterstützung etwa seiner englischen Korrespondenz dankbar angenommen. Hüttner wurde schnell zur inoffiziellen Verbindung zwischen London und dem Weimarer Hof und schickte regelmäßig Päckchen mit englischen Büchern an den zunehmend anglomanen Großherzog, der ihm seinerseits neue deutsche Veröffentlichungen zukommen ließ. In einer dieser Sendungen war auch die Zeitschrift, in der Goethes Wolkengedichte zuerst erschienen waren. Hüttner war von ihrer Schönheit und Ernsthaftigkeit sehr beeindruckt und fand, daß sie ein breiteres Publikum verdient hätten. Er gab sie weiter an John Bowring, einen Freund im Auswärtigen Amt und erfahrenen Lyrik-Übersetzer, und fragte ihn, ob er sie nicht in englische Verse übersetzen könne. Bowring tat es gern.

Hüttner war sehr erfreut, die englische Fassung gedruckt zu sehen, aber irgend etwas daran störte ihn noch. Die Verse an sich, so großartig sie auch waren, wirkten auf ihn allzu abstrakt, ihnen fehlte außerhalb des direkten Zusammenhangs mit Luke Howards Essay das Eigenleben. Im Februar 1821 schrieb er an Goethe und informierte ihn über seinen Plan, die Wolkengedichte auf Englisch zu veröffentlichen; dabei nahm er die Gelegenheit wahr, darauf hinzuweisen, daß ein paar einführende Zeilen vielleicht dienlich sein könnten, den persönlichen, bewundernden Charakter der Gedichte in einen deutlicheren Kontext zu stellen. Ob Goethe nicht zu diesem Zweck noch etwas über Howard an den Anfang setzen wolle? Dieser kam der Bitte sofort nach; wenige Tage später las sein junger Freund in London beglückt die folgenden einführenden Strophen:

Wenn Gottheit *Camarupa*, hoch und hehr,
Durch Lüfte schwankend wandelt leicht und schwer,
Des Schleiers Falten sammelt, sie zerstreut,
Am Wechsel der Gestalten sich erfreut,
Jetzt starr sich hält, dann schwindet wie ein Traum,
Da staunen wir und traun dem Auge kaum.

Nun regt sich kühn des eignen Bildens Kraft,
Die Unbestimmtes zu Bestimmtem schafft;
Da droht ein Leu, dort wogt ein Elefant,
Kameles Hals, zum Drachen umgewandt,
Ein Heer zieht an, doch triumphiert es nicht,
Da es die Macht am steilen Felsen bricht;
Der treuste Wolkenbote selbst zerstiebt,
Eh er die Fern' erreicht, wohin man liebt.

Er aber, *Howard*, gibt mit reinem Sinn,
Uns neuer Lehre herrlichsten Gewinn;
Was sich nicht halten, nicht erreichen läßt,
Er faßt es an, er hält zuerst es fest;
Bestimmt das Unbestimmte, schränkt es ein,
Benennt es treffend! – Sei die Ehre dein! –
Wie Streife steigt, sich ballt, zerflattert, fällt,
Erinnre dankbar Deiner sich die Welt.[13]

237

Wenn man das jetzt als Ganzes liest, enthalten die sieben Strophen sowohl eine Huldigung Howards als auch eine Beschwörung seiner Klassifikation der Wolken. Das »er hält zuerst es fest«, das Unbestimmte, das in den ursprünglichen vier Strophen nur angedeutet war, wird jetzt direkt benannt als die Kraft hinter Howards höherem Verständnis der Wolken, und die Wärme, mit der der Engländer persönlich angesprochen wird – »Sei die Ehre dein!« – hebt das Gedicht in den Stand eines dauerhaften wissenschaftlichen Tributs.

Hüttner hatte nun das ganze Gedicht zusammen, das er veröffentlicht sehen wollte; er gab die drei zusätzlichen Strophen an George Soane, einen Autor, der sich kurz zuvor als Übersetzer einer allgemein zustimmend aufgenommenen englischen Version des *Faust* hervorgetan hatte. Sobald Soane mit seinem Teil der Übersetzung fertig war, sorgte Hüttner dafür, daß die deutsche und die englische Fassung in der Julinummer des *London Magazine* von Gold und Northhouse erschienen, zusammen mit einem Kommentar zu den Gedichten, der wahrscheinlich von dem energischen Hüttner selbst stammte:

Die drei ersten Strophen waren bisher nicht gedruckt und sind nur durch ein günstiges Ereignis in unsere Hände gekommen. – Goethe hatte bemerkt, daß wirklich etwas an seinem Gedicht zu Ehren Howards mangle und schrieb, um solches aufzuklären und zu vollenden, drei Strophen als Einleitung.

In der ersten Strophe wird die indische Gottheit, *Camarupa* (wearer of shapes at will) als das geistige Wesen dargestellt, welches nach eigener Lust, die Gestalten beliebig zu verwandeln, auch hier sich wirksam erweist, die Wolken bildet und umbildet.

… Und so wird denn in der dritten Strophe, damit nichts vermißt werde, Howards Name ausgesprochen, und sein Verdienst anerkannt, daß er eine Terminologie festgestellt, an die wir uns, beim Einteilen und Beschreiben atmosphärischer Phänomene durchaus halten können.

Diese Benennungsweise nun ist angekündigt und ausgesprochen in der vorletzten Zeile, wie folgt:

Wie Streife steigt. Sich ballt. Zerflattert. Fällt.
Stratus.   Kumulus. Zirrus.   Nimbus.[14]

Als Zusammenfassung von Luke Howard und seiner Benennung der Wolken ist das letzte Verspaar der drei Einführungsstrophen – »Wie Streife steigt, sich ballt, zerflattert, fällt / Erinnre dankbar Deiner sich die Welt« – ein Geniestreich, der zur planvollen Beschwörung der Wolken selbst führt, wie Goethe sie sich ursprünglich gedacht hatte. Hüttner bewies, als er Goethe um eine Erweiterung seiner visionären »Wolkenbrüche« bat, daß sein redaktioneller Instinkt stimmte, denn beim zweiten, erweiterten Erscheinen unter Hüttners Lenkung wurde *Howard's Ehrengedächtnis* zu einem wichtigen Werk der wissenschaftlichen Kunst.

Obwohl die Struktur von Wolke auf Wolke in Goethes Dichtung genial war, war sie nicht das einzige Beispiel für diese Form. Sie zeigt eine verblüffende Ähnlichkeit mit einem fast zeitgleichen Gedicht von Percy Bysshe Shelley, das er höchstwahrscheinlich schrieb, als er Anfang 1820 mit seiner zweiten Frau, Mary Shelley, in Pisa lebte. »The Cloud« bringt eine atmosphärische Meditation über die menschliche Kreativität und bietet dabei einen lebendigen poetischen Leitfaden für Howards Klassifikation der Wolken. Die benannten Modifikationen, mit Ausnahme von Cumulostratus, erscheinen in einem flüssigen, veränderlichen Organismus, der den Leser in einem reizvollen, leicht spöttischen Ton anspricht:

Ich bring frische Schauer für der Blumen Dauer
    Von den Flüssen, vom Meer;
Ich trag Schatten sacht all der Blätter Pracht
    In den Mittagstraum her.
Ich schüttle aus Schwingen Tautropfen, die bringen
    Süßen Knospen Glanz

Wenn im Schlaf sie wiegt ihre Mutter, die fliegt
   Um die Sonne im Tanz.
Ich schlage mit peitschendem Flegel von Hagel
   Und färb weiß der Ebenen Grün
Dann mach ich ihn wieder zu Regen und lache
   Donnernd im Vorüberziehn.

Diese erste Strophe ist von Meteorologen als genaue
Darstellung von Cumulus-, Stratus- und Nimbuswolken
interpretiert worden; dann geht es weiter mit Cirrus (Der
Mond »gleitet rund über meinen vliesgleichen Grund«),
Cirrocumulus (»und mach größer den Riß, der sie spä-
hen ließ«) und Cirrostratus (»Um der Sonne Rand schling
ich ein Flammenband / Um den Mond Perlgürtel aus
Gold«).[15] Alle Modifikationen stellten bei Shelley Aspekte einer einzigen Wolkenpersönlichkeit dar (das spötti-
sche mythenschaffende »Ich«, das lachend das Gedicht
spricht), als direktes und kluges Kompliment für Howards
Behauptung, daß sich Wolken vereinen, ineinander übergehen und sich auflösen in eindeutigen und erkennbaren
Stufen. Shelleys immerwährende Wolke steht für alle
Wolken aller Formationen, und glückselig erklärt sie:

Ich bin das Kind von Wasser und Wind
   Ziehtochter von Himmel und Licht;
Ich trinke an Brüsten von Meeren und Küsten;
   Mich wandelnd, sterbe ich nicht.

Es beschreibt genau die Rolle der Wolken im Wasserkreislauf, der lange schon als einer der harmonischsten und
philosophisch reizvollsten Aspekte der Natur angesehen
worden war – alles, was genommen wird, wird eines Tages
zurückgegeben –, und Dichter in aller Welt hatten ihn seit
der Antike besungen. Tatsächlich war eine der Quellen für
Shelleys »Wolke« die kurz zuvor angefertigte Übersetzung
aus dem Sanskrit des gefeierten Gedichtes *Mégha Dúta*
oder *Wolkenbote* gewesen, im späten 4. Jahrhundert von
dem großen Hindu-Dichter Kâlidâsa verfaßt, den die romantischen Dichter als »Shakespeare Indiens« bezeichneten.

Das Gedicht berichtet von dem Unglück eines Dieners der Hindugottheit für Reichtum, der auf einen Berg verbannt wird, weil er das Mißfallen seines Herrn erregt hat. Von seinem einsamen Aussichtsort aus sieht der Diener im Süden die Wolken sich sammeln und bittet eine von ihnen, »groß und vielgestaltig«, seiner Frau, die in weiter Ferne in der Ebene zurückgeblieben ist, Kunde zu bringen von seinem Kummer. Der Verbannte beschreibt dem Wolkenboten den Weg nach Norden über den Kontinent für seinen barmherzigen Auftrag:

> Bist du ausgeruht, so sollst du,
>> weiter schreitend, frisch begießen,
> Vom Jasmin die Knospenbündel,
>> die am Waldfluß-Ufer sprießen.
> Schatten spendend wirst von schönen
>> Blumenmädchen du empfangen,
> Welk ist ihrer Ohren Lotus
>> von dem Reiben ihrer Wangen.[16]

Nachdem die Wolke ihre Liebesbotschaft auf die Frau des Verbannten herabgeregnet hat, muß sie wieder ins Gebirge zurückkehren, um sich auf die bekannte Weise durch Konvektion und Kondensation aufzufüllen.

So verband Shelleys Wolke neuere wissenschaftliche Erkenntnisse mit alter dichterischer Tradition, und als sein Gedicht von unbekannter Hand 1830 ins Deutsche übertragen wurde, wurde es von Goethe erfreut zur Kenntnis genommen.[17]

Diese Wetterdichter, die selbst gespürt hatten, daß in der Natur keine starren Regeln, sondern eine »mobile Ordnung« herrschte, hatten sich Howards Klassifikation der Wolken schnell zu eigen gemacht.[18] Die Vorstellung von der Wandelbarkeit, von der Bereitschaft zur Veränderung in der Natur und die empirische Bestätigung kam fast einer Befreiung gleich. Shelley hatte früher schon in der 1814 veröffentlichten Fassung eines Gedichts mit eben diesem Titel, »Mutability«, Wolken als sein wichtigstes Bild für Wandelbarkeit eingesetzt:

Wir sind wie Wolken, die den Mond verhülln;
Wie ruhlos treiben sie, und funkeln, schwimmen,
Streifend die Dunkelheit mit Glanz! Doch fülln
Sie bald mit Nacht sich, fliehen ganz von hinnen.

Die Nacht bricht an, die Konvektion verringert sich und die Wolken beginnen sich aufzulösen; aber jetzt, Howard sei Dank, waren Wolken nicht mehr nur Sinnbilder des Verlusts. Sie konnten, wie Wordsworth es ausdrückte, zu glorreichen Erscheinungen werden.[19]

Goethe fühlte sich »dem Manne der Wolken unterschied« tief zu Dank verpflichtet, bewunderte ihn und wollte mehr über die Lebensumstände des englischen Meteorologen wissen.

Goethes eigenem Bericht zufolge wurde Hüttner um Vermittlung gebeten und beauftragt, alle bekannten biographischen Details herauszufinden:

(So) ersuchte ich einen stets tätigen gefälligen Freund, Herrn *Hüttner* in London, mir, wo möglich, und wären es auch nur die einfachsten Linien von Howards Lebenswege zu verschaffen, damit ich erkennte wie ein solcher Geist sich ausgebildet? welche Gelegenheit, welche Umstände ihn auf Pfade geführt die Natur natürlich anzuschauen, sich ihr zu ergeben, ihre Gesetze zu erkennen und ihr solche naturmenschlich wieder vorzuschreiben? Meine Strophen zu Howards Ehren waren in England übersetzt, und empfahlen sich besonders durch eine aufklärende rhythmische Einleitung, sie wurden durch den Druck bekannt und also durfte ich hoffen, daß irgend ein Wohlwollender meinen Wünschen begegnen werde.[20]

Goethes Wünschen wurde schnell begegnet, und das war wieder Hüttners Anwesenheit in London zu danken. Ohne ihn, das wußte Goethe durchaus zu würdigen, wären die erweiterte Fassung und die Übersetzung seiner Wolkengedichte nicht erschienen. Ohne Hüttner würden wir aber auch sehr viel weniger von Luke Howards Leben und Meinungen wissen, denn nur als Antwort auf die Anfrage

Goethes machte er sich daran, seine Erinnerungen aufzuschreiben.

Nachdem also William Allen ihm versichert hatte, daß der Brief von Hüttner echt sei, begann Howard die Bitte zu erfüllen. Er schrieb, was er als »einige Nachricht über denjenigen, welcher den Versuch schrieb über die *Wolkenbildung*« bezeichnete, und schickte den Text direkt an Hüttner.[21] Hüttner leitete ihn an Goethe weiter, zusammen mit einem Exemplar von Howards *The Climate of London*. Dieses Geschenk war Allens Idee gewesen.

Die Erinnerungen waren zwar sehr kurz, enthalten aber den einzigen Bericht aus erster Hand über Luke Howards Leben und skizzieren die ganze Entwicklung seiner wissenschaftlichen, religiösen und familiären Betätigungen. »Ich bin nämlich ein Mann von häuslichen Gewohnheiten, glücklich in meiner Familie und mit wenigen Freunden, die ich nur mit Widerstreben für andere Zirkel verlasse«, gestand er, und die Wärme seines Charakters zeigt sich in den schlichten Worten auf den engbeschriebenen Seiten. »Bin ich deshalb ein Tor nach Goethes Schätzung?«[22] Aber Goethe war weit davon entfernt, Howard für einen schüchternen Provinzler zu halten, und war sehr gerührt, als er entdeckte, daß der gefeierte Systematiker der Wolken, dessen Arbeit solche Dichtungen und solchen Ruhm hervorgerufen hatten, bescheiden, ernsthaft und voller Humor war.

»Nur mit den wenigsten Worten vermelde eiligst«, schrieb er an Hüttner, »daß mir lange nichts so viel Freude gemacht als die erhaltene Selbstbiographie des Herrn Howards, die ich seit gestern abends durchlese und durchdenke. – Auch hier ergibt sich die Erfahrung aufs neue, daß zarte sittliche Gemüter für Naturerscheinungen die offensten sind.«[23]

Goethe war außerordentlich angetan von der Lebensbahn, die sich ihm in diesen Erinnerungen enthüllte. Sie schienen ebensoviel über die Formung der wissenschaftlichen

Persönlichkeit auszusagen wie der Essay über die Wolken. »Es gibt vielleicht kein schöneres Beispiel welchen Geistern die Natur sich gern offenbart«, schrieb er etwas wehmütig, »mit welchen Gemütern sie innige Gemeinschaft fortdauernd zu unterhalten geneigt ist.«[24] Denn Luke Howard war erwählt worden von einer wohlwollenden Natur, unterstützt von einem begeisterten Goethe, der der Ansicht war, daß es die edelste Leistung des menschlichen Geistes sei, geprüft zu haben, was man wissen kann, und zu achten, was man nicht wissen kann.

Howard wurde von Goethe als verwandter Geist erkannt und war der einzige Engländer, den jener je als »Lehrer« ansprach; die folgenden Zeilen Goethes geben ein kurzes Porträt eines neu erwachten Ich:

> Du Schüler Howards wunderlich
> Siehst Morgens um und über dich,
> Ob Nebel fallen? ob sie steigen?
> Und was sich für Gewölke zeigen.[25]

Goethes Interesse an Wolken blieb, als es erst einmal erwacht war, bis ans Ende seines Lebens lebendig, ebenso seine Sympathie für den Engländer. Er propagierte die Wolkenklassifikation in der ganzen deutschsprachigen Welt und empfahl sie besonders den Künstlern seiner Umgebung. Dem 15jährigen Malschüler Friedrich Preller zum Beispiel gab Goethe die Übersetzung von Howards Essay und forderte ihn auf: »Nehmen Sie das kleine Schriftchen, lesen Sie das, und dann beobachten Sie die verschiedenen Wolkenbildungen und bringen Sie mir davon deutliche Zeichnungen.«[26] Preller kam dem Ersuchen, soweit bekannt ist, gern nach. Die in Dresden lebenden Maler Carl Gustav Carus und Johan Christian Dahl wurden in ähnlicher Weise von Goethe angesprochen, und Carus erlebte ein ähnliches Erwachen wie der Dichter. Sobald er Howards Aufsatz gelesen hatte, hatte er auch das Gefühl, daß das »Problem, wie die wissenschaftliche Analyse mit der kreativen Freiheit in Übereinstimmung zu bringen sei, jetzt gelöst sei«.[27] Wolken hatten in Howards

System die Freiheit, sich selbst endlos wiederzubilden. Goethe überzeugte viele Menschen von Howards Theorie der Wandelbarkeit, und überall in Deutschland, so Hüttner später, hörte man die Namen der Wolken.

Aber nicht alle Menschen in Goethes Umgebung ließen sich so bereitwillig überzeugen. Der dunkle und »unartige« Caspar David Friedrich lehnte Goethes Bitte, ihm einen Satz von Illustrationen zu dem Aufsatz über Howard von 1817 anzufertigen, mit der Begründung ab, ein solches Projekt würde »das gesamte Fundament der Landschaftsmalerei untergraben«.[28] Friedrich widersetzte sich jedem Versuch, »die freien und luftigen Wolken in eine strenge Ordnung und Klassifikation zu zwingen«, und hielt an der Vorstellung fest, daß die tiefe Dunkelheit und Undurchschaubarkeit der Wolken in sich wertvolle Eigenschaften seien.[29] Für Friedrich flogen Wolken als Sinnbilder grenzenloser Freiheit am Himmel, und die Vorstellung, ihre Grenzen mit dem, was er als eine aufgezwungene wissenschaftliche Ordnung betrachtete, inspirieren zu wollen, erfüllte ihn mit Verzweiflung.

Kritik aus so einflußreicher Quelle entmutigte den alten Goethe nicht, der so wenig an die Vorstellung von der reinen Ästhetik glaubte wie an die von der reinen Wissenschaft. Er und Friedrich hatten bis dahin auf freundschaftlichem Fuß gestanden; aber sie trafen einander später nicht mehr wieder. Friedrich übersah mit seiner Ansicht, daß poetische Imagination über die wissenschaftliche Anschauung zu stellen sei, die Rolle, die die Imagination auch bei der Schaffung wissenschaftlicher Kultur immer gespielt hatte. Goethe betrachtete die beiden als untrennbare, komplementäre Aspekte des menschlichen Bewußtseins. Kunst und Wissenschaft waren schließlich Produkte der menschlichen Vorstellungskraft; beide boten Möglichkeiten, die Welt darzustellen und zu ordnen. Sein Kommentar zu den topographischen Stichen von David Read zum Beispiel, die Arbeiten hätten etwas Grobes an sich, das mißfällt, vor allem in den Wolken; vielleicht hat er sie nicht ausreichend nach Howard studiert, ist eine Bestätigung seiner Ansicht, daß die Malerei ein wesentlicher Aspekt der Aufklärung ist. Da die Naturmalerei ein Mittel zum besseren Verständnis der Natur ist, hat sie eine sehr ernste Aufgabe.

Howards Gedanken wurden Goethes Prüfstein für das Verständnis und die Darstellung von Wolken, nicht nur, was Korrektheit betraf, sondern auch im Sinne dessen, was man ihr Wesen nennen könnte. Das bezeichnete der Kritiker John Ruskin später als die »Wahrheit der Wolken«, und damit meinte er eine Art von erneuertem spirituellen Bund zwischen den Menschen, der Natur und dem Reich des Göttlichen. Wie Goethe beschäftigte sich Ruskin zunehmend mit der Atmosphäre und widmete mehrere Kapitel seines fünfbändiges Werkes *Modern Painters* (deutsch *Moderne Malerei*) umfangreichen Diskussionen des Himmels, darunter »Der freie Himmel«, »Cirrus-Region«, »Zentrale Wolkenregion« und »Die Region der Regenwolke«. 1856 war er zu dem oft zitierten Schluß gekommen, »wenn ein allgemeiner und typischer Name für die moderne Landschaftskunst gebraucht würde, könnte kein besserer erfunden werden als ›Dienst an den Wolken‹«.[30]

Zu den beiden kunstverständigen Größen Goethe und Ruskin trat ein weiterer Verehrer der Wahrheit der Howardschen Wolken: der englische Landschaftsmaler John Constable, dessen Studien vom Himmel über Hampstead zu den am meisten bewunderten Darstellungen der europäischen Romantik gehören. Constables Wolken haben eine umfangreiche Literatur hervorgerufen und wurden in zahlreichen großen Ausstellungen präsentiert; die letzte fand im Sommer 2000 in Liverpool und Edinburgh statt.[31] »Du kannst gar nicht wolkig (*nubilous*) sein«, schrieb Constable einst im Brief an einen gleichgesinnten Freund, denn »ich bin der Mann der Wolken«.[32] Und nach den Himmeln zu urteilen, die sein Werk beherrschen, kann man dem kaum widersprechen.

Abb. 24: John Constable, Wolken.

»Die Malerei ist eine Wissenschaft, eine Erforschung von Naturgesetzen und sollte als eine solche betrieben werden«, behauptete Constable in einer Vorlesung in der Royal Institution. »Warum also kann man nicht auch die Landschaftsmalerei als einen Zweig der Naturphilosophie ansehen und die einzelnen Bilder als wissenschaftliche Experimente?«[33] Constable stellte diese Frage ganz ernsthaft und versuchte lebenslang eine befriedigende bildliche Antwort zu liefern. Das Ergebnis seiner Forschungen in Form von Wolken- und Himmelsstudien zeigt den Erfolg seiner experimentellen Herangehensweise an malerische Kreativität. (Abb. 24)

John Constable war einer der ersten europäischen Künstler, dem es beim Malen mehr um den Ruhm als um Geld ging. Während der Sommermonate der Jahre 1821 und 1822, die er auf den Hängen von Hampstead Heath zubrachte, malte er mit einer so gespannten Intensität, wie

sie wenige Künstler bis dahin erreicht hatten. Er war auf
die Erweiterung der Reichweite seiner Beobachtung konzentriert, und Wolken waren der Weg, den er für diese
Aufgabe gewählt hatte. Nachdem er Jahre nach einem einzelnen Bild gesucht hatte, nach einem Motiv, an dem er
seine technischen Fortschritte als Maler prüfen konnte,
hatte er es endlich in der endlosen Aufeinanderfolge von
Wolken gefunden, die vor seinen Augen entstanden und
sich wieder auflösten. Wie Howard war er verblüfft von
der Leichtigkeit ihrer stillen Verwandlungen. Der Himmel
wurde zum wahren Constable-Land, und die mehr als 100
Wolkenstudien, die er in diesen zwei kurzen Sommern
malte, gehören zu den erfolgreichsten seiner Werke. Sie
sind vielleicht nicht so kühn in der Darstellung wie der
Heuwagen, und lassen sich nicht so leicht für Patriotis-
mus oder Nostalgie nutzen, aber Constables Wolkenbilder
können zu seinen bewegendsten und geheimnisvollsten
Arbeiten gezählt werden. Er hat sie als »edle Wolken &
Lichteffekte« bezeichnet, und er tat recht, wenn er ihre
Erhabenheit betonte, denn sie werden von einer schwere-
losen Großartigkeit getragen. Sie sind die mysteriöse Ge-
bärdensprache des Himmels.

Jeden Sommermorgen ging Constable den kurzen Weg
von seiner Wohnung in Lower Terrace am Südende des
Dorfes Hampstead zu den Wiesen und Feldern am Prospect
Walk, seinem Lieblingsplatz zur Betrachtung der großen
Landschaft des ziehenden Himmels. Da er jeden Tag an
denselben Ort zurückkehrte, um ein Bild des Himmels im
Verlauf der Zeit zu malen, hatten seine Methoden viel
Ähnlichkeit mit der Feldforschung und mit den Forderungen des Malens nach der Natur. Constable war nicht der
erste, der auf Hampstead Heath nach dem Leben malte,
und auch nicht der einzige, der sich Wolken zum Thema
seiner Versuche erwählt hatte. Aber er gehörte zu den
ersten, der die Entdeckungen einer sich erst entwickelnden Wissenschaft nutzte, um eine neue Richtung in seinem Handwerk einzuschlagen. Die Methoden einer alten

Kunst – der Malerei – und einer jungen Wissenschaft – der Meteorologie – wurden in einer Anschauung vereint. Diese Anschauung drückte sich in seiner Behauptung aus, die er fast wie einen Glaubensartikel vertrat, daß wir »nichts wirklich sehen, bis wir es verstehen«. Da war keine Mystifikation à la Keats oder Friedrich in Constables Meteorologie; es sollte eine ernsthafte Beschäftigung mit Naturgesetzen sein.

Constables Experimente zum Verständnis der Meteorologie wurden nicht mit Hilfe eines Barographen ausgeführt, sondern mit dem strahlend bunten Tiegel der Farben. Um seinen Feldstuhl herum sah es aus wie in einer Freiluftfabrik. Seine Malerkiste war ein einziges Durcheinander von Phiolen, deren Aufschriften »Red Oxide of Manganese« (Rotes Manganoxid), »Protiodide of Mercury« (Quecksilberjodid oder Jodzinnober) und »Sesquioxide of Chromium« (Chromsesquioxid) fast schon an die Keller im Plough Court Laboratory erinnerten, wo neben Pharmazeutika auch Malerutensilien auf Bestellung hergestellt wurden. Aber wenn eine solche Ausrüstung auch wie die äußerliche Festlegung auf empirische Forschung aussah, so waren Resultate durch die physikalischen Eigenschaften der Farben selbst eingeschränkt. Auch wenn sie noch so stark verdünnt waren, sie konnten nicht so ungehindert über das Papier fliegen, wie er es gewünscht hätte. Denn der Anblick des Himmels änderte sich schnell; hoch über der Heide, hoch über der Welt, wechselte die unvermittelte Natur in eine Serie von unvermittelten Bildern über, deren Schatten, Färbung und Formen es ablehnten, sich den Prinzipien langsamer Bildkomposition zu beugen. Das waren nicht mehr die vertrauten Landschaften, die sich im Lauf der Geschichte entwickelt hatten. Constable mühte sich wie vor ihm Howard, die Vielfältigkeit der Formen zu erfassen, und was er dann malte, war ein fortlaufender Prozeß, der völlig ungewohnte Forderungen an seine Konzentrationsfähigkeit stellte. Die Zeit selbst wurde zum Merkmal jeden Bildes, wenn die eiligen Wolken sich selbst von ihren kurzlebigen flüchtigen Formen lösten. Die Herausforderung bestand darin, sowohl auf künstlerischem als auch auf wissenschaftlichem Gebiet aufrichtig gegenüber der Vision einer bestimmten Formation zu sein; oder vielmehr, dem Prozeß der *Entstehung* gegenüber aufrichtig zu sein, einen schöpferischen Akt mit den schöpferischen Kräften der Natur zusammenzubringen.

Auch vor Constable hatten sich Maler oft mit dem Problem von Wetter und Wolken beschäftigt, manche sehr erfolgreich. In einer Reihe von Handbüchern, etwa den von Roger de Piles und P. H. de Valenciennes geschriebenen, wurde ihnen geraten, die ewig sich ändernden Aspekte der Atmosphäre zu studieren. Charles Taylor, ein ideenreicher Graveur, Verleger und Kritiker, stellte sogar eine Liste von Extremeffekten zusammen, mit denen er die Aufmerksamkeit der Künstler fesseln wollte:

Die Aurora borealis und andere Lichter. Und warum nicht eine Finsternis? Dazu Dünste, Nebel und andere Exhalationen ... Ich sähe gern das sachkundige Bild von einem Vulkan, aus der Nähe und aus der Ferne; von einem Hurrikan in Westindien als von einem normalen Orkan unterschieden; von einer Wasserhose, genau dargestellt; von einem Taifun im Japanischen Meer; vom Samum oder Roten Wüstenwind Arabiens; vom Wasserstrudel, Maelstrom genannt, an der Küste Norwegens, und von vielen anderen merkwürdigen Phänomenen, die, in entsprechende genau abgebildete Landschaften eingefügt, Triumphe für die bildenden Künste erbringen würden.[34]

Taylor rief also nach einer Reihe von Unwettern, mit denen er die englische Landschaftsmalerei ergänzen wollte. Das war die Richtung, die Turner einschlagen sollte, vor allem in den Jahren vor und um 1820, als eine Reihe von Vulkanausbrüchen rund um die Erde den Himmel über Europa wieder mit einer ganzen Palette aufregender Farben zu verfärben begann. Besonders der Ausbruch auf der

Abb. 25: John Constable nach Alexander Cozens,
Studies of Clouds, aus: *A New Method of Assisting the Invention
in Drawing Original Compositions of Landscape*, um 1785.

indonesischen Insel Tambora 1815 sorgte für prächtige
Sonnenuntergänge auch in Europa, die in London der fas-
zinierte Turner einfing.

Auf einem milderen Wetterniveau hatte ein Maler und
Zeichenlehrer in Eton, Alexander Cozens (1717-1786), in
den achtziger Jahren des 18. Jahrhunderts ein System
von 20 Wolkenlandschaften für den Unterricht erdacht.
Es war eine Art Verzeichnis, das den Schülern die Kompo-
sition der Bilder erleichtern sollte. (Abb. 25)

Die Unterschriften bei seinem aus 20 Skizzen bestehenden
Zyklus – »Streifenwolken am oberen Himmel«, »Streifenwolken am unteren Himmel«, »Halb Wolken, halb klar«,
»Alles wolkig, bis auf eine große Öffnung« – erinnern ein
bißchen an andere, frühere Versuche, die Wolken durch
ihre äußere Erscheinung in ein System zu bringen.[35] Wie
Robert Hooke oder die Beobachter in der Mannheimer Societas ersann Cozens ein System zur Einteilung der Erscheinungen des Himmels, aber es stand eher malerisches
als meteorologisches Interesse dahinter. Wie Friedrich war
Cozens mehr am Licht als an Linné interessiert, wohinge-
gen Constable einmal den Himmel als den Ort bezeichnet
hat, an dem man »Arm in Arm mit Milton & Linnaeus spa-
zieren« könne: ein Bild der Vereinigung von Taxonomie
und Lyrik.[36] Constables Verehrung erstreckte sich auf das
gesamte Linnésche System der Klassifikation, wie es auch
Howard für die Wolken übernommen hatte, und als er

1823 Cozens' Zyklus von Zeichnungen entdeckte und kopierte, war er seit langem mit den meteorologischen Theorien Howards und Thomas Forsters vertraut.

Bei den meisten Himmelsskizzen hat Constable Wetternotizen auf die Rückseiten geschrieben, nachdem sie getrocknet waren. Die meisten waren ganz einfach beschreibend (»Regnerisch mit Wind aus N-Ost« etwa), aber einige waren detailliert genug, um die Vermutung nahezulegen, daß sein Wissen über seine eigenen einsamen Beobachtungen oder die Erfahrungen aus der Kindheit, als er in seines Vaters Windmühle in Suffolk mitgearbeitet hatte, hinausging.[37] Tatsächlich befand sich unter den reichlich mit Anmerkungen versehenen Büchern seiner Bibliothek ein Exemplar der zweiten Auflage von Thomas Forsters *Researches about Atmospheric Phenomena*. Das Buch war antiquarisch gekauft worden für sechs Pence; der Buchhändler hatte hineingeschrieben »veröffentlicht für 10/6, selten«, und wie John Thornes in seinem letzten Buch zu dem Thema kürzlich nachgewiesen hat, hat Constable im Eröffnungskapitel »Über Mr. Howards Theorie von der Entstehung und Modifikation der Wolken« eine Reihe von Unterstreichungen und Kommentaren angebracht. Thornes weist darauf hin, daß die Unterstreichungen und Kommentare Constables »beträchtliche« meteorologische Kenntnisse zeigen: Er stellte Mehrdeutigkeiten in der Wolkenklassifikation von 1815 fest und bestritt eine Reihe der von Forster angebotenen Schlußfolgerungen.[38] Auf jeden Fall nahm er das Thema ernst: »Das stimmt nicht«, kritzelte er neben Forsters Bericht über die Entstehung von Regen auf S. 24, und »elektrischer Strom kann ein (?) nicht verwandeln ohne (?) ...«; die Unleserlichkeit der Handschrift mindert seine Urteilskraft nicht.[39] Als Constable später in einem Brief an einen Freund anbot, ihm ein paar Bücher zum Thema »Wolken und Himmel« zu leihen, kommentierte er scharfsichtig abschätzig: »Forsters ist das beste Buch – es stimmt zwar bei weitem nicht alles, aber ihm kommt das Verdienst zu, daß er bahnbrechend gewirkt hat«, ein Schluß, der Howard vielleicht Freude gemacht hätte, der zu dieser Zeit schon seine Terminologie gegen die Übergriffe durch Forsters Übersetzung verteidigen mußte.[40]

1836 begann Constable mit einer Serie von Vorlesungen zur Geschichte der Landschaftsmalerei in der Royal Institution an der Albemarle Street. Es war der passende Ort bei seinem außerordentlichen Interesse an wissenschaftlichen Themen, und in der ersten Vorlesung konstatierte er seine Überzeugung, daß sein Beruf als Maler sich ebenso sehr als »*wissenschaftlich* wie als *poetisch*« erweisen werde; daß »Imagination allein nie Werke hervorgebracht habe und hervorbringen werde, die den Vergleich mit den Realitäten bestehen« würden.[41] Constables Malerei war kein *L'art pour l'art*: sie war zu ihrer Beurteilung abhängig von der Natur.

Diese öffentlichen Feststellungen sollten sich als die Zusammenfassung der Interessen und Leistungen seines Lebens erweisen, und seine Absicht war, als Höhepunkt der Serie einen Vortrag über die neue Wissenschaft der Meteorologie zu halten. Dieses Thema ließ sich aber schwerer packen als die meisten seiner anderen Überlegungen. »Meine Beobachtungen über Wolken und Himmel stehen auf Papierfetzen und Zettelchen«, schrieb er im Dezember 1836, »und ich habe sie noch immer nicht so zusammengestellt, daß sie einen Vortrag ergeben, aber das werde ich tun und vermutlich nächsten Sommer in Hampstead vortragen.« Aber im folgenden Sommer war Constable tot; schon lange hatte er unter Depressionen und Krankheiten gelitten. Abgesehen von einem kurzen Entwurf zu seiner Leseliste, in der er seine grantige Empfehlung der Arbeit Thomas Forsters notierte, sind keine Spuren von Vorbereitungen für diese Vorlesung gefunden worden. John Constable über die Wissenschaft, den Himmel zu malen – einer der großen verlorenen Vorträge des frühen 19. Jahrhunderts.

Klar ist, daß Constable die Meteorologie vor allem dazu benutzte, sich der Kunst zu nähern. Seine Behauptung, es sei »schwer, eine Landschaft zu benennen, in der der Himmel nicht den ›Grundton‹, den ›Wertmaßstab‹ und den wichtigsten ›Empfindungsträger‹ liefert«, stellte den Himmel als eine Seite voll bildlicher Ausdrücke des Lichtes dar. Wie Goethe war Constable von Howards Vision der luftigen Natur als einem endlos immer wieder auf sich selbst zurückgreifenden System von Zeichen gefesselt. Und er war – ebenfalls wie Goethe – ebenso wie mit der Wissenschaft von Wolken und Wetter mit der »Naturgeschichte, wenn der Ausdruck gestattet ist, des Himmels« beschäftigt. Selten hatte ein bildender Künstler so ernsthafte sekundäre Forschungen unternommen wie Constable über die Wolken. Als Ruskin später die Forderung erhob, ein Maler müsse »jede Art von Gestein, Erde und Wolke kennen, mit geologischer und meteorologischer Präzision«, beschrieb er die Auffassung, die Constable eine Generation zuvor eingeführt hatte.

Genau diese »meteorologische Präzision« Constables lieferte natürlich den Kritikern Nahrung. Henry Fuseli (= Johann Heinrich Füssli) beklagte sich einmal, daß die Landschaften Constables in ihm immer den Wunsch erweckten, nach Mantel und Schirm zu rufen.[42] Das war mehr als nur beschränkter Konservativismus, denn in jedem Gemälde vom Constable-Land droht ein bißchen Regen. Aber wenn ihm die Bilder selbst nichts sagten, so erkannte Füssli, der sarkastische Schweizer Zeichenlehrer an der Royal Academy, doch wenigstens an, daß sie unter eben diesen benannten Wolken gemalt worden waren, die inzwischen einen großen Teil der romantischen Kunst und Wissenschaft beherrschten. Luke Howards Arbeit, von Goethe in Weimar, Shelley in Pisa und Constable in Hampstead Heath geehrt, stand nun im Zentrum der europäischen Kultur. Howard war der »Mann der Wolken«.

Kapitel 12
Das Internationale Jahr der Wolken

Was ist das Ziel des Ruhmes? anzufüllen
Den kleinren Teil unsichrer Chronikseiten,
Zu eines Berges Haupt, das Nebel hüllen,
Hinan zu klimmen; hierum pred'gen, streiten
Und schreiben sie und morden ...

Lord Byron, 1819[1]

Die Leser von Alexander Tillochs *Philosophical Magazine*, die die Septembernummer 1823 durchblätterten, konnten auf den hinteren Seiten (unter Nachrichten und Vermischtes) die folgende kurze Ankündigung lesen:

Geplante Gründung einer meteorologischen Gesellschaft.

Die Wissenschaft von der Meteorologie soll in Kürze, wie wir erfahren, tatkräftige Unterstützung von einer Gesellschaft erhalten, die ausdrücklich ihrer Pflege gewidmet ist. Am dritten Mittwoch im Oktober wird zur Besprechung dieses Themas im Londoner Coffee-house, Ludgate Hill, abends 8 Uhr eine erste Sitzung stattfinden, an der eine Reihe von Gelehrten teilnehmen wird, die dieser Wissenschaft verbunden sind: Wir hoffen, daß ihrem Beispiel alle diejenigen folgen, die an meteorologischen Fragen interessiert sind.[2]

In der folgenden Nummer seiner Zeitschrift drückte Tilloch in seinem schönsten Leitartiklerton »große Befriedigung bei der Mitteilung über die Bildung der ›Meteorological Society of London‹« aus und druckte die elf Entschließungen, auf die sich die Anwesenden bei der Einführungssitzung im Kaffeehaus geeinigt hatten, vollständig ab.[3] Dazu gehörten die Wahl verschiedener Vertreter, die dem Vorstand angehören sollten, die Wahl eines Gremiums, das den Druck der Berichte der Gesellschaft beaufsichtigen sollte, die Wahl eines Organs, das sich um die meteorologische Korrespondenz mit anderen Teilen der Welt bemühen würde, und die Erhebung eines Mitgliedsbeitrags von zwei Guineen jährlich, der »von jedem Mitglied im voraus zu bezahlen« war. Letzteres sollte, obwohl darüber abgestimmt worden war, bald die Quelle heftigen Streits werden.

Unter dem runden Dutzend Gründungsmitgliedern waren Luke Howard und Thomas Forster. Die beiden hatten ihre früheren Meinungsverschiedenheiten über die englische Übersetzung der Wolkennamen beigelegt und waren bereit, zusammenzuarbeiten und die Lösung für eine Frage zu suchen, die immer wieder beklagt wurde: Wieso gab es noch keine Gesellschaft oder Organisation, die speziell der Erforschung der Meteorologie diente?

Die ersten zwei Sitzungen der neuen Gesellschaft vergingen mit der Klärung von Verwaltungsfragen und befaßten sich besonders mit dem Problem der Anwerbung. Als eine Liste der Mitglieder erstellt wurde, muß das wie eine Aufzählung aus den frühen Tagen der Askesian Society geklungen haben, denn auch William Allen und W. H. Pepys waren überredet worden, der Gruppe beizutreten. Howards alter Freund George Birkbeck, der Gründer der neuen Mechanics' Institution, auch ein Quäker, wurde zum Präsidenten gewählt, Henry Clutterbuck zum Schatzmeister und Thomas Wilford zum Sekretär der Gesellschaft. In den achtköpfigen Vorstand wurden auch Howard und Forster gewählt. Man scheute offenbar keine Mühe bei der Einführung einer achtbaren und bleibenden Institution.

All diese Vorbereitungen nahmen einige Zeit in Anspruch, so daß das erste Referat erst im Januar 1824 in der Gesellschaft vorgetragen wurde, als nämlich John Goughs »Naturgeschichte und wahrscheinliche Gründe für die Frühlingswinde im Norden Englands« vor einem begeisterten Publikum verlesen wurde. Beim nächsten Treffen am 11. Februar sprach Luke Howard über das Thema »Merkwürdige Folgen der Wärmeabstrahlung«; diese Gedanken nahm er später in eine zweite Auflage seines *Climate of London* auf.[4]

So weit, so gut, dürfte es geheißen haben, jedenfalls in den Anfangsmonaten. Ein Schritt voran war mit der Professionalisierung der Wissenschaft vom Wetter wenigstens getan. Das war etwas, worum sich viele Menschen seit Jahren bemüht hatten. Doch das aktive Leben der ersten Gesellschaft erwies sich als unerwartet kurz. Nachdem sie sich für die Sommerpause getrennt hatten, gingen die Angehörigen der Gesellschaft jeder seines Weges, und es gab zwölfeinhalb Jahre lang keine weiteren Zusammenkünfte mehr. In den wenigen Briefen, die die Mitglieder einander während dieser Zeit der Trennung schrieben, neigten sie deutlich zu Zänkereien um Geld und Mittel. Forster beklagte sich, daß »die Stiftung zu schwach für die notwendigen Ausgaben« sei, und der Präsident, George Birkbeck, wurde immer verzagter wegen des »fehlenden Eifers«, der der jungen Gesellschaft einen so frühen Niedergang beschert hatte.[5]

Luke Howard traf dabei eine erhebliche Mitschuld. Da er vorhatte, sich vom Londoner Leben zurückzuziehen, hatte er gerade ein Haus bei Ackworth in Yorkshire gekauft, wo er jetzt zunehmend Zeit verbrachte. Seine Mutter stammte aus dem nahen Pontefract, wo er als Kind gern gewesen war. Jetzt war er berühmt und finanziell abgesichert, und die Vorstellung, sich ins ländliche Yorkshire zurückzuziehen, war immer verlockender geworden.

Er war bald eifrig beschäftigt mit neuen häuslichen Angelegenheiten sowie mit dem freiwilligen Unterricht und der Erledigung von Verwaltungsaufgaben in der nahen Quäkerschule – der Schule, die sein Vater mit gegründet hatte. Auch für andere soziale und philanthropische Projekte setzte er sich ein, wie die Bekämpfung der Sklaverei und die Unterstützung der Kriegsopfer auf dem Kontinent. Dementsprechend befaßte er sich weniger mit Meteorologie als je zuvor in seinem Leben. Die täglichen Ablesungen zu Hause und in der Firma nahmen seine Familie und seine Mitarbeiter vor, und er sollte mit Ausnahme der zweiten Auflage des *Climate of London* fast zwanzig Jahre lang nichts mehr veröffentlichen. Statt dessen beschäftigte er sich mit einer Serie obskurer theologischer Diskussionen, die innerhalb der Gesellschaft der Freunde ausgebrochen waren. Es schien fast, als versuchte der Meteorologe Luke Howard zu verschwinden.

Seine Begeisterung für den organisatorischen Teil der Wissenschaft hielt sich also verständlicherweise in Grenzen. Von Anfang an hatte er die Atmosphäre und die wachsenden finanziellen Probleme der Meteorological Society entmutigend gefunden, selbst wenn er sich ihnen nur an einem Abend im Monat stellen mußte. Nach wenigen Wochen hatte er seine Teilnahme eingestellt und entschuldigte sich mit den Aufgaben in Ackworth. Und ohne Luke Howard als guten Geist fehlte es dem Kreis an Energie, weiterzumachen. Es fehlte viel, trotz des verheißungsvollen Anfangs, im Vergleich zu der Begeisterung der frühen Askesian Society 30 Jahre zuvor. Der Funke der Jugend war längst erloschen. Die meisten der alten Freunde waren mit beruflichen und familiären Verpflichtungen belastet und fanden es wie Howard beschwerlich, sich die Zeit zu nehmen, um mit Freunden über das Wetter zu reden.

Es war eine jüngere Generation von Wetterforschern vonnöten, die die Zeit und den Elan aufbrachten, sich ganze Abende mit der Organisation der Wissenschaft zu beschäftigen. Tatsächlich gab es im November 1836 eine Reform der Meteorological Society of London, mit neuen und jüngeren Gesichtern unter den Mitgliedern.[6] Inzwischen waren viele der ursprünglichen Mitglieder von 1823 abgewandert; sie sahen keinen Sinn in monatlichen Treffen und hatten überhaupt wenig Hoffnung, was die Lebenserwartung einer so schlecht finanzierten und zersplitterten Unternehmung anging. Jene ersten Sitzungen hatten nicht in eigenen Räumen stattgefunden, sondern in einer Reihe von gemieteten Lokalen, und es hatte einfach nicht ausreichend Geld zur Verfügung gestanden, um weitere Ziele zu unterstützen. Wer sich engagierte, mußte tatsächlich alles aus eigener Tasche bezahlen, zu seinem großen und anhaltenden Ärger.

Als die neue Organisation 1836 zusammentrat, wählte sie Howard erneut zum Ehrenmitglied, aber er verweigerte jedes weitere Engagement. Sein einziger Beitrag bestand in der Übersendung von 150 Exemplaren seines Essays über Wolken. Wie sein Mitgründer Forster, der inzwischen in Frankreich lebte, erschien er bei keiner der Sitzungen mehr. Die neue Organisation aber florierte auch ohne sie, trotz eines wechselvollen Geschicks. 1850 wurde sie abermals neu gestaltet als British Meteorological Society, aus der dann 1883 wiederum die Royal Meteorological Society wurde.

Inzwischen waren auch einige der ursprünglichen Mitglieder gestorben. Für Howard war besonders der Tod von Alexander Tilloch, einem seiner ältesten Bekannten und auch einem der Befürworter der ersten Meteorological Society, ein schwerer Schlag.

Tilloch starb in seinem Haus in Islington am 26. Januar 1825 nach einer kurzen, nicht identifizierten Krankheit. Die meisten seiner Lebensziele hatte er im Laufe seines 64jährigen Lebens erreicht, nur nicht die Patentierung eines Entwurfs für fälschungssichere Banknoten. Er hatte erheblichen Einfluß auf das wissenschaftliche Verlagsgeschäft in Großbritannien ausgeübt, als er seine Zeitschrift ins Leben rief, das *Philosophical Magazine* – das ihn lange überleben und mehr als 200 Jahre alt werden sollte und heute noch floriert.

Er hatte eine Tochter, die er nach dem Tode seiner Frau Elizabeth im Kindbett 1783 allein aufzog. Sie hieß ebenfalls Elizabeth und heiratete später den schottischen Romancier John Galt, der das Andenken seines Schwiegervaters ehrte, indem er ihn in einem seiner Romane auftreten ließ. Als Mr. Ascomy, »ein Philosoph von nicht gewöhnlichem Format«, spielte er eine Nebenrolle als Schwiegervater des rastlosen Ich-Erzählers in *Bogle Corbet*, Galts Bericht über die schottische Emigration.[7] Seine Charakterisierung zeigte echte Zuneigung und ein großartiges Gespür für Tillochs einzigartigen Gesprächsstil: sarkastisch, vielsagend und mit Gleichnissen gespickt, und wer ihn kannte – Howard kannte ihn gut –, mußte ihn gleich wiedererkennen.

Nach einem ruhigen Testamentsverfahren wurden Tillochs Besitztümer im Great Room (»The Poets' Gallery«) in London, Fleet Street 39, verkauft: Beginn, laut Versteigerungskatalog, Dienstag, 17. Mai 1825, pünktlich 12.30 Uhr.[8] Zwei Tage, an denen die Sammlung eines außerordentlichen Lebens in alle Winde verstreut wurde. Neben Gemälden, Zeichnungen, Drucken, Münzen, Keramik, Silber und der üblichen Menge von Haushaltsgegenständen wurde da ein erstaunliches Aufgebot von mathematischen und wissenschaftlichen Instrumenten an ein gieriges Publikum aus Freunden und Londoner Händlern verkauft. Darunter: ein 15-Zoll-Konkavspiegel im schwarzen Rahmen; ein 10-Zoll-plankonvexes Brennglas, ein zweieinhalb Fuß großes achromatisches Teleskop mit Messingständer und Okular; ein Mikroskop von Culpepper in einer Eichenholzbox; ein »Ramsden-Okular von Jones«; ein kleines Mikroskop in einem Fischhautkästchen; ein selbstregistrierendes waagerechtes Tag-und-Nacht-Thermometer; ein Druckluftgerät aus Kupfer mit Absperrhahn, Röhre und Düse; ein eiserner Chemie-Schmelzofen mit Röhren und Verbindungen; eine Hakenbüchse mit zwei Messingringen; eine Davy-Sicherheitslampe; zwölf Ballonkolben mit langem Hals; drei Kisten mit Mineralien; rund 750 g Quecksilber in einer Flasche, ein elliptischer Zeichenrahmen, ein japanisches Kaleidoskop; eine Laterna magica aus Holz, und ein Opernglas mit Elfenbeinverzierungen. Ein Leben voll wissenschaftlicher Interessen wurde an zwei Nachmittagen in 340 Stücke zerschlagen. Als der Hammer über dem letzten Gebot fiel (für einen Früchtekorb aus Keramik unter einem Glassturz), waren die weltlichen Besitztümer Alexander Tillochs über die ganze Hauptstadt verteilt – passend für einen Mann, dessen Leben der Verbreitung von Ideen auf diesem wachsenden wissenschaftlichen Marktplatz geweiht gewesen war. Tilloch war ein Skeptiker, ein Neuerer und ein weitsichtiger Verleger gewesen, und seine Leser und Mitarbeiter würden seine anspruchsvolle und diskussionsfreudige Persönlichkeit vermissen. Luke Howard vor allem war sich bewußt, wieviel er diesem frühesten Förderer seiner Arbeit schuldete. Tilloch hatte eine entscheidende Rolle im Leben seines Essays über die Wolken gespielt, und die Wirkung, die der Text gehabt hatte (und noch hat), war ebensosehr seinem Herausgeber-Instinkt wie den klassifizierenden Einsichten seines Autors zu danken.

Als Alexander Tilloch starb, war die Klassifikation der Wolken längst eigenständig geworden. Der Zoologe Thomas Huxley hat einmal erklärt, es sei das übliche Schicksal neuer Erkenntnisse, daß sie als Häresien begännen und als Aberglaube endeten. Bei Howards Wolken traf das nicht zu. Die sieben Namen mit ihren poetischen Erklärungen waren von Anfang an von einer Woge der Zustimmung und Akzeptanz getragen. Dennoch hatte es, wie wir gesehen haben, zur Zeit ihrer Veröffentlichung auch eine Reihe von Vorbehalten gegeben, die meistens aus dem schlichten Zweifel erwachsen waren, daß es nur sieben Typen von Wolken geben sollte: der Himmel schien so voll von einer endlosen Vielfalt von Typen. Dieser Unglaube hielt sich noch, als die Klassifikation schon anerkannt war und bereits eine Serie von Verbesserungen des Systems hervorrief. Diese Verbesserungen nahmen im Verlauf des 19. Jahrhunderts zu, als die Meteorologen sich auf internationaler Basis zu organisieren begannen. So hatte sich gegen Ende des Jahrhunderts die Form der Klassifikation herausgebildet, wie sie im wesentlichen heute noch benutzt wird.

Die erste echte Modifikation, die Howards Liste hinzugefügt wurde, war Stratocumulus. Der deutsche Meteorologe Ludwig Kämtz hatte sie 1840 vorgeschlagen. Kämtz war Professor für Physik an der Universität Halle und wollte die rollenden grauen Wolkenmassen gern von dem unterscheiden, was Howard Cumulostratus genannt hatte. Das war »der Cirro-stratus, der mit dem Cumulus vermischt ist«. Kämtz' Umkehrung der Termini entfernte die Wolkenform aus der Konvektionsfamilie der Cumuluswolken und versetzte sie in die Kategorie des Stratus, womit sie die angemessenere Position innerhalb der Familie von Wolken bei niedrigerem Druck bekam. Später wurde dann mit allgemeiner Zustimmung Howards ursprünglicher Terminus fallengelassen. Stratocumulus wurde neu definiert als »eine Schicht von Wolken, nicht flach genug, um schlicht Stratus genannt zu werden, sondern in Klumpen aufsteigend, die zu unregelmäßig und nicht felsenartig genug sind, um echte Cumulus genannt zu werden«. Es war die erste große Revision von Howards früherer Einteilung, aber eine, die ganz und gar innerhalb der Howardschen Terminologie blieb und auch innerhalb seiner Vorstellung von zusammengesetzten Modifikationen.[9]

Nicht lange danach lieferte 1855 Émilien Renou, Direktor der französischen Observatorien in Parc Saint-Maur und Montsouris, zwei weitere Zusätze zur Klassifikation in Form von Altocumulus und Altostratus: »Alto« vom lateinischen Wort für hoch, erhöht. Diese beiden neuen Formationen gehörten, wie Renou erklärte, der mittleren Wolkenschicht an, wobei die Höhe als stärkste formende Kraft betont war.

Diese Beobachtung stützte die Überlegung, daß Höhe als entscheidendes Kriterium zur Einstufung der Wolkenfamilien anzusetzen war. Jean Baptiste Lamarck hatte diesen Vorschlag in seinem meteorologischen Almanach für 1802 auch schon gemacht, aber der hatte genau wie die anderen Bände seinerzeit wenig Eindruck hinterlassen. Ein halbes Jahrhundert später wurde der Gedanke noch einmal entwickelt. Renous Empfehlung wurde von den Observatorien überall in Europa aufgenommen, und die

Betonung der Höhe als der definierenden Eigenschaft für Wolken gewann an Bedeutung. Offiziell für den internationalen Gebrauch angenommen wurde sie bei der Pariser Konferenz von 1896 im Internationalen Jahr der Wolken.[10]

Luke Howards Termini wurden weiter ergänzt und reorganisiert. Ein paar neu eingeführte Kategorien, wie die von Kämtz und Renou, waren deutlich neue Gattungen: Beispiele für das, was Howard selbst zusammengesetzte Modifikationen genannt haben würde. Andere neue Kategorien waren nur sekundäre Verbesserungen, wie jene von Forster es nach 1810 gewesen waren, oder wie die »zerfetzte« Variante Cumulus fractus, die in den sechziger Jahren von Andrés Poey in Havanna hinzugefügt wurde. Howard, der selbst auch Vorschläge im Bereich seiner ursprünglichen Definitionen machte, erwartete nichts anderes, als daß seine Klassifikation von seinen wissenschaftlichen Zeitgenossen verfeinert würde. Er wäre glücklich gewesen, wenn er noch gesehen hätte, daß die Bedeutung und die Wirkung seiner ursprünglichen Terminologie bei diesen neuen Benennungen erhalten blieb.

Aber inzwischen war Luke Howard alt und gebrechlich und bereitete sich auf den Tod vor. Seine Frau Mariabella war 1852 im Alter von 83 Jahren nach kurzer Krankheit gestorben, und er lebte jetzt bei seinem ältesten Sohn Robert in einem bequemen Haus in Tottenham. Im letzten Jahr seines Lebens ließ sein Gedächtnis nach, und schließlich vergaß er auch die Namen der Wolken, die er 60 Jahre zuvor so liebevoll entwickelt hatte, wie sich sein Sohn Robert in seiner Grabrede erinnerte:

Wer mit ihm zusammengelebt hat, wird sein Interesse am Aussehen des Himmels nicht vergessen. Ob morgens, mittags oder abends, er ging hinaus, um hinaufzuschauen und die Veränderungen zu betrachten, die sich abspielten. Seine klugen Bemerkungen und seine bildhaften Beschreibungen verliehen der Szene einen Zauber, den viele nie zuvor bemerkt hatten. Ein schöner

263

Sonnenuntergang war eine wahre und große Freude für ihn; er stand am Fenster, ging dann hinaus und beobachtete ihn, bis die letzten Strahlen verloschen. Es war ihm immer eine Befriedigung, einen gleichgesinnten Bewunderer zu finden. Nachdem er längst die Namen ›Cirrus‹ oder ›Cumulus‹ vergessen hatte, war es für ihn ein seelisches Labsal, auf sie zu schauen, und er schien alte Freunde in ihren Umrissen wiederzuerkennen.[11]
Wie hätte er ohne Wolken leben können?

Luke Howard starb am 21. März 1864 abends um elf Uhr, während sein Sohn ihm aus der Genesis vorlas: »Und Gott sprach: Das ist das Zeichen des Bundes, den ich gemacht habe zwischen mir und euch und allen lebenden Seelen bei euch hinfort ewiglich: Meinen Bogen habe ich gesetzt in die Wolken, der soll das Zeichen sein des Bundes zwischen mir und der Erde. Und wenn es kommt, daß ich Wolken über die Erde führe, so soll man meinen Bogen sehen in den Wolken.«

Die Beisetzung fand am 26. März auf dem Friedhof Winchmore Hill statt, einem Ort der Stille oben am Rande der großen Stadt. Luke Howard wurde neben seinen Eltern und seiner geliebten Mariabella beigesetzt, seiner Ehefrau und Partnerin über 56 Jahre, und nicht weit entfernt von den Gräbern seiner früh am Typhus gestorbenen Halbbrüder Robert und Joseph. So langsam wurde die Familie wieder vereint. Viele Verwandte und Freunde versammelten sich schweigend am Grab. Eines der Enkelkinder erinnerte sich, daß »die am Grab verbrachte Zeit still und feierlich war und bei den Anwesenden den Eindruck hinterließ, daß ein guter Mensch zu seinen Vätern versammelt war, nach einer längeren Pilgerfahrt, als sie den Menschen gewöhnlich zugestanden wird«.[12]

Die Nachrufe verzeichneten einmütig nicht nur den Tod einer einzelnen Seele, eines großen alten Mannes von 91 Jahren, sondern auch den Abschluß eines ehrwürdigen Zeitalters der Wissenschaft. »Wahrscheinlich wurde nie die Wissenschaft mehr um ihrer selbst willen umworben«, bemerkte jemand; »nie war etwas vollkommenerer ›Liebesdienst‹, als der, den er erwies.«[13] Und die Bemerkung stimmte, diese Arbeit war Liebesdienst, wie Luke Howards Enkel Thomas Hodgkin lange nach seines Großvaters Tod bestätigte: »Am liebsten denke ich an ihn, wie er auf der Veranda stand und die lieben Wolken beobachtete, deren Erforschung die Freude seines Lebens gewesen war, und die, wie ich bereits gesagt habe, für ihn besonders schön zu sein schienen.«[14]

Wer ihn kannte, war sicher, daß er ruhte, wie er immer gelebt hatte: in Frieden unter sanft ziehenden Wolken.

Um die Mitte des 19. Jahrhunderts waren die Termini von Howards Wolkenklassifikation weit über ihre Ursprünge hinausgewachsen. Immer neue Abweichungen im Gebrauch begannen zu erscheinen, vor allem in ausländischen Observatorien, wo sich einheimische Ausdrücke neben Howards lateinischen einschlichen. Die Franzosen sprachen zum Beispiel von »Ciel moutonné« (»Schäfchenwolken«), und die Spanier beschrieben sie als »Cielo empedrado«, (»Himmel mit Kopfsteinpflaster«). In England war diese Wolkenstruktur immer schon als »Mackerel sky« (»Makrelenhimmel«) bekannt gewesen, wegen der Ähnlichkeit mit den Schuppen der Fische. All diese lokalen Varianten waren an sich natürlich harmlos, aber da nun wieder ein Durcheinander in der lateinischen Terminologie aufkam, tauchten sie auch in meteorologischen Nachrichten wieder auf: Prähowardsche Wolkenbezeichnungen kehrten nach mehr als einem halben Jahrhundert in die Meteorologie zurück.

Das ganze System der Wolkennomenklatur war in Gefahr zu zerfallen, vor allem, weil auch Howards eigene Termini schon zu Verwirrung geführt hatten. Zwar wurden weithin die gleichen Namen benutzt, sie benannten aber nicht immer die gleichen Wolkenstrukturen, und solchem Mißbrauch konnte keine Klassifikation standhalten. Die Namen Cirrostratus und Altostratus zum Beispiel wurden wie austauschbar benutzt, während Cirrocumulus, wie eben gesagt, in einer Reihe von europäischen Observatorien Stratocumulus genannt wurde, mit dem 1840 von Ludwig Kämtz eingeführten Ausdruck, der aber Cumulostratus hätte ersetzen sollen. Kämtz' Eingriff war offenbar weithin mißverstanden worden, und das führte dazu, daß eine ganze Gruppe von cumuliformen Wolken fälschlich als stratiform dargestellt wurden. In den Observatorien herrschte Verwirrung, Gereiztheiten nahmen zu, und die zusätzliche Verwendung volkstümlicher Übersetzungen verschärfte die Lage.

Es gab noch weitere Fragen, die definitive Antworten benötigten. War Nebel eine Art Stratus, wie Howard in der Fassung seiner Klassifikation von 1817 betont hatte, oder war er überhaupt keine Wolke? Konnte Nimbus, die Regenwolke, noch als Wolke mit eigenem Charakter bezeichnet werden? Fiel Regen aus einer einzelnen Wolke, oder brauchte er eine Kombination verschiedener Schichten, um überhaupt in Gang zu kommen? Solange diese und andere Fragen nicht beantwortet waren, solange es kein geregeltes System gab, eine Wolke mit einem einzigen, unzweideutigen, internationalen Namen zu belegen, konnte das 1802 von Luke Howard begonnene Werk nicht befriedigend zu Ende geführt werden. Was sollte aus der Klassifikation werden, jetzt, wo er und die meisten seiner Anhänger tot waren: Würde alles auseinanderfallen?

An dieser Stelle traten zwei Männer auf, um die Sache in die Hand zu nehmen: Professor H. Hildebrand Hildebrandsson vom Universitätsobservatorium in Uppsala in Schweden, und der Ehrenwerte Ralph Abercromby von der Royal Meteorological Society. Beide hatten 1873 an dem ersten Internationalen Meteorologischen Kongreß teilgenommen, und beide waren organisatorische Genies mit einer Leidenschaft für Wolken. Vor allem wollten beide die nephologischen Differenzen weltweit beilegen, damit sich die Wissenschaft harmonisch entwickeln konnte. Sie beschlossen, gemeinschaftlich über die gesamte Reichweite der behaupteten Klassifikationen zu entscheiden, ob sie nun neu oder alteingeführt waren, und dann ein für allemal im Namen der meteorologischen Weltgemeinde die endgültige Fassung der Sprache der Wolken zu verkünden. Es war ein kühnes Unterfangen, aber unter den Umständen, die sich schon lange vor Luke Howards Tod zu entwickeln begonnen hatten, das Vernünftigste, was sie tun konnten. Sie wollten, erklärten sie, ein globales System der Benennung festlegen.

Die richtige Qualifikation hatten sie. Hildebrandsson, der dem alten Karl Marx verblüffend ähnelte, hatte bereits eine kurze Wolkenklassifikation für seine Studenten an der Universität Uppsala veröffentlicht. Darin pries er Luke Howard wegen seiner »präzisen Beobachtungen«, wies aber dann auf eine Reihe von Unklarheiten hin, die sich bei der Terminologie inzwischen gezeigt hätten.[15] Um diese müsse man sich dringend kümmern, meinte er, damit sie sich Howards Sprache nicht entzögen. Es mußte etwas geschehen. Abercromby dachte das schon lange, und als er in Hildebrandssons Buch auf diese Ansicht stieß, war er glücklich, einen gleichgesinnten Verbündeten gefunden zu haben. Er reiste nach Schweden, um die Sache persönlich zu besprechen, und veröffentlichte 1887 die Ergebnisse der langen Unterhaltungen im *Quarterly Journal* der kürzlich umbenannten Royal Meteorological Society. Die zwei waren großartig miteinander ausgekommen, denn auch Abercromby hatte sich bereits einen Namen in meteorologischen Kreisen gemacht, allerdings auf spektakulärere Art und Weise als der Schwede. Er war ein wohlhabender Aristokrat, mit einem gewichsten Schnauzbart, wie es sich gehörte, und hatte viel Zeit und Geld investiert, um mit Dampfschiff, Bahn und Kutsche zweimal um die Welt zu reisen, weil er sich vergewissern wollte, daß Wolken tatsächlich überall in der Welt gleich aussehen, ob in Neuseeland oder Newcastle, in Amerika, Borneo oder dem Himalaya. Abercromby war Jahre unterwegs gewesen, und es war mehr als nur ein Hauch von Phileas Fogg an ihm; diesen Eindruck stützte er vergnügt durch den Bericht von seinen Reisen, den er 1888 veröffentlichte: *Seas and Skies in Many Latitudes, or, Wanderings in Search of Weather.*

Aber obwohl seine Mittel ausreichend waren, war das Ziel, das er ins Auge gefaßt hatte, bescheiden und entsprach genau den Zielen des älteren Hildebrandsson: »Mein ursprünglicher Gedanke war, daß der Name einer Wolke von viel geringerer Bedeutung ist, als daß von allen Beobachtern der gleiche Name für die gleiche Wolke verwendet wird«, schrieb er.[16] Darin waren sich die beiden vollkommen einig, und bei ihrem Treffen in Schweden 1887 stellten Hildebrandsson und Abercromby eine vorläufige Liste mit zehn Wolkentypen zusammen, »alle zusammengesetzt aus Howards vier Grundtypen – *Cirrus, Stratus, Cumulus, Nimbus* –«, die »allen Erfordernissen der praktischen Meteorologie gerecht werden« würden. Diese wurde dann gedruckt und »den Erwägungen der Meteorologen anempfohlen«.[17]

Die zehn Termini Cirrus, Cirrostratus, Cirrocumulus, Stratocirrus, Cumulocirrus, Stratocumulus, Cumulus, Cumulonimbus, Nimbus und Stratus wurden zur Basis jeder späteren Ordnung der Wolken, und in gewisser Weise erwies sich diese Erklärung vom Ende des Jahrhunderts als genauso einflußreich wie Howards Essay es bei seinem Erscheinen am Anfang des Jahrhunderts gewesen war. Durch die Bemühungen dieser zwei international bekannten Wetterfachleute, Hildebrandsson und Abercromby, waren Wolken wieder in die erste Reihe des meteorologischen Denkens in der Welt zurückgekehrt.

Die Neuordnung der Terminologie trug sofort Früchte. Ein internationales Team in Hamburg schlug einen mehrsprachigen Wolkenleitfaden zur Veranschaulichung der neuen Klassifikation vor.[18] Hildebrandsson leitete das Projekt von seiner Arbeitsstelle im schwedischen Observatorium aus, und als das Buch 1890 erschien, wurde seine

Abb. 26: Cumulus-Foto von Ralph Abercromby,
aus: *Internationaler Wolken-Atlas*, 1896 (mit frdl. Genehmigung
der British Library, BL 8753.dd.17).

Bedeutung als »der erste zufriedenstellende Versuch zur
Erreichung von Einheitlichkeit in der Klassifikation und
Nomenklatur der Wolken« sofort erkannt.[19] Der einführende Text beruhte zu einem großen Teil auf dem Papier
von 1887 und war in vier Sprachen gehalten, Deutsch,
Französisch, Englisch und Schwedisch. Es folgten zehn
Chromolithographien und zwei Seiten mit Fotos von ver-
blüffender Professionalität, die überwiegend Abercromby
auf seinen Auslandsreisen aufgenommen hatte. (Abb. 26)

Die Fotografie war ein technischer Fortschritt, den die
Wissenschaft erst seit kurzem nutzte. Sie sollte bald eine
große Rolle auf dem neuen Gebiet der Nephologie spielen.
Abercromby hatte mehr als zehn Jahre lang an der Vervollkommnung der schwierigen Kunst, Wolken zu fotografie-
ren, gearbeitet. Er hielt das für den einzig möglichen Weg,
international Einigkeit bei dem Thema herbeizuführen.

»Wir können keine internationale Übereinstimmung bei den Namen der Wolken erreichen, solange nicht typische Fotografien zu mäßigen Preisen in Umlauf gebracht werden können«, sagte er, vor allem, wenn es sich um seine eigenen Fotos handelte.[20] Abercrombys Bilder wurden wirklich sehr bewundert, und seine Lichtbildervorträge in der Royal Meteorological Society in Westminster waren gut besuchte Veranstaltungen. Ihre Wirkung war stark, ein begeisterter Zuhörer beschrieb sie später als »die schönsten Wolkenbilder, die er je gesehen« habe.[21] Über Constables Bilder hatte das in London in den achtziger Jahren niemand gesagt.

Nach der Veröffentlichung des Hamburger Atlas wollte sich die folgende Internationale Meteorologische Konferenz ganz dem Thema Wolken widmen. In peniblem Bürokratismus wurde ein Wolkenkomitee gewählt, dessen Mitglieder bei den Diskussionen den Vorsitz führen sollten. Die Gespräche wurden den ganzen September 1891 hindurch in München abgehalten und waren lang und weitreichend, aber die wichtigste Entschließung, zu der man endlich kam, war die Übernahme der neuen Zehn-Punkte-Klassifikation der Wolken, wie sie Hildebrandsson und Abercromby vorgeschlagen hatten und wie sie im Hamburger Atlas dargestellt war. Ihre Vorzüge waren allen klar, die sich mit ihr befaßt hatten. Sie brachte Howards ursprüngliche Klassifikation auf den neuesten Stand, hielt sich jedoch streng an seine längst vertraute Nomenklatur.

Begeistert verabredeten die Mitglieder des Wolkenkomitees, sich 1894 in Uppsala wiederzutreffen und dann eine Ausstellung von Wolkenbildern zu zeigen. Sie sollten überall in der Welt gesammelt werden durch Anzeigen und Aufrufe in den Zeitungen. Die Anzeige, die im März 1892 im *American Meteorological Journal* erschien, war ein typisches Beispiel:

EINE BITTE UM WOLKENBILDER. – Die Internationale Meteorologische Konferenz, die im vergangenen Jahr in

München zusammentrat, hat beschlossen, einen farbigen Wolkenatlas zu veröffentlichen, um die typischen Wolkenformationen nach der Nomenklatur von Hildebrandsson und Abercromby darzustellen. Das mit der Durchführung betraute Komitee bittet um die Ausleihe von farbigen Zeichnungen oder Gemälden nach der Natur, damit die geeignetsten in dem Atlas reproduziert werden können. Solche Wolkenstudien können zur Beurteilung an das amerikanische Mitglied der Kommission geschickt werden, A. Lawrence Rotch, Blue Hill Observatory, Readville, Mass.; sie werden den Verleihern in gutem Zustand zurückgegeben.[22]

Tausende von Bildern wurden eingeschickt, gut 300 schließlich ausgewählt. Die Ausstellung in Uppsala erwies sich als großer Erfolg und reiste anschließend nach England und Nordamerika. Sie gab nicht nur den Mitgliedern des Wolkenkomitees die Gelegenheit, sich auf die entsprechenden Reisen zu begeben, sondern unterstützte auch die Entscheidung für die Endauswahl der Illustrationen für eine neue Publikation: den ersten *Internationalen Wolken-Atlas*, der 1896 veröffentlicht werden sollte.

Natürlich wurde für den neuen Atlas ein eigenes Komitee gebildet (eine gewählte Untergruppe des Wolkenkomitees), um die Dinge zu beschleunigen. Das Buch sollte eine Verbesserung der früheren Hamburger Ausgabe werden, vor allem, was die Auswahl der Illustrationen anging, aber es mußte rechtzeitig zur Meteorologischen Konferenz von 1896 erscheinen. Denn um diese wiederum bekanntzumachen und ihre Bedeutung herauszustellen, war 1896 zum Internationalen Jahr der Wolken erklärt worden.

Kurz nachdem der dreisprachige Wolkenatlas im Frühsommer erschienen war, im blauen Pappeinband des Verlages Gauthier-Villars in Paris, fand er seinen Weg in alle Ecken der wissenschaftlichen Welt.

Wenn man die alte Klassifikation von 1802 mit der fast ein Jahrhundert später erschienenen von 1896 vergleicht, sieht man, wie bedeutend die im Laufe der Zeit vorgenommenen Veränderungen waren. Wolken wurden jetzt zunächst nach ihrer Höhe eingeteilt in »Obere Wolken«, »Mittelhohe Wolken«, »Untere Wolken«, »Wolken aus den untertags aufsteigenden Strömen« und »Gehobene Nebel«, und dann gab es innerhalb jeder Kategorie weitere Unterteilungen: »*a*. Durchbrochene oder kugelförmige Wolkenbildungen (vorwiegend bei trockenem Wetter)« und »*b*. Ausgebreitete oder schleierförmige Bildungen (Wetter regnerisch).« Die zehn Wolkengattungen wurden nach dem Atlas jetzt wie folgt geordnet:

A. Obere Wolken, in mittlerer Höhe 9000 m.
   a. 1. *Cirrus*.
   b. 2. *Cirro-stratus*.
B. Mittelhohe Wolken, zwischen 3000 m und 7000 m.
   a. 3. *Cirro-cumulus*.
   a. 4. *Alto-cumulus*.
   b. 5. *Alto-stratus*.
C. Untere Wolken, unterhalb 2000 m.
   a. 6. *Strato-cumulus*.
   b. 7. *Nimbus*.
D. Wolken aus den untertags aufsteigenden Strömen.
   a. 8. *Cumulus*; Gipfel 1800 m; Grundfläche 1400 m.
   b. 9. *Cumulo-nimbus*; Gipfel 3000 m-8000 m; Grundfläche 1400 m.
E. Gehobene Nebel, unter 1000 m.
   10. *Stratus*.[23]

Diese Klassifikation sorgte mit ihrem großzügigen Angebot begleitender Bilder dafür, daß jede sichtbare Wolke in jeder Höhe jetzt von jedem Beobachter auf der Welt zuverlässig benannt werden konnte.

Das zahlte sich bei der meteorologischen Gemeinde aus. »Wir empfehlen unseren Lesern dringend, sich ein Exemplar zu besorgen«, riet das Londoner *Meteorological Magazine* im Juli 1896, »der Atlas ist sehr schön und sehr billig.« Die Besprechung bemerkte dann noch, daß der *Atlas* den Inhalt von Luke Howards ursprünglichem Essay auf den neuesten Stand gebracht habe, daß er dabei aber die Sprache und die Ideen erhalten habe, die ihren Benutzern von Anfang an und den größten Teil des Jahrhunderts hindurch vertraut geblieben seien: »Unsere Landsleute werden sehr zufrieden sein, wenn sie sehen, wie weitgehend sich das Internationale System von 1896 auf das Werk Howards stützt.«[24]

Das stimmte, seine Landsleute waren zufrieden, denn jetzt war es endlich offiziell: Luke Howard hatte die Wolken benannt, für alle Länder, alle Völker, alle Zeiten.

Epilog
Ein Leben in der Zukunft

> Doch das schlichte Werk einer Klas-
> sifikation der Wolken, das vor allem
> von einem scharfen Blick für Form und
> Farbe abhängt und von einer philoso-
> phischen Denkungsart, bleibt erhalten,
> und überall auf der Welt, wo immer
> wissenschaftliche Beobachter zu finden
> sind, sind die Wolken noch unter den
> Namen bekannt, die er ihnen gegeben
> hat.
>
> *The Friend, 1864*[1]

»Mein Großvater war ein sensibler und empfindsamer Mann, mit einer guten Portion genialer Kauzigkeit und ihrer Unberechenbarkeit«, erinnerte sich Luke Howards Enkelin Mariabella Fry gegen Ende ihres eigenen Lebens in den zwanziger Jahren des 20. Jahrhunderts. Ihre Beschreibung des sanften älteren Herrn war lebhaft, liebevoll, lebensecht und entsprach dem Mann in ihrer Erinnerung:

Er war ein sehr abwesender Mensch und schien immer an etwas anderes, weit Entferntes zu denken, so daß wir selten eine Unterhaltung mit ihm anfingen, und wenn wir eine Frage an ihn richteten, reagierte er oft mit einem unbestimmten »Mein Liebes ...«, das zeigte, daß er nicht zugehört hatte. Er betrachtete oft das Wetter und stand lange am Fenster und schaute mit diesem verträumt milden Blick zum Himmel auf; gelegentlich lenkte er unsere Aufmerksamkeit auf irgend eine große Wolke und erklärte uns ihre Form. Er pflegte zu sagen: »People think I am *weather-wise*, but I tell them I am very often *otherwise*.« (»Die Leute meinen, ich sei wetterkundig, aber ich sage ihnen, ich bin oft alles andere.«)[2]

Letzteres war eine vielsagende Anspielung auf Benjamin

Franklin: »Some are weatherwise; some are otherwise« war einer der vielen Aphorismen, die Franklin in *Poor Richard's Almanack* eingestreut hat, diese Handbücher aufgeklärten Nützlichkeitsdenkens, aus denen wir auch »Zeit ist Geld«, »Mit kleinen Streichen fällt man Eichen« und »Liebe deinen Nachbarn, aber reiß nicht gleich die Hecke heraus« und viele andere haben. Franklins frommer Almanach war ein Stimmungsmesser protestantischer Besorgnis, und Luke Howard übernahm wie so viele Zeitgenossen seine Lehren eifrig.

Obwohl er zur Tagträumerei neigte und gern aus dem Fenster sah, hatte Howard ein »starkes und beängstigendes Bedürfnis, nützlich zu sein«, wie es Nicholas Webb formuliert hat, und in Briefen an seine Freunde »bezichtigte er sich selbst, weil er seine Tage so ›vollkommen ohne Zweck und Ziel und Nützlichkeit‹ verbrachte«:

»Mein Wunsch ist, daß ich, wann immer und solange ich dazu in der Lage bin, geleitet werde, meine Bemühungen zu besseren Vorhaben einzusetzen, als nur zu meinem eigenen Vergnügen oder meinem Vorteil hinsichtlich äußeren Wohlstands. Aber *wie* ich anderen nützlicher sein kann, sehe ich noch nicht; deshalb halte ich mich still im Winkel.«[3]

Diese Selbsteinschätzung schrieb er nicht etwa am stillen Lebensabend in den fünfziger oder sechziger Jahren, sondern 1811, auf dem Höhepunkt seiner Tätigkeit in Beruf, Wissenschaft und Familienleben, und er war himmelweit entfernt davon, sich still im Winkel zu halten. Sein Produktionsbetrieb lief auf vollen Touren, er lieferte monatliche Wetterberichte an verschiedene Zeitschriften, befaßte sich mit ersten Vorentwürfen für *The Climate of London* und setzte sich für die Opfer der Napoleonischen Feldzüge ein. Er nahm außerdem stark am Leben seiner Kinder teil. Den älteren brachte er morgens vor der Arbeit Französisch bei, und regelmäßig unternahm er an Wochenenden Ausflüge mit ihnen oder ging mit ihnen ins British Museum. Er war also ein Familienvater mit einem arbeitsamen, ausgefüllten Leben. Aber immer blieb seine Besorgnis, auch als Bürger rechtschaffen zu sein; schließlich war er seines Vaters Sohn und hatte eine tiefsitzende Angst vor Müßiggang.

Luke Howard war ein Produkt seiner Zeit und seines gesellschaftlichen Hintergrunds; ein selbständiger Kleinunternehmer mit einer ungewöhnlichen Leidenschaft für Wolken, dessen einzige Qualifikation sein Schullatein und die Zugehörigkeit zur »Plough-Court-Academy« waren. Aber seine frühe Arbeit über die Modifikationen der Wolken sollte das Gesicht der Meteorologie für immer verändern und ihm die Bewunderung der Großen aus Literatur, Kunst und Wissenschaft eintragen. Indem er die Wolken benannte, indem er Dingen Sprache und Sichtbarkeit verlieh, die bis dahin namenlos und unerkennbar gewesen waren, veränderte er die Beziehungen zwischen der Welt und dem sie überwölbenden Himmel vollkommen. Seine Wissenschaft, die Wissenschaft von den ihre Gestalt verändernden Wolken, sprach deutlich und beruhigend zu einem Zeitalter, das von dem Tempo der sozialen und industriellen Veränderung verwirrt war. »Der Ozean von Luft, in dem wir leben und uns bewegen, mit seinen Kontinenten und Inseln aus Wolken«, schrieb er einmal, »kann für den denkenden Geist nie Objekt empfindungsloser Beobachtung sein.«

32 Jahre nach seinem Tod bekam sein Lebenswerk feste Form auf den Seiten des *Internationalen Wolkenatlas*, der zu jener Zeit weltweit maßgebenden meteorologischen Publikation: »Niemand kann in dem Atlas lesen oder sich mit dem Thema befassen, ohne zu sehen, daß die Fundamente von Luke Howard gelegt wurden«, schrieb das *Quarterly Journal* der Royal Meteorological Society 1896. »Wenn je ein Mann im Zusammenhang mit diesem Thema Anerkennung verdient hat, ist es dieser berühmte Wissenschaftler und vortreffliche Philanthrop.«[4] Und das war nur der Anfang. Seit seinem ersten Erscheinen 1896 hat es sie-

ben weitere englischsprachige Ausgaben des *International Cloud-Atlas* gegeben, die letzte erschien 1995. Die letzten französischen und spanischen Ausgaben erschienen 1975 beziehungsweise 1993; die letzte deutsche Lizenzausgabe der Weltorganisation für Meteorologie (WMO) erschien 1990 beim Deutschen Wetterdienst. Sie alle beruhen immer noch auf Howards grundlegender Arbeit, diesem definitiven Führer zur internationalen Klassifikation und Nomenklatur der Wolken.

Die Wolkennamen, die heute in Gebrauch sind, mit ihren internationalen Abkürzungen, dazu die Daten ihrer akzeptierten Definition (oder Neudefinition) sind jetzt folgendermaßen angeordnet:

Hohe Wolken (Untergrenzen über 6 km):

1) *Cirrus, Ci* (Howard 1803)
2) *Cirrocumulus, Cc* (Howard 1803, Renou 1855)
3) *Cirrostratus, Cs* (Howard 1803, Renou 1855)

Mittelhohe Wolken (Untergrenzen zwischen 2 und 6 km):

4) *Altocumulus, Ac* (Renou 1870)
5) *Altostratus, As* (Renou 1877)
6) *Nimbostratus, Ns* (International Commission for the Study of Clouds 1930)

Tiefe Wolken (Untergrenzen unter 2 km):

7) *Stratocumulus, Sc* (Kämtz 1841)
8) *Stratus, St* (Howard 1803, Hildebrandsson und Abercromby 1887)
9) *Cumulus, Cu* (Howard 1803)

Der größte Wolkentyp erstreckt sich über alle drei Stockwerke:

10) *Cumulonimbus, Cb* (Weilbach 1880)

Wie man sieht, ist die jetzige Klassifikation weniger komplex als die von 1896, mit einer schlichteren, dreiteiligen Höhenstruktur, die sich auf die frühere Konzeption von Lamarck stützt. Nur die Namen der zehn Hauptwolkenformen, der zehn oben genannten Gattungen, werden regelmäßig in meteorologischen Berichten benutzt. Der Anhang gibt auf S. 283 ff. noch den gesamten Umfang der jetzt anerkannten Arten und Unterarten an, und sicher werden dazu in Zukunft noch weitere Ergänzungen kommen.

Die Wolkenforschung blüht weltweit, vor allem, da jetzt Untersuchungen bestätigt haben, daß Wolken eine viel größere Rolle für das Klima und dessen Veränderungen spielen, als man früher angenommen hat. Die Entdeckungen von Arbeitsgruppen wie C^4 in Kalifornien (Center for Clouds, Chemistry and Climate) zeigen die Bedeutung der Wolken als Schutzschild gegen die einfallende Sonnenstrahlung und für die Aufnahme der von der Erde abgegebenen Wärmestrahlung. Wolken fungieren mit anderen Worten als ausgedehntes und leistungsfähiges globales Kühlsystem, wobei offenbar verschiedene Wolkentypen auf verschiedene Weise wirken. Die Bänder der Stratuswolken zum Beispiel reflektieren das Licht eher zurück in die Stratosphäre, während die Eiskristalle in cirriformen Wolken die von unten abgestrahlte Wärme eher aufnehmen. Das Ausmaß dieser thermostatischen Zusammenarbeit zwischen der Erde und der sie umgebenden Atmosphäre beginnen wir gerade erst zu verstehen, aber Wolken stehen auf jeden Fall im Zentrum.

»Wolken erzählen immer eine wahre Geschichte« sagte Ralph Abercromby 1887, »aber die ist schwer zu lesen.«[5] Und Wolken werden weiterhin ihre Geschichten erzählen, immer und ewig. Und weil es noch so viel zu lernen gibt, weil soviel unbekannt und unerkennbar ist, werden sie nur wenig von ihrem Geheimnis und nichts von ihrer Majestät verlieren. Luke Howards Wissenschaft hat dazu beigetragen, daß wir sie lesen und ihren Anblick dadurch um so mehr genießen können. Sie erlaubt Tagträumen und sie läßt uns zusehen, wenn die Wolken ziehen, ob wir nun an einem warmen Sommertag auf dem Rücken liegen oder durch Bergland mit nebelverhangenen Gipfeln fahren. Unsere Freude an ihnen und unsere Achtung für sie ist nicht verloren. Wolken umgeben uns, Wolken vermitteln

Zufriedenheit, und wie Howard oder Abercromby oder Baudelaires außerordentlicher Fremder sind wir alle ein bißchen verliebt in sie. Schauen wir also in die Wolken, die vorüberziehen dort … dort … die wunderbaren Wolken.

Anhang

Arten und Unterarten der Wolkengattungen

Arten

Innerhalb der zehn Wolkengattungen, die auf S. 277 aufgelistet sind, gibt es 14 Arten, die die Form und Struktur der jeweiligen Wolkentypen beschreiben. Jeder dieser Namen kann im Prinzip auf jede der zehn Gattungen angewendet werden, aber praktisch werden sie meistens nur zwei oder drei Gattungen zugeschrieben. Die Termini wurden überwiegend in der zweiten Hälfte des 20. Jahrhunderts entwickelt:

Typische Gattungen	Art	Abk.	Beschreibung
Cirrus	uncinus	unc	haken-, krallenförmig
Cirrus	spissatus	spi	grobflockig, dicht
Ci, Cs	fibratus	fib	feinflockig, faserig
Cc, Ac, Sc	lenticularis	len	linsen-, mandelförmig
Ci, Cc, Ac, Sc	castellanus	cas	türmchen-, zinnenförmig
Ci, Cc, Ac	floccus	flo	flockenförmig, Schäfchenwolken
Cumulonimbus	capillatus	cap	a. d. Oberfläche faserig
Cumulonimbus	calvus	cal	a. d. Oberfläche glatt
Cc, Ac, Sc	stratiformis	str	schichtförmig
Cs, St	nebulosus	neb	nebelartig
Cumulus, Stratus	fractus	fra	vom Wind zerfetzt
Cumulus	congestus	con	hochaufgetürmt
Cumulus	mediocris	med	mittelhoch
Cumulus	humilis	hum	niedrig, wenig entwickelt

Die Unterarten bezeichnen entweder die Durchlässigkeit der Gattungen oder Arten für Licht oder die spezielle Anordnung ihrer Bestandteile:

Typische Gattungen	*Unterart*	*Abk.*	*Beschreibung*
Cirrus	intortus	in	verflochten
Cirrus	vertebratus	ve	grätenförmig
Cc, Cs, Ac, As, Sc	undulatus	un	wellen-, wogen-förmig
Ci, Ac, As, Sc, Cu	radiatus	ra	strahlenförmig
Cc, Ac	lacunosus	la	wabenförmig, durch-löchert
Ci, Cs, Ac, As, Sc	duplicatus	du	zweischichtig
Ac, As, Sc, St	translucidus	tr	durchscheinend
Ac, Sc	perlucidus	pe	durchsichtig
Ac, As, Sc, St	opacus	op	nicht durchschei-nend

Sonderformen oder Begleitwolken

Einige Wolkenformen sind keine eigenen Typen, sondern Erscheinungsformen, die nur in Verbindung mit einer oder zwei der Gattungen auftreten. Sie deuten oft auf die physikalischen Prozesse hin, die innerhalb einer Wolke ablaufen. Dies sind neun Sonderformen:

pannus	mit Fetzen, treten in Cu, Cb, As und Ns auf
pileus	mit Wolkenkappe, bei Cumulus und Cumulonimbus
velum	mit Schleier, bei Cumulus und Cumulo-nimbus
arcus	mit Böenkragen
incus	amboßförmig
mamma	mit beutelförmigen Auswüchsen

284

praecipitatio	mit Niederschlägen auf die Erde
tuba	mit Wolkenschlauch
virga	mit verdunstenden Fallstreifen

Meteorologen benutzen alle diese Termini, um Wolken zu definieren und beschreiben, aber Wetterberichte beschränken sich gewöhnlich auf die Namen der zehn Gattungen. Und in allgemeinen Unterhaltungen über den Anblick des Himmels benutzen wir meistens nur die drei ursprünglichen Gattungsnamen, wie sie Luke Howard 1802 entwickelt hat: Cirrus, Stratus, Cumulus.

Anmerkungen

Prolog

1 Charles Baudelaire: *Die Tänzerin Fanfarlo und Der Spleen von Paris.* Aus dem Französischen von Walther Küchler. Zürich 1977 (Heidelberg 1947). S. 68.
2 Nach Luke Howard: »Über die Modificationen der Wolken«. *Annalen der Physik,* Nr. 21, Halle 1805, S. 137-159.

Kapitel 1

1 Sarah Hoare: »Wissenschaft, leuchtender Schein! / Schöner Strahl des Geistes, breite dich aus / und scheine von Pol zu Pol! / Aus deinem gesammelten Wissen / gieße über alle deine Reichtümer aus, / rege sie an aufzusteigen aus niederem Wünschen / und die Seele zu schmücken« aus: *Poems on Conchology and Botany.* London1831, S. 61.
2 Siehe Richard D. Altick: *The Shows of London.* Cambridge, Mass., 1978.
3 *Dictionary of Scientific Biography,* hrsg. v. Charles Coulston Gillespie. 18 Bde., New York 1970-81, VIII, S. 85.
4 Vgl. David Knight: *Humphry Davy.* Oxford 1992, S. 50.
5 *The Parachute; or, All the World Balloon Mad.* London 1802, S. 2.
6 Kathleen Coburn: »Coleridge: A Bridge between Science and Poetry«, in: *Coleridge's Variety: Bicentenary Studies,* hrsg. v. John Beer. London 1974. S. 87-90.
7 John Ayrton Paris: *The Life of Sir Humphry Davy.* London 1831, S. 90.
8 Vgl. John Emsley: *The Shocking History of Phosphorus: A Biography of the Devil's Element.* London 2000.
9 Samuel Johnson: *The Idler.* 2 Bde., London 1761, I, S. 59.
10 Vgl. Arden Reed: *Romantic Weather: The Climates of Coleridge and Baudelaire.* Hanover and London 1983, S. 6.
11 Huntington MS, MO 3055 (mit Dank an Elizabeth Egner für den Hinweis).
12 Jane Austen: *Sanditon.* Roman, vollendet von Marie Dobbs. Dt. v. Elizabeth Gilbert. München 1980, S. 56.

13 »Graziös geriefelt ist deine Schale, / transversal und diago-
nal, / und köstlich makellos«. Sarah Hoare, 1831, p. 7.

14 Richard Holmes: *Coleridge: Early Visions*. London 1989, S. 312.

15 Kathleen Coburn, 1974, S. 85.

Kapitel 2

1 Aristophanes: *Die Wolken*. In: Aristophanes: *Komödien in zwei
Bänden*, Weimar 1963, I., S. 127.

2 Gustav Hellmann: »The Dawn of Meteorology«, *Quarterly
Journal of the Royal Meteorological Society* 34, 1908, S. 223.

3 Anonymus: »The Great Summons« (Der große Aufruf), in
Arthur Waley (Hrsg.): *Chinese Poems*. London 1946, S. 37.

4 Vgl. Colin A. Ronan: *The Cambridge Illustrated History of the
World's Science*. Cambridge 1983, S. 125-186.

5 Sir Napier Shaw: *Manual of Meteorology*, Bd. 1. Cambridge
1926. S. 5-6. Vgl. auch J. A. Kington: »A Historical Review of
Cloud Study«, *Weather* 23, 1968, S. 349-356.

6 *Die Edda*. Übertragen von Felix Genzmer. München 1992,
S. 93.

7 Vgl. H. Howard Frisinger: *The History of Meteorology: to 1800*.
New York 1977, S. 5. Jonathan Barnes: *Early Greek Philosophy*.
Harmondsworth 1987, S. 71-76.

8 Hellmann: »The Dawn of Meteorology«, S. 224.

9 Die beste Darstellung bei David C. Lindberg: *The Beginnings of
Western Science: The European Scientific Tradition in Philosophical,
Religious, and Institutional Context, 600 B. C. to A. D. 1450*. Chi-
cago und London 1992, S. 46-68.

10 Aristoteles: *Meteorologie*. Dt. v. Paul Gehlke. Paderborn 1955,
S. 23.

11 Ebenda, S. 24.

12 Vgl. H. Howard Frisinger: *The History of Meteorology: to 1800*.
New York 1977, S. 15-17.

13 Seneca, *Naturales quaestiones – Naturwissenschaftliche Untersuchungen*. Dt. v. Otto und Eva Schönberger. Stuttgart 1998.
Buch VII, 22, S. 433.

14 Plinius: *Historia naturalis. Eine Auswahl aus der »Naturgeschichte«*, von Michael Bischoff, Dt. v. G. C. Wittstein. Nördlin-
gen 1987, S. 50.

15 Lukrez: *Von der Natur der Dinge*, Buch 6, S. 230. Dt. v. Karl Ludwig von Knebel [Leipzig 1831], Frankfurt 1960.

16 Descartes, René: *Les Météores. Discours Premier. De la nature des cors terrestres*. In: Œuvres de Descartes, hrsg. v. Charles Adam & Paul Tannery. Paris 1908. Bd. VI., S. 231.

17 Anthony Le Grand: *An Entire Body of Philosophy, According to the Principles of the Famous Renae Des Cartes, In three Books*. London 1694, S. 213.

18 Le Grand, 1694, S. 215. Vgl. Claire L. Parkinson: *Breakthroughs: A Chronology of Great Achievements in Science and Mathematics 1200-1930*. London 1985, S. 79.

19 Oliver Goldsmith: *A History of the Earth, and Animated Nature*. NA, 6 Bde, London 1816, I, S. 315-320.

20 Taylor: *Surveys of Nature, Historical, Moral, and Entertaining, exhibiting the Principles of Natural Science*. 2 Bde., London 1787, Bd. I., S. 192.

21 Oliver Goldsmith, 1816, I., S. 312.

Kapitel 3

1 Mary Russell Mitford: »Song«, in *Poems*, 2. Aufl., London 1811, S. 107.
   »Die schönsten Dinge sind jene, die leben
   und schwinden, bevor wir ihnen Namen geben;
   Die rosigsten Wolken am Abendhimmel
   sind die, die am schnellsten verblassen und verfliegen.«

2 Lucas Howard: »Über die Modificationen der Wolken«, in *Annalen der Physik*, Jahrgang 1805, Zehntes Stück, S. 137-159. S. 140.

3 Daniel Defoe: *The Storm: Or, A Collection of the most Remarkable Casualties and Disasters Which happen'd in the Late Dreadful Tempest, both by Sea and Land*. London 1704, S. 1.

Kapitel 4

1 In Bernard Howard: »A Luke Howard Miscellany: Compiled by his Great Grandson«. Unveröffentlichtes Manuskript, 1959, S. 86.

2 A. a. O., S. 59.

3 A. a. O., S. 60/61.

4 London Metropolitan Archive: Acc. 1017/1381.

5 Briefe im London Metropolitan Archive: Acc. 1017/1372-1388.

6 Bernard Howard, a. a. O., S. 62/63.

7 *Short Memorials of the late Luke and Mirabella Howard, of Ackworth Villa, Yorkshire*, by an aged relative. Privatdruck, Tottenham 1864, S. 3.

8 Nachruf aus: *The Friend: A Religious, Literary and Miscellaneous Journal*, NS Bd. IV, London 1864, S. 99-102.

9 Gilbert White: *The Natural History and Antiquities of Selborne*, hrsg. v. Paul Foster. Oxford 1993, S. 247-248.

10 Dieser Abschnitt ist aus zeitgenössischen Zeitungsberichten zusammengetellt, die von April bis Oktober 1783 reichen: *Bath Chronicle, Bonner & Middleton's Bristol Journal, Cambridge Chronicle & Journal, Canterbury Journal, Jopson's Coventry Mercury, Caledonian Mercury* (Edinburgh), *Gloucester Journal, Gentleman's Magazine* (London). *London Gazette, Norfolk Chronicle or Norwich Gazette. Jackson's Oxford Journal and York Courant.* Siehe auch Richard Mabey: *Gilbert White: A biography of the author of The Natural History of Selborne.* London 1986, S. 190-199; John Grattan und Mark Brayshay: »An Amazing and Portentous Summer: Environmental and Social Responses in Britain to the 1783 Eruption of an Iceland Volcano«, *The Geographical Journal*, Bd. 161:2, 1995, S. 119-134; und Richard B. Stothers: »The Great Dry Frog of 1783«, *Climatic Change* 32, 1996, S. 79-89.

11 William Cowper, *Die Aufgabe – The Task.* Zweisprachige Ausgabe. Deutsch von Wolfgang Schlüter. Berlin 2000, S. 40/41.

12 *The Letters of Horace Walpole, fourth Earl of Oxford, Chronologically arranged and edited with notes and indices by Mrs Paget Toynbee*, 19 Bde., Oxford 1903-25, S. 12.

13 *The Gentleman's Magazine: and Historical Chronicle*, Bd. 53:2. London 1783, S. 621.

14 *Jackson's Oxford Journal*, 12. Juli 1783, S. 1.

15 *The Lady's Magazine; or, Entertaining Companion for the Fair Sex, appropriated solely to their Use and Amusement.* London 1786, S. 680.

16 Hayman Rooke: *A Meteorological Register, kept at Mansfield*

Woodhouse, in Nottinghamshire; from the commencement of the year 1785, to the end of the year 1794. To which are subjoined, The most probable Indications of Weather, deducible from the Changes in the Barometer. Nottingham 1795; auf den neuesten Stand gebracht 1805.

17 Aus Hayman Rooke: *A Continuation of the Annual Meteorological Register, kept at Mansfield Woodhouse, from the year 1800 to the end of the year 1801.* Nottingham 1802, S. 22.

18 John und Mary Gribbin: *Watching the Weather.* London 1996, S. 1.

19 Siehe H.H. Lamb: »Volcanic dust in the atmosphere; with a chronology and assessment of its meteorological significance«, *Philosophical Transactions of the Royal Society* A 266, 1970, S. 425-533.

20 Obwohl der VEI 1982 entwickelt wurde, ist er noch nicht allgemein akzeptierter Standard. Die Vulkanologie ist anders als die Seismologie zum Teil noch abhängig von subjektiven Meßmethoden. Vgl. Tom Simkin und Lee Siebert: *Volcanoes of the World.* 2. A., Tucson 1994, S. 23-25.

21 Zitiert bei H.H. Lamb, 1970, S. 509.

22 H.H. Lamb, 1970, S. 509.

23 Stothers, 1996, S. 79.

24 Vgl. »Fatalities & Evacuations«, in Simkin & Siebert, 1994, S. 165-175; Stothers, 1996, S. 85.

25 John Pointer: *A Rational Account of the Weather; Shewing the Signs of its several Changes and Alterations, together with the Philosophical Reasons of them.* London 1723, S. III.

26 South Sea Bubble – eine Spekulationsmanie, die 1720 britische Investoren in den Ruin trieb, die mit »Seifenblasenprojekten« der South Sea Company reich zu werden gehofft hatten.

27 Pointer, 1723, S. IV.

28 London Metropolitan Archive: Acc. 1017/1377.

29 London Metropolitan Archive: Acc. 1017/1376.

30 Bernard Howard, a.a.O.: S. 62.

31 »Memoir of Luke Howard«, in D.F.S. Scott (Hrsg.): *Luke Howard (1772-1864) His correspondence with Goethe and his Continental Journey of 1816.* York 1976, S. 2.

32 London Metropolitan Archive: Acc. 1017/1385.

1 »Luke Howard's Autobiography; with his own additions and corrections down to an unascertained date. Probably circ. 1840«, S. 5. Manuskript in der Friend's House Library MS. Box 5.2.

2 In Bernard Howard: »A Luke Howard Miscellany: Compiled by his Great Grandson« (unveröffentliches Typoskript, 1959), S. 61.

3 Vgl. John Emsley: *The Shocking History of Phosphorus: A Biography of the Devil's Element.* London 2000.

4 Bernard Howard, a.a.O., S. 94.

5 *Short Memorials of the late Luke and Mariabella Howard, of Ackworth Villa, Yorkshire*, by an aged relative. Tottenham. Privatdruck, S. 6.

6 Bernard Howard, a.a.O., S. 94.

7 *The Collected Works of Samuel Taylor Coleridge*, hrsg. v. H.J. Jackson und J.R. de J. Jackson, 14 Bde., London 1971-81, XI, S. 335/336.

8 Zitiert in Desmond King-Hele: *Erasmus Darwin and the Romantic Poets.* London 1986, S. 67.

9 John Thelwall: *The Peripatetic; or, Sketches of the Heart, Of Nature and Society*, 3 Bde., London 1793, II., S. 105-106.

10 Ein unveröffentlichtes Dokument in den London Metropolitan Archives, Acc. 1017/1491, geschrieben von William Haseldyne Pepys, enthält einen historischen Abriß der Askesian Society. Es gibt auch einen kurzen Bericht in Luke Howard: *Papers on Meteorology, Relating Especially to The Climate of Britain, and to The Variations of the Barometer*, London 1854, S. 73-76. Vgl. auch Ian Inkster: »Science and Society in the Metropolis: A preliminary Examination of the Social and Institutional Context of the Askesian Society of London, 1796-1807«, *Annals of Science* 34, 1977, S. 1.32.

11 *Luke Howard an Goethe.* In *Witterungslehre.* J.W. Goethe: Sämtliche Werke Bd. 25, Frankfurt am Main 1989, S. 248.

12 *Life of William Allen, with Selections from his Correspondence*, 3 Bde., London 1847. I., S. 46/47.

13 Ebd., S. 47/48.

14 Zitiert in David Knight: *Humphry Davy.* Oxford, 1992, S. 30/31.

15 Siehe W. D. A. Smith: *Under the Influence: A History of Nitrous Oxide and Oxygen Anaesthesia*. London 1982, S. 34.

16 *Luke Howard an Goethe*. Goethe: Sämtliche Werke Bd. 25, S. 248.

17 L. T. C. Rolt: *The Aeronauts: A History of Ballooning 1783-1903*. Gloucester 1985, S. 52.

18 Rolt, 1985, S. 54.

19 In Richard Mabey: *Gilbert White: A biography of the author of The Natural History of Selborne*. London 1986, S. 196.

20 »Minerva wird davon berichten, wie Blanchard trieb durch Wolkenschichten.« Anonymus: *Air-Balloon, or Blanchard's Triumphal Entry into the Etherial World: A Poem*. London ca. 1785, S. 16.

21 »Ach, armer Newton, ob deiner Gelehrsamkeit gerühmt, deine Forschungen werden nicht mehr genannt werden; denn größere Newtons steigen täglich auf zum Himmel, neue Welten zu erforschen.«
Mary Alcock: *The Air Balloon: or, Flying Mortal, A Poem*. London 1784, S. 4.

22 Peter Brimblecombe: »Earliest atmospheric profile«, *New Scientist*, 1977. S. 364/365.

23 Anonymus: *The Balloon; or Aerostatic Spy: A Novel, Containing a Series of Adventures of an Aerial Traveller; Including a Variety of Histories and Characters in Real Life*. 2 Bde., London 1786.

24 Bernard Howard: »A Luke Howard Miscellany: Compiled by his Great Grandson«, unveröffentlichtes Manuskript 1959, S. 144.

25 *The Parachute; or, All the World Balloon Mad: A much-admired comic song. Written by Mr. Fox. Ludicrously descriptive of the five aerial Excursions made in England by Mr. Garnerin*. London 1802, S. 2.

26 Thomas Baldwin: *Airopaidia: Containing the Narrative of a Balloon Excursion from Chester, the eighth of September, 1785, taken from minutes made during the Voyage*, etc. Chester 1786, II., S. 49.

27 *The Diary of John Evelyn*, Hrsg. von E. S. de Beer, 6 Bde., Oxford 1955, S. 207/208.

28 Vgl. Jamie James: *The Music of the Spheres: Music, Science, and the Natural Order of the Universe*. New York 1993, S. 98-113. Leslie Orrey: *Opera: A Concise History*. London 1972, S. 28/29.

1 William Shakespeare: *Hamlet*. Shakespeares Werke engl. und dt., hrsg. v. L. L. Schücking. Übersetzung Schlegel-Tieck. Bd. IV, S. 135. Darmstadt 1955.

2 Jonathan Swift: *A Tale of a Tub and other works*. Oxford 1986, S. 16.

3 William Shakespeare: *Antonius und Cleopatra*. Shakespeares Werke engl. und dt., hrsg. v. L. L. Schücking. Übersetzung Schlegel-Tieck. Bd. V, S. 244/245. Darmstadt 1955.

4 Vgl. John Kington: *The Weather of the 1780s over Europe*. Cambridge 1988, S. 4.

5 Thomas Sprat: *The History of the Royal-Society of London, For the Improving of Natural Knowledge*. London 1667, S. 179.

6 Luke Howard: »Über die Modificationen der Wolken«, in *Annalen der Physik*, Jahrgang 1805, Nr. 10, Halle 1805, S. 133.

7 Thomas Sprat, 1667, S. 177.

8 Thomas Sprat, 1667, S. 174.

9 Thomas Sprat, 1667, S. 177.

10 Humphrey Jennings: *Pandaemonium 1660-1886: The coming of the machine as seen by contemporary observers*, hrsg. v. Mary-Lou Jennings und Charles Madge. London 1985, S. 10.

11 Vgl. J. A. Kington: »The Societas Meteorologica Palatina: an Eighteenth-Century Meteorological Society«, *Weather* 29, 1974, S. 416-426.

12 E. Lingelbach: »Vom Meßnetz der Societas Meteorologica Palatina zu den weltweiten Meßnetzen heute«, *Annalen der Meteorologie* (N. F.) Nr. 16. Offenbach 1980, S. 3.

13 Vgl. L. J. Jordanova: *Lamarck*. Oxford 1984, S. 11-19.

14 Pietro Corsi: *The Age of Lamarck: Evolutionary Theories in France 1790-1830*. Berkeley 1988, S. 59.

15 Pietro Corsi, 1988, S. 60.

16 Pietro Corsi, 1988, S. 61.

17 Zitiert in Kh. Khrgian: *Meteorology: A Historical Survey*, 2. Aufl. Jerusalem 1970, S. 91.

18 Zitiert in Roger Clausse und Léopold Facy: *The Clouds*. New York 1961, S. 21.

19 F. H. Ludlam: »History of Cloud Classifications«, in Richard Scorer: *Clouds of the World: A Complete Colour Encyclopedia*. Newton Abbot 1972, S. 17.

20 Vgl. Gordon Brotherston: »The Republican Calendar: A Diagnostic of the French Revolution«, in *1789: Reading Writing Revolution*, hrsg. v. Francis Barker et. al., Colchester 1982, S. 1-11.

21 Mona Ozouf: *Festivals and the French Revolution*. Cambridge, Mass., 1988, S. XIV.

22 Zitiert bei E.G. Richards: *Mapping Time: The Calendar and its History*. Oxford 1998, S. 261.

23 Hayman Rooke: *A Continuation of the Annual Meteorological Register, kept at Mansfield Woodhouse, from the year 1802, to the end of the year 1803*. Nottingham 1804, S. 28.

24 *Nouveau Dictionnaire d'Histoire Naturelle*, Bd. 20, Paris 1818, S. 451-477.

Kapitel 7

1 James Thomson: »Die Burg der Trägheit«. In Thomsons Gedichte, III. Theil, Zürich 1765, S. 62.

2 G.J. Symons: »The History of English Meteorological Societies, 1823 to 1880«, *Quarterly Journal of the Meteorological Society* VII, 1881, S. 73.

3 *The Letters of Robert Burns*, hrsg. v. G. Ross Roy. Oxford 1985, I., S. 395.

4 Luke Howard: *On the Modification of Clouds, etc.* London 1804, S. 21. Dieses und einige andere Zitate sind nicht enthalten in der ersten deutschen Ausgabe von 1805: Lucas Howard: »Über die Modificationen der Wolken«, in *Annalen der Physik*, Jahrgang 1805, Nr. 10, Halle 1805.

5 Bernard Howard: »A Luke Howard Miscellany: Compiled by his Great Grandson«. Unveröffentlichtes Typoskript 1959, S. 138.

6 Luke Howard: *Seven Lectures on Meteorology*. Pontefract 1837, S. 84/85.

7 Vgl. John A. Day und Frank H. Ludlam: »Luke Howard and his Clouds: A Contribution to the Early History of Cloud Physics«, *Weather* 27, 1972, S. 449.

8 Lucas Howard: »Über die Modificationen der Wolken«, in *Annalen der Physik*, Jahrgang 1805, Nr. 10, Halle 1805, S. 140.

9 Zitiert bei L. J. Jordanova: *Lamarck.* Oxford 1984, S. 62.

10 Lucas Howard, 1805, S. 141.

11 Lucas Howard, 1805, S. 137, 142-144. Die Überschrift war für die deutsche Ausgabe gekürzt und ist hier aus dem Englischen übernommen worden: Luke Howard, 1804

12 Lucas Howard, 1805, S. 144-156, 159.

13 Luke Howard, 1837, S. 89.

14 Luke Howard, 1837, S. 89.

15 Richard W. Burkhardt, Jr.: *The Spirit of System: Lamarck and Evolutionary Biology.* Cambridge, Mass., 1977, S. 17.

16 Luke Howard, 1804, S. 14.

Kapitel 8

1 Charlotte Smith: *Conversations Introducing Poetry: chiefly on subjects of natural history for the use of children and young persons,* 2 Bde., London 1804, II., S. 52.

2 *The Annual Review, and History of Literature; for 1804.* London 1805, S. 900.

3 *Annual Review,* S. 900. Das Zitat stammt aus Miltons »Comus« (*A Masque presented at Ludlow Castle, 1634*), Zeile 222, und lautet: »... turn forth her silver lining on the night.«

4 *Annual Review,* S. 897.

5 *Annual Review,* S. 898.

6 »Cloud«, in Abraham Rees et al.: *The Cyclopaedia; or, Universal Dictionary of Arts, Sciences and Literature,* 39 Bde. und 6 Bde. Illustrationen. London 1802-20, VIII.

7 *The Athenaeum: a Magazine of Literary and Miscellaneous Information,* I., London 1807, S. 4. [Prospekt]

8 Arthur Aikin: *Journal of a Tour through North Wales and Part of Shropshire, with Observations in Mineralogy, and other branches of Natural History.* London 1797.

9 *The Athenaeum* II., (1807), S. 183.

10 *The Athenaeum* V., (1809), S. 539.

11 Luke Howard: *The Climate of London, deduced from Meteorological Observations, made at different places in the Neighbourhood of the Metropolis.* 2 Bde., London 1818, 1820, I., S. XXXII.

12 Luke Howard: »The Natural History of Clouds«, *A Journal of Natural Philosophy, Chemistry and the Arts,* XXX., London 1812,

S. 35-62. – Lukas Howard: »Versuch einer Naturgeschichte und Physik der Wolken. Frei bearbeitet von Gilbert«, *Annalen der Physik*, Leipzig 1815.

13 *A Journal of Natural Philosophy, Chemistry, and the Arts*, XXX., London 1812, S. 65.

14 *Annals of Philosophy; or, Magazine of Chemistry, Mineralogy, Mechanics, Natural History, Agriculture and the Arts* I., 1813, S. 80, 160.

15 Luke Howard: *The Climate of London, deduced from Meteorological Observations, made at different places in the Neighbourhood of the Metropolis*, 2 Bde., London 1818, 1820.

16 *The British Review, and London Critical Journal*, XVII, 1821, S. 337-361. Vgl. auch J. F. Daniell: *Meteorological Essays and Observations*. London 1823, S. 304.

17 Baudelaire wies später in dem Jahrhundert darauf hin, daß die Meteorologie eine städtische Beschäftigung war. Seine *Flâneurs* streifen über die Boulevards und messen ihr inneres Glück an dem Schauspiel der ziehenden Wolken – der einzigen Stadtarchitektur, die zuverlässig Abstand hält.

18 Unveröffentlichter Brief, WMS PP/HO/K/A7, in der Western Manuscripts Collection, Wellcome Institute für the History of Medicine.

19 Unveröffentlichter Brief, WMS PP/HO/K/A1, in der Western Manuscripts Collection, Wellcome Institute für the History of Medicine.

20 The Collected Works of Samuel Taylor Coleridge, hrsg v. H. J. Jackson und J. R. de J. Jackson. 14 Bde., London 1971-81, XI., S. 335.

21 The Poetical Works of William Wordsworth, hrsg. v. Ernest de Selincourt. Oxford 1949, V, S. 247.
    The excursion, 1814 erschienen, ist ein episches Gedicht in neun Büchern.
    »... die ganze Haltung von Denken,
    Phantasie und Verständnis belebt: während die Stimme
    über natürliche und ethische Wahrheit sprach
    so beredt und mit so authentischer Kraft,
    daß in seiner Gegenwart bescheideneres Wissen
    beschämt stand, und zartes Erbarmen mit Ehrfurcht
        erfüllte.«

22 *Gentleman's Magazine*, LXXX., 1810. Teil 2, S. 631.

23 *Gentleman's Magazine*, LXXX., 1810. Teil 2, S. 528.

24 *Gentleman's Magazine*, LXXXI., 1811. Teil 2, S. 113.

25 Alan Clark: *Diaries*. London 1993, S. 315.

26 Thomas Forster: »Specimen of a new Nomenclature for Meteorological Science«, *Gentleman's Magazine*, LXXXVI., 1816. Teil 1, S. 131/132.

27 *Gentleman's Magazine*, LXXXI., 1811. Teil 2, S. 113.

28 Thomas Forster: *Researches about Atmospheric Phaenomena*. London 1813; 2. Auflage London 1815. S. 1.

29 Forster 1815, S. VI-XIV.

30 Siehe *Supplement to the fourth, fifth, and sixth editions of the Encyclopaedia Britannica, with Preliminary Dissertations on the History of the Sciences*. 6 Bde., Edinburgh 1824, III., S. 201.

31 *The Climate of London*, I., 1818, S. XXXII/XXXIII.

32 Thomas Forster: *Researches about Atmospheric Phaenomena*. 3. Aufl., London 1823; Forster: *The Perennial Calendar, and Companion to the Almanack; Illustrating the Events of Every Day in the Year, as connected with History, Chronology, Botany, Natural History, Astronomy, Popular Customs, & Antiquities, with Useful Rules of Health, Observations on the Weather; Explanations of the Fasts and Festivals of the Church, and Other Miscellaneous Useful Information*. London 1824.

33 Thomas Forster: *The Perennial Calendar*, S. 93/94.

34 W. H. Smyth: *The Sailor's Word-Book: An Alphabetical Digest of Nautical Terms, including some more especially military and scientific, but useful to seamen; as well as archaisms of early voyagers, etc.* London 1867.

35 Thomas Milner: *The Gallery of Nature: A Periodical & Descriptive Tour through Creation*. London 1846, S. 463/64.

36 Henry Stephens: *The Book of the Farm, Detailing the Labours of the Farmer, Farm-Steward, Ploughman, Shepherd, Hedger, Cattle-Man, Field-Worker, and Dairy-Maid*. 3 Bde., Edinburgh und London 1844. I., S. 246. (Dt.: Buch der Land- und Hauswirtschaft, 2 Bde. Dr. v. Eduard Schmidlin. Stuttgart 1855.)

37 Den besten Bericht über Forsters und Howards spätere Mitgliedschaft in der MSL findet sich in Nicholas Webb: »Representations of the Seasons in Early-Nineteenth-Century England«, Unveröffentliche Dissertation, Universität York, 1998.

38 »Sur les modifications des Nuages, et sur les principes de leur

production, suspension, et destruction. Extrait d'un Essai lu à la Société Askesienne des Londres en 1803. Par Luke Howard Esqr.«, trans. M.-A. Pictet. *Bibliothèque Britannique; ou Recueil Extrait des Ouvrages Anglais périodiques et autres; des Mémoires et Transactions des Sociétés et Académies de la Grande-Bretagne, d'Asie, d'Afrique et d'Amérique*, Sciences et Arts 27. Genf 1804, S. 185-208, S. 186.

39 »Ueber die Modificationen der Wolken, von Lucas Howard, Esq. (Ausgez. aus einer zu London im Jahr 1803 gehaltenen Vorles., mit einigen Zusätzen von Pictet.)« *Annalen der Physik* 21, Halle 1805, S. 137-159.

40 »Versuch einer Naturgeschichte und Physik der Wolken, von Lukas Howard, Esq., zu Plaistow bei London«, frei bearbeitet von Gilbert. *Annalen der Physik* 51, Leipzig 1915, S. 1-48, S. 5/6.

41 Johann Wolfgang Goethe: »Wolkengestalt nach Howard« in *Witterungslehre*. Schriften zur allgemeinen Naturlehre, Physik, Witterungslehre, Geologie, Mineralogie, *Sämtliche Werke* Bd. 25. Frankfurt am Main am Main 1989, S. 233.

42 *The American Journal of Science and Arts* IV, 1822, S. 336.

43 *The American Journal of Science and Arts*, XXIV., 1833, S. 362.

44 C. S. Rafinesque: *The Good Book, and Amenities of Nature; of Annals of Historical and Natural Sciences*. Philadelphia 1840, S. 6.

45 »Notice of the Botanical Writing of the late C. S. Rafinesque«, *The American Journal of Science and Arts* XL, 1841, S. 241.

46 Elias Loomis: »Meteorological Observations made at Hudson, Ohio«, *The American Journal of Science and Arts* XLI, 1841, S. 310-31. Graphische Darstellung auf S. 325.

47 Abgedruckt in James Roger Fleming: *Meteorology in America, 1800-1870*. Baltimore und London 1990, S. 84/85.

Kapitel 9

1 »*Ruhm* ist – ach – nur Flitterkram,
an Totentempel gebunden,
teuer mit Seelenfrieden erkauft,
in Neid und Kummer gefügt.«
Luke Howard: *My Ledger; or, A compromise with prudence. Written in 1808*. London 1856, S. 12/13.

2 John Claridge: *The Shepherd of Banbury's Rules To judge of the Changes of the Weather, Grounded on Forty Years Experience; To which is added, A rational Account of the Causes of such Alterations, the Nature of Wind, Rain, Snow, &c, on the Principles of the* New- tonian *Philosophy.* London 1744, S. II. Das Buch erlebte zwölf Auflagen.

3 Claridge, 1744, S. II.

4 Lukas Howard: »Versuch einer Naturgeschichte und Physik der Wolken«, *Annalen der Physik*, Jg. 1815, Nr. IX, S. 3/4.

5 *The Gentleman's Magazine, And Historical Chronicle*, XVIII., 1748, S. 255.

6 *The Gentleman's Magazine*, XVIII., 1748, S. 255.

7 »Von dir lernen Weise ihre Weisheit,
bei dir sammeln sie die Wahrheiten der Wissenschaft,
die sie dir dann wieder übergeben.
Solche Verbindungen von Ideen
kann nur der Unsinn weise bilden!
Welcher Weise hat nur halb soviel Macht wie der
und kann die Bollwerke der Wahrheit im Sturm nehmen?«
James Clerk Maxwell: »Molecular Evolution«, zitiert in *Poems of Science*, hrsg. v. John Heath-Stubbs und Phillips Sal- man. Harmondsworth 1984, S. 231.

8 *Life of William Allen, with Selections from his Correspondence.* 3 Bde., London 1847, I., S. 68.

9 Auszüge aus *Life of William Allen*, I., S. 57-61.

10 Goughs Spanielhündin Music hatte drei Monate lang bei der Leiche ihres Herrn ausgehalten, bis ein Hirte sie entdeckte. Vgl. H. D. Rawnsley: »The Story of Gough and His Dog«, in *Past and Present in the English Lakes*. Glasgow 1916, S. 153-208.

11 Life of William Allen, I., S. 87.

12 Luke Howard: »Journey in Westmorland 1807«, unveröf- fentlichtes Manuskript in den London Metropolitan Archi- ves, Acc. 1017/1397. Ohne Seitenzählung.

13 James Plumptre: *The Lakers: A Comic Opera, in Three Acts.* Lon- don 1798, S. 6, 40.

14 Zitiert bei Richard Holmes: *Coleridge: Early Visions.* London 1989, S. 328.

15 Zitiert bei Malcolm Andrews: *The Search for the Picturesque: Landscape Aesthetics and Tourism in Britain, 1760-1800.* Alders- hot 1989, S. 233.

16 Richard Holmes, 1989, S. 278.

17 Mary Shelley: *Frankenstein*. Dt. v. Bruno Leder und Gerd Leetz. Frankfurt am Main und Leipzig 2000, S. 274

18 Vgl. Marjorie Hope Nicolson: *Newton Demands the Muse: Newton's Opticks and the Eighteenth Century Poets*. Princeton 1946.

19 Haydon: *Diary*, 28. Dezember 1817.

20 Timothy Hilton: *Keats and his World*. London 1971.

21 John Keats: *Complete Poems*, hrsg. v. Jack Stillinger. Harvard 1978, S. 357.
   »Verfliegt nicht jeglicher Zauber
   bei der bloßen Berührung durch kalte Schulweisheit?
   Es gab einmal einen eindrucksvollen Regenbogen am
      Himmel:
   Wir kennen sein Gewebe, seine Struktur; es ist aufgelistet
   in dem stumpfsinnigen Katalog gewöhnlicher Dinge.
   Schulweisheit wird einem Engel die Flügel beschneiden,
   alle Geheimnisse mit Regeln und Prinzipien bewältigen,
   die Luft von Geistern leeren und das Bergwerk von
      Zwergen –
   einen Regenbogen auseinandernehmen, der zuvor
   die zarte Lamia sich in einen Schatten auflösen ließ.«

22 Aus James Thomson: »Ein Gedicht, dem Andenken Sir Isaac Newtons gewiedmet«. In Thomsons Gedichte. III. Theil. Zürich 1765. S. 11.

23 Zitiert bei Christopher Lawrence: »The power and the glory: Humphry Davy and Romanticism«, in *Romanticism and the Sciences*, hrsg. v. Andrew Cunningham and Nicholas Jardine. Cambridge 1990, S. 221.

24 Euan Nisbet: »In Retrospect«, *Nature*, Bd. 388, 10. Juli 1997, S. 137.

Kapitel 10

1 Robert FitzRoy: *The Weather Book: A Manual of Practical Meteorology*. London 1863, S. 31.

2 William Scoresby jun.: *An Account of the Arctic Regions, with a History and Description of the Northern Whale-Fishery*. Edinburgh 1820, S. 250.

3 William Scoresby jun.: *Meteorological Observations on a Green-*

land Voyage, in the Ship Resolution, in the Year 1810. Edinburgh 1810.

4 William Scoresby, 1820, S. 419/20.

5 Vgl. Fergus Fleming: *Barrow's Boys.* London 1998, S. 31.

6 Zitiert bei Tom und Cordelia Stamp: *William Scoresby: Arctic Scientist.* Whitby 1976, S. 68.

7 William Scoresby, 1820, S. 396,

8 William Falconer: »Wind«, in *An Universal Dictionary of the Marine: or, a copious explanation of the Technical Terms and Phrases employed in the Construction, Equipment, Furniture, Machinery, Movements, and Military Operations of a Ship.* London 1769, ohne Seitenzählung.

9 William Scoresby, 1820, S. 396.

10 Daniel Defoe: *The Storm: or, a Collection of the most remarkable Casualties and Disasters which happen'd in the Late Tempest, both by Sea and Land.* London 1704, S. 21/22. Außerdem zitiert in L. G. Garbett: »Admiral Sir Francis Beaufort and the Beaufort Scales of Wind and Weather«, *Quarterly Journal of the Royal Meteorological Society* 52, 1926, S. 164.

11 Falconer, 1769, »Wind«.

12 Zitiert bei Alfred Friendly: *Beaufort of the Admiralty: The Life of Sir Francis Beaufort 1774-1857.* London 1977, S. 129.

13 Alfred Friendly, 1977, S. 142.

14 Zitiert bei Alfred Friendly, 1977, S. 144.

15 Alfred Friendly, 1977, S. 145.

16 H. T. Fry: »The Emergence of the Beaufort Scale«, *The Mariner's Mirror*, 53, 1967, S. 311-13, und ebd., 54, 1968, S. 412.

17 H. T. Fry, 1967, S. 311.

18 William Burney: »Breeze«, in *A New Universal Dictionary of the Marine, etc.* London 1815, S. 57.

19 Zitiert bei Alfred Friendly, 1977, S. 144.

20 *Charles Darwin: Mein Leben 1809-1882*, hrsg. v. Nora Barlow. Dt. v. Christa Krüger. Frankfurt am Main am Main 1993, S. 77/78 und 81.

21 Alfred Friendly, 1977, S. 146.

22 »The Log-Board«, in *The Nautical Magazine*, I., 1832, S. 537-38. Auch bei Friendly S. 146.

23 Abb. in »The Log-Board«, S. 538.

24 Blair Kinsman: »Historical Notes on the Original Beaufort Scale«, *The Marine Observer*, 39, 1969, S. 124.

25 Bram Stoker: *Dracula*. Oxford 1996, S. 75. Dt. v. Karl Bruno Leder, Frankfurt am Main und Leipzig 2000, S. 117.

26 Lyall Watson: *Heaven's Breath: A Natural History of the Wind.* London 1984, S. 213.

Kapitel 11

1 Johann Wolfgang Goethe: »Atmosphäre«, in *Witterungslehre. Schriften zur allgemeinen Naturlehre, Physik, Witterungslehre, Geologie, Mineralogie, Sämtliche Werke* Bd. 25. Frankfurt am Main 1989, S. 237.

2 Abgedruckt in Elizabeth Fox Howard: »Goethe and Luke Howard, F. R. S.«, *Friends Quarterly Examiner* 66, 1932, S. 224/25.

3 Zitiert bei A. W. Slater: »Luke Howard, F. R. S. (1772-1864) and his Relations with Goethe«, *Notes and Records of the Royal Society*, 27. 1972, S. 122.

4 Goethe: *Italienische Reise*. Teil 1. *Sämtliche Werke* Bd. 15/I. Frankfurt am Main 1993, S. 11.

5 Ebda. S. 15.

6 Ebda. S. 16.

7 Ebda. S. 21.

8 Ebda. S. 20/21.

9 Goethe: »Wolkengestalt nach Howard«, in *Witterungslehre. Sämtliche Werke* Bd. 25. Frankfurt am Main 1989, S. 215.

10 Goethe: Über »Luke Howard to Goethe. A Biographical Scetch«, in *Witterungslehre. Sämtliche Werke* Bd. 25. Frankfurt am Main 1989, S. 235. – Die von Hamblyn zitierte englische Fassung stammte aus Howards Notizbuch und beruhte möglicherweise auf einer Übersetzung seines Sohnes Robert.

11 Goethe: »Wolkengestalt nach Howard«, in *Witterungslehre. Sämtliche Werke* Bd. 25. Frankfurt am Main 1989, S. 214-234.

12 Goethe: »Howard's Ehrengedächtnis«, in *Witterungslehre. Sämtliche Werke* Bd. 25. Frankfurt am Main 1989, S. 240.

13 Goethe: »Howard's Ehrengedächtnis«, in *Witterungslehre. Sämtliche Werke* Bd. 25. Frankfurt am Main 1989, S. 238.

14 Aufgenommen in Goethe: »Goethe zu Howards Ehren«, in *Witterungslehre. Sämtliche Werke* Bd. 25. Frankfurt am Main 1989, S. 242.

15 Percy Bysshe Shelley: »Die Wolke«. Deutsch von Rainer Kirsch. *Ausgewählte Werke. Dichtung und Prosa.* Frankfurt am Main 1990, S. 133-137. – Zu einer umfangreicheren Interpretation siehe Desmond King-Hele: *Shelley: His Thought and Work*, 2. A., London 1970, S. 219-27. – F. H. Ludlam: »The Meteorology of the Ode to the West Wind«. *Weather* 27, 1972, S. 503-14. – John E. Thornes: »Luke Howard's Influence on Art and Literature in the Early Nineteenth Century«, *Weather* 39, 1984, S. 254.

16 Kâlidâsa: *Der Wolkenbote »Mégha Dúta«.* Die Nachdichtung von Helmuth von Glasenapp. Leipzig 1959, S. 12.

17 Shelley: *The Cloud – Die Wolke.* Übers. in deutsche Verse von P. H.. Sonderdruck 1830.

18 T. J. Reed: *Goethe.* Oxford 1984, S. 44.

19 Percy Bysshe Shelley: »Mutability«. Deutsch von Roland Erb. *Ausgewählte Werke. Dichtung und Prosa.* Frankfurt am Main 1990, S. 173. – Zitiert bei Timothy Wilcox: »Keeping Time: Clouds and Chronometry in Constable's Major Landscapes«, in *Constable's Clouds: Paintings and Cloud Studies by John Constable*, hrsg. v. Edward Morris, Edinburgh und Liverpool 2000, S. 163.

20 Goethe: »Luke Howard to Goethe. A biographical Scetch«, in *Witterungslehre.* Sämtliche *Werke* Bd. 25. Frankfurt am Main 1989, S. 235/36.

21 Goethe: »Luke Howard an Goethe«, in *Witterungslehre.* Sämtliche *Werke* Bd. 25. Frankfurt am Main am Main 1989, S. 245.

22 Goethe: »Luke Howard an Goethe«, in *Witterungslehre.* Sämtliche *Werke* Bd. 25. Frankfurt am Main am Main 1989, S. 250 und 252.

23 Aus einem Brief an Huttner. Weimar, den 7. März 1822. Goethe: *Gesamtausgabe der Werke und Schriften.* Stuttgart 1960, Bd. 20, S. 819.

24 Goethe: »Luke Howard to Goethe. A Biographical Scetch«, in *Witterungslehre.* Sämtliche *Werke* Bd. 25. Frankfurt am Main 1989, S. 236.

25 Anhang an einen Brief an Ottilie v. Goethe. Marienbad, den 14. August 1823. Goethe: *Die letzten Jahre.* Teil 1. Sämtliche Werke Bd. 37. Frankfurt am Main am Main 1993, S. 77.

26 Bericht F. Prellers von 1819. Biedermann Gespräche 1909. Goethe: *Gesamtausgabe.* Stuttgart 1960, Bd. 20, S. 792.

27 Marie Lødrup Bang: *Johan Christian Dahl 1788-1857: Life and Works*. 3 Bde., Oslo 1987, I., S. 199.

28 Joseph Leo Koerner: *Caspar David Friedrich*. Landschaft und Subjekt. Dt. v. Christiane Spelsberg, München 1998, S. 218.

29 Marie Lødrup Bang, 1987, I., S. 79.

30 Teilweise zitiert bei J. E. Thornes: *John Constable's Skies: A Fusion of Art and Science*. Birmingham 1999, S. 21. – John Ruskin: *Moderne Maler*, Bd 1/2 in: *Ausgewählte Werke* Bd XI/XII, Jena 1902-1906, S. 709.

31 Vgl. Kurt Badt: *John Constable's Clouds*. London 1950. – Hubert Damisch: *Théorie du Nuage: pour une histoire de la peinture*. Paris 1972. – John E. Thornes, 1999. – *Constable's Clouds: Paintings and Cloud Studies by John Constable*, hrsg. v. Edward Morris. 2000.

32 Zitiert bei Timothy Wilcox, 2000, S. 169.

33 Zitiert bei E. H. Gombrich: *Kunst und Illusion: Zur Psychologie der bildlichen Darstellung*. Stuttgart/Zürich 1986, S. 51 und 202.

34 Charles Taylor: *The Landscape Magazine: Containing Preceptive Principles of Landscape*. London 1792, S. 105.

35 Alexander Cozens: *A New Method of Assisting the Invention in Drawing Original Compositions of Landscape*. London 1785. Vgl. auch A. P. Oppé: *Alexander & John Robert Cozens*. London 1952, S. 48-51. Sowie Kim Sloan: *Alexander and John Robert Cozens: The Poetry of Landscape*. New Haven und London 1986, S. 85/86.

36 Zitiert bei John E. Thornes, 1999, S. 177.

37 Zitiert bei John E. Thornes, 1999, S. 250.

38 John E. Thornes, 1999, S. 78.

39 John E. Thornes, 1999, S. 73.

40 John E. Thornes, 1999, S. 57.

41 Zitiert bei John E. Thornes, 1999, S. 51.

42 C. R. Leslie: *The Life of John Constable, composed chiefly of his letters*. London 1951, S. 101.

Kapitel 12

1 Lord Byron: »Don Juan«, Erster Gesang, CCXVIII, in *Sämtliche Werke*, Bd. 7/8. Deutsch von Alexander Neidhardt. Berlin o. J.

2 *The Philosophical Magazine and Journal*, LXII, 1823, S. 229.

3 *The Philosophical Magazine and Journal*, LXII, 1823, S. 305.

4 George J. Symons: »The History of English Meteorological Societies, 1823 to 1880, *Quarterly Journal of the Royal Meteorological Society* VII, 1881, S. 65-98; Peter R. Cockrell: »The Meteorological Society of London 1823-1873«, *Weather* 23, 1968, S. 357-61; J. M. Walker: »The Meteorological Societies of London«, *Weather* 48, 1993, S. 364-72.

5 Nicholas Webb: »Representations of the Seasons in Early-Nineteenth-Century England«, Unveröffentlichte Phil. Diss., University of York 1998, S. 127. J. M. Walker, 1993, S. 366.

6 Vgl. George J. Symons, 1881, S. 70; Nicholas Webb. S. 128-31.

7 John Galt: *Bogle Corbet; or, The Emigrants*. 3 Bde., London 1831, I., S. 264.

8 *A Catalogue of Cabinet and other Esteemed Paintings, Prints, Coins, Medals, Philosophical and Mathematical Instruments, Stained Glass, Curious Chinese Furniture, large Ornamental Jars &c. &c. of Alexander Tilloch*. London 1825.

9 Ralph Abercromby: »On the Identity of Cloud Forms all over the World«, *Quarterly Journal of the Royal Meteorological Society* XIII, 1887, S. 141.

10 Vgl. J. A. Kington: »A Century of Cloud Classification«, *Weather* 24, 1969, S. 84-89.

11 *The Friend*, 1864, S. 100.

12 *Short Memorials of the late Luke and Mariabella Howard, of Ackworth Villa, Yorkshire*, by an aged relative. Tottenham, Privatdruck, S. 13.

13 *The Friend*, 1864, S. 100.

14 Zitiert bei Michael Wolfers: »A Head in the Clouds«, *Illustrated London News*, Febr. 1973, S. 53.

15 H. Hildebrand Hildebrandsson: *Sur la Classification des Nuages employée à l'Observatoire Météorologique d'Upsala*, 2. Aufl., Uppsala 1880, S. 1.

16 Ralph Abercromby: »Suggestions for an International Nomenclature of Clouds«, *The Quarterly Journal ot the Royal Meteorological Society* XIII. 1887, S. 155.

17 Ralph Abercromby: »Suggestions for an International Nomenclature of Clouds«, *The Quarterly Journal of the Royal Meteorological Society* XIII, 1887, S. 154-66.

18 H. H. Hildebrandsson, W. Köppen und G. Neumayer: *Wolken-*

Atlas – Atlas des Nuages – Cloud Atlas – Moln-Atlas. Hamburg 1890.

19 International Meteorological Committee: *Atlas International des Nuages / International Cloud-Atlas / Internationaler Wolken-Atlas*. Paris 1896, S. 11.

20 *Quarterly Journal of the Royal Meteorological Society* XIII, 1887, S. 154.

21 *Quarterly Journal of the Royal Meteorological Society* XIII, 1887, S. 146.

22 *American Meteorological Journal: A Monthly Review of Meteorology, Medical Climatology, and Geography*, VIII. 1891/92. S. 526.

23 H. H. Hildebrandsson (Hrsg.): *Atlas international des nuages*. Comité météorologique international, Paris 1896.

24 *Symons's Monthly Meteorological Magazine*, XXXI, 1896, S. 82.

Epilog

1 *The Friend: A Religious, Literary and Miscellaneous Journal*, neue Serie IV, 1864, S. 100.

2 Bernard Howard: »A Luke Howard Miscellany: Compiled by his Great Grandson«, Unveröffentliches Typoskript, 1959, S. 138/39.

3 Nicholas Webb: »Representations of the Seasons in Early-Nineteenth-Century England«. Unveröffentlichte phil. Diss., Universität York, 1998, S. 146.

4 *Quarterly Journal of the Royal Meteorological Society*, XXIII, 1897, S. 62.

5 *Quarterly Journal of the Royal Meteorological Society*, XIII, 1887, S. 163.

Danksagung

Für ihren klugen Rat während der verschiedenen Stadien der Entstehung dieses Buches danke ich Joanna Lynch, Markman Ellis, Gavin Jones, Alexa de Ferranti, Piers Russell-Cobb and Peter Straus. Verwandte, Freunde und Kollegen haben an meinen Problemen teilgenommen, auch ihnen möchte ich danken: Peter de Bolla, Chloë Chard, Susan Coleridge, Justin Croft, Elizabeth Eger, Angela Foster, Dan Franklin, Charlotte Grant, Jennifer Greitschus, David Hamblyn, Dorothy Hamblyn, Judith Hawley, Claudia Jessop, Nigel Leask, Anthony, Paula und Emma Lynch, James Mackenzie, Steve Macleish, Sean O'Connor, Felix Pryor, Simon Schaffer, Nicholas Webb and Peter Wilson.

Sehr herzlich danke ich auch den Angehörigen der folgenden Bibliotheken, Institutionen und Archive, die meine Forschung und mein Schreiben mit Material unterstützten: The British Library, Cambridge University Library, Friends' House Library, Euston Road, London, Glaxo Wellcome plc, Greenford, UK, London Metropolitan Archives, The Meteorological Office, Newham Local History Library, Stratford, The Royal Meteorological Society, The Science Museum, Tate Gallery, Millbank, University of London Library und Western Manuscripts Department des Wellcome Institute for the History of Medicine. Mein ganz besonderer Dank gilt Jude White, Warden am Winchmore Hill Friends' Meeting House, der mich freundlicherweise durch den Park geführt hat, in dem Luke Howards sterbliche Überreste unmarkiert die letzten 140 Jahre geruht haben.

Personenregister